网店运营推广

主　编　张洪荣　梁永年
副主编　马　颖　蒋健和
参　编　王月强　李智仪　陈　梅
　　　　曹　翠　朱云初
主　审　关善勇

北京理工大学出版社
BEIJING INSTITUTE OF TECHNOLOGY PRESS

内 容 简 介

本书以电商网站建设为中心，采用理实一体化的设计理念，依照企业网店运营典型工作岗位的代表性任务，按照网店运营的逻辑顺序，将内容分解为 6 个学习项目，分别是市场分析与定位、选品与采购、网店基础操作、网店客户服务、店铺运营分析、营销推广。

本书将网店运营所需的应用知识、流程、要点及应用思路有机融合，内容简洁，结构清晰，实战性强。

本书可作为电子商务从业者的初级参考用书。

图书在版编目（CIP）数据

网店运营推广 / 张洪荣，梁永年主编. -- 北京 : 北京理工大学出版社，2025. 1.

ISBN 978-7-5763-4906-1

Ⅰ. F713.365.2

中国国家版本馆 CIP 数据核字第 2025C6J465 号

责任编辑：龙　微　　**文案编辑**：邓　洁

责任校对：刘亚男　　**责任印制**：施胜娟

出版发行 / 北京理工大学出版社有限责任公司

社　　址 / 北京市丰台区四合庄路 6 号

邮　　编 / 100070

电　　话 /（010）68914026（教材售后服务热线）

（010）63726648（课件资源服务热线）

网　　址 / http://www.bitpress.com.cn

版 印 次 / 2025 年 1 月第 1 版第 1 次印刷

印　　刷 / 定州市新华印刷有限公司

开　　本 / 889 mm × 1194 mm　1/16

印　　张 / 15

字　　数 / 289 千字

定　　价 / 85.00 元

前　言

PREFACE

进入 21 世纪以来，互联网技术的发展正深刻影响和改变着人们的生活方式和商业形态。5G 网络的高效覆盖、移动支付的普及应用、智能手机的深度渗透，共同推动了电子商务行业的快速发展。在这个背景下，网店运营已从简单的店铺管理，演变为涵盖市场分析、用户运营、数据分析等复合型技能的领域。随着市场竞争加剧，企业对既懂技术又具创新意识的运营人才需求持续攀升，如何培养适应行业变革的实用型人才，成为职业教育的重要课题。

本书内容涵盖市场分析与定位、选品与采购、网店基础操作、营销推广等关键模块，每个项目均设置了真实企业案例，强化实操能力的培养。

本书特色如下：

1. 基于工作岗位构建知识技能体系

编者基于网店运营岗位的工作流程及内容，从网店基础认知到网店规划、开设、优化、营销、推广、运营分析着手，对全书内容进行了项目化、流程化的设计。

2. 案例主导，注重实践

本书内容广泛取材于近年各主流电子商务平台的实际案例，注重对实操能力的培养，在一定的理论深度和广度的基础上，通过任务驱动，学训结合，培养读者的网店运营实操能力。

尽管在编写过程中力求准确、完善，但由于网店运营涉及的内容具有较强的时效性，加之编者的时间和水平有限，书中难免有疏漏和不当之处，敬请广大读者批评指正，以便在以后的修订中进一步完善。在此深表谢意！

编　者

目　录

CONTENTS

项目一 市场分析与定位

案例导入

前些年的国内巧克力市场一直是巨头林立，大部分由国外品牌占据主导地位，国货品牌难以赢得消费者的青睐。而 2019 年横空出世的“每日黑巧”打破了这样的局面，主打“0 糖 0 脂”的卖点击中了彼时国内消费者的健康需求，凭借差异化的产品和定位，瞄准黑巧细分品类，主打健康、价格适中、高频等特点，上线以来已连续三年位列天猫黑巧类目 TOP1，月均销售额超千万元，成为电商平台黑巧类目稳居第一的新锐品牌。

近年来，我国巧克力行业一直保持着 10%~15% 的年增长率，高于全球巧克力市场年均增长速度近 6 个百分点。艾媒数据显示，在休闲食品细分领域，巧克力展现出巨大的市场潜力，市场认可度较高。

通过消费者调研大数据研究发现，巧克力的主要消费群体是 17~29 岁的女性，地域以北上广等一线城市为主。而随着新生代女性群体需求越来越旺盛，她们在选择零食时，更注重其成分中的糖分和脂肪含量。而市场上常见的工业巧克力，一直以来都是以高糖、高脂的成分出现。因此，在消费者心中，大多数巧克力都不具备健康因素，而黑巧克力是个例外。黑巧克力在巧克力中属于比较纯粹、健康的品类，需求增长和受欢迎程度已经初见端倪，而仅有少数头部品牌在黑巧克力赛道上开疆辟土。

针对战略定位，每日黑巧将目标客群锁定为 18~30 岁的年轻女性。她们具有爱美意识及健康意识，面临学业、工作或生活的压力，喜欢吃零食却又担心发胖。针对这类人群进行的消费者调研发现：在她们心中，无糖、低卡是消费准则，因此她们对口感偏苦的黑巧克力有一定接受度。

每日黑巧在以一款口感极苦的、可可含量高达98%、当时市面上“唯一主打0添加白砂糖与高膳食纤维”的“锋利”产品切入市场后，又相继推出了牛奶黑巧、燕麦奶黑巧等受众更广的产品。每日黑巧推出52%、66.6%、98%等不同苦感的黑巧，也给了消费者自行选择的空间。同时，在成熟的品类上面做健康创新，继续深挖黑巧克力这个品类，研发各个不同场景下的黑巧零食，如黑巧马卡龙、黑巧能量棒、黑巧蛋白球等。

（来源：界面新闻官方账号）

【想一想】

1. 根据上述案例，请分析“每日黑巧”品牌是如何进行行业分析的？

2. “每日黑巧”品牌为何将目标客群锁定为18~30岁的年轻女性？

学习目标

知识目标

1. 了解行业趋势分析的重要性；
2. 了解影响消费者需求的因素；
3. 认识行业定位的因素；
4. 了解产品定位的原则；
5. 明确产品定位的主要内容；
6. 认识市场定位的策略。

技能目标

1. 能够利用相关工具进行行业及竞争对手分析；
2. 能够完成消费者需求分析；
3. 能够完成行业定位、产品定位及市场定位的具体实施过程。

素养目标

1. 具备脚踏实地、循序渐进的意识，在市场分析与定位的过程中，形成整体规划的思维方式；
2. 具有民族自豪感和责任感，加深对我国经济发展与现实市场整体环境的理解。

知识树

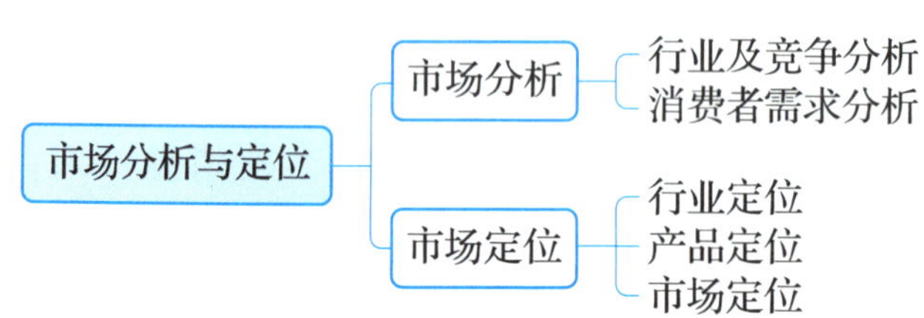

任务一　市场分析

任务情景

大农良公司成立于2019年，主营业务为向大型商超供应肇庆特色农副产品，如德庆皇帝柑、封开油栗、四会砂糖桔、新岗红茶、怀集燕窝等，实现了产业化的发展。随着党的二十大报告提出“发展新型农业经营主体和社会化服务”以及国家对农村发展的政策支持，越来越多的企业将目光投向了农副产品经营领域，使市场发展越来越迅猛，造成企业竞争压力不断加大。为了拓宽产品的销售渠道，大农良公司特成立线上事业部，经营线上店铺。

在成立电子商务部门前，大农良公司需要对所经营的产品进行市场分析、竞争度分析、消费者需求分析等，从而完成对网店的分析与定位。

任务分析

农产品市场交易量和交易额的变化反映了一定时期内该品类的市场销售趋势，但对于一些细分类目而言，可能存在数据难采集的问题。因此，对于这些类目，可以通过商品相应关键词的搜索指数变化来反映用户对该类商品的关注度。对于竞争度的分析，可以通过采集淘宝、京东、拼多多等电商平台上竞争对手的数量、商品价格、销量等数据来了解。

知识探索

一、行业及竞争分析

（一）行业趋势分析

1. 行业趋势分析概述

行业趋势分析是指根据经济学原理，综合应用分析工具对行业经济的运行状况、产品生产、销售、消费、技术、行业竞争力、市场竞争格局、行业政策等行业要素进行深入的分析，从而为网店定位提供数据支撑。

在网店运营过程中，分析行业趋势变化是一项极其重要的工作。一方面，商家需要明确自己所处的行业市场近些年的发展变化，了解自己正在或者将要进入的这个行业目前的整体趋势。另一方面，商家也需要借助市场发展的规律来思考运营的布局时间、备货时间等。由此可见，只有进行行业趋势分析，才能使经营者更加明确地了解某个行业的发展状况、生命周期等，并据此做出正确的定位。

2. 行业趋势分析工具

目前国内的网络消费多以电商平台（如淘宝、京东）为主，消费人群获取信息的渠道则多以搜索引擎为主，而搜索引擎又是以关键词搜索为基础。因此，卖家可以通过商品主流关键词测试，借助主要网络平台指数来分析目前商品市场的发展情况。我们想要了解所处行业的情况，可以使用以下工具进行分析：

（1）百度指数。

百度指数是以百度网民行为数据为基础的数据分析平台，其主要的功能模块有基于单个关键词搜索的电脑端和移动端的趋势研究、需求图谱、人群画像，还有基于行业的整体趋势、地域分布、人群属性、搜索时间特征等的分析。通过百度指数可以了解某个关键词的搜索趋势、关注指数、搜索人群相关需求以及搜索人群的年龄、性别、地点、兴趣等基本属性，进而把握与该关键词相关的商品类目的市场趋势。

例如，网店经营者利用百度指数对肇庆特色农副产品油栗、砂糖桔、皇帝柑进行指数分析，如图 1–1~ 图 1–3 所示。该搜索结果显示了互联网用户对关键词搜索关注程度及持续变化情况。以 2024 年 11 月—2025 年 1 月的数据为例，从三个趋势图可以看出，相较于另外两种产品，皇帝柑整体趋势较为平稳，整体同比高于平均值，这说明用户购买意向明显，可见其市场容量较为可观。

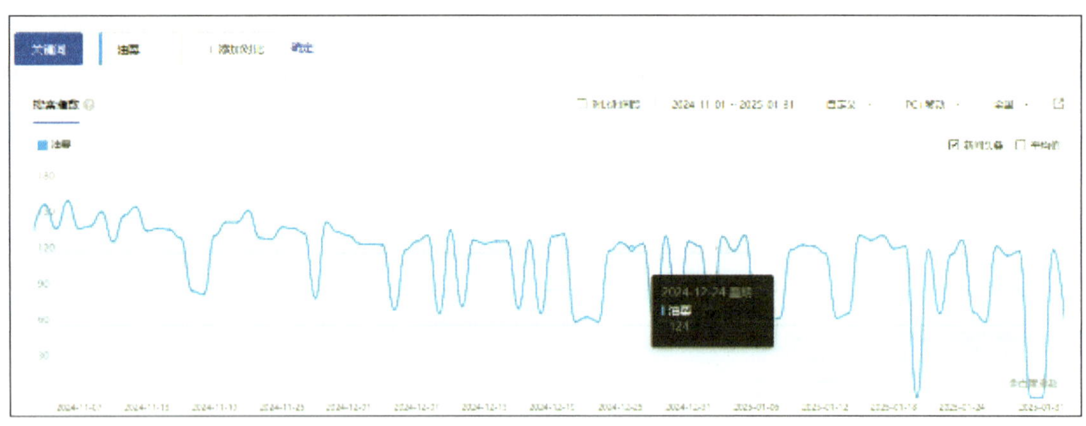

图 1–1　百度指数搜索“油栗”结果

图 1–2　百度指数搜索“砂糖桔”结果

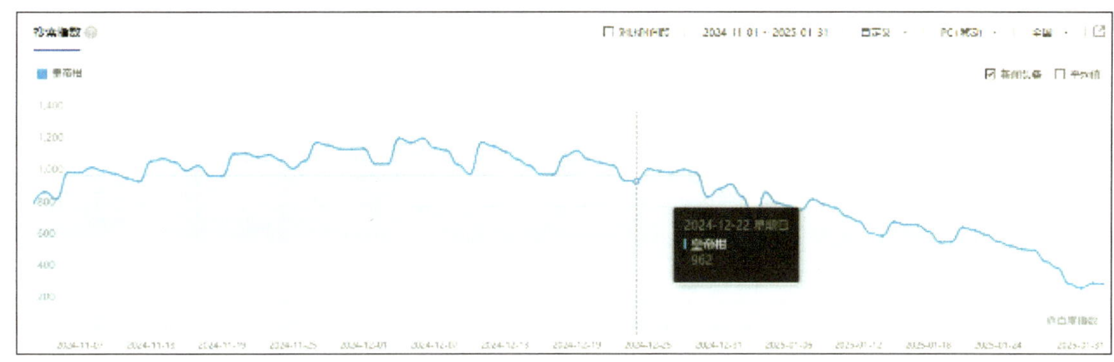

图 1-3　百度指数搜索“皇帝柑”结果

（2）第三方电子商务数据。

第三方电子商务数据服务机构通过对互联网上公开的网络购物交易数据的抓取和分析，为各类电子商务客户提供全面的商情信息，帮助电子商务品牌做出正确的运营决策。通过第三方电子商务数据服务机构提供的数据，卖家可以洞察行业及子行业的销量，了解行业发展趋势。

（3）电子商务平台官方数据工具。

电子商务平台官方数据工具指的是电子商务平台推出的用于卖家数据统计与分析的工具。例如，淘宝、天猫的生意参谋目前是阿里系平台卖家端的统一数据产品平台，京东商智是京东面向卖家的一站式运营数据开放平台。

下面以生意参谋 8.0 版本为例来分析商品所处的市场趋势情况。进入生意参谋专业版“市场”板块，选择“市场大盘”，可以查看搜索人气、搜索热度、交易指数等数据，判断当前商品所处的市场趋势。

以肇庆特色农副产品为例，选择“市场大盘”，选取所要查看的时间段，查看该类目下商品的搜索人气、搜索热度以及交易指数。根据搜索人气、搜索热度和交易指数的对比，可以判断该网络市场的发展趋势、是否有上升空间、是否值得进入。图 1-4 ~ 图 1-6 分别显示了油栗、砂糖桔、皇帝柑的搜索分析结果。可以发现，相较于其他两种产品，皇帝柑的搜索人气和热度较高。

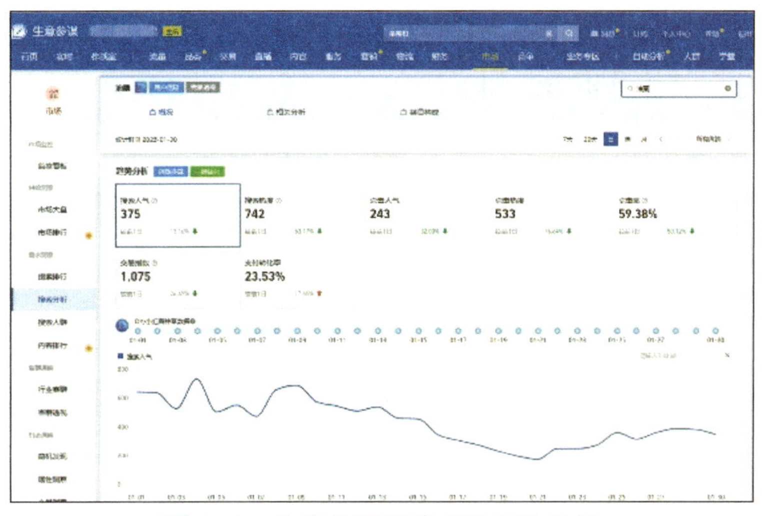

图 1-4　生意参谋搜索“油栗”结果

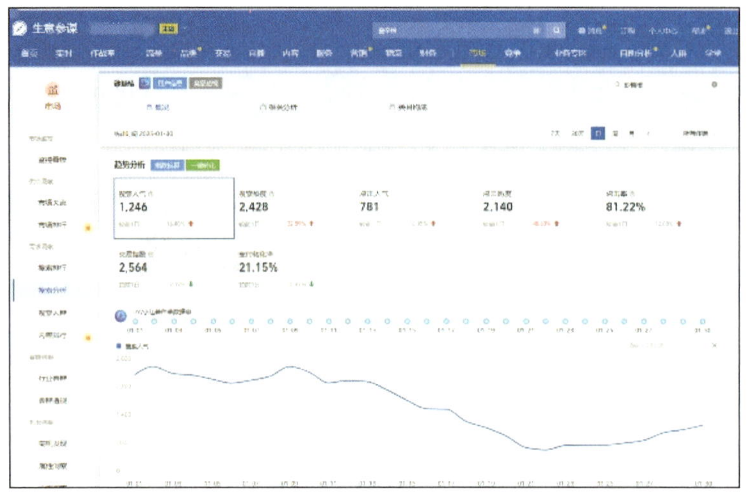

图 1-5　生意参谋搜索“砂糖桔”结果

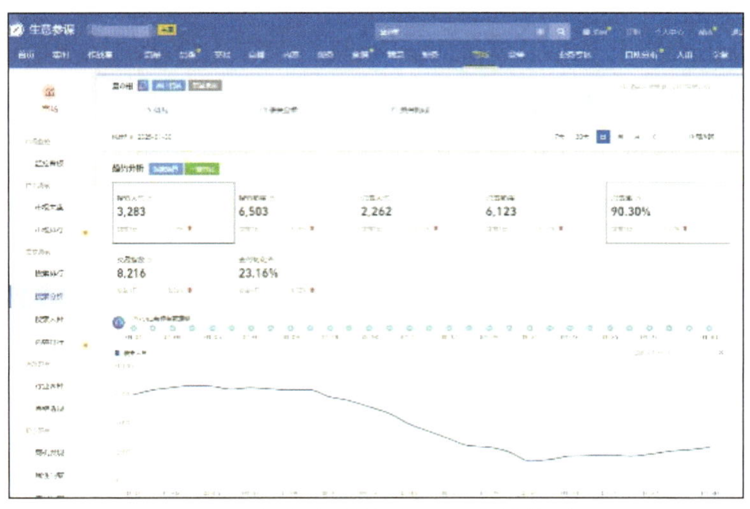

图 1-6　生意参谋搜索“皇帝柑”结果

（二）竞争分析

竞争分析是指通过科学的统计和分析方法，确认竞争对手，并分析竞争对手的经营数据，对其目标、产品、服务和策略等要素进行评估，发现其优势，找到其不足。竞争分析的目的是厘清经营思路，扬长避短，以优化企业自身的经营战略。因此，竞争分析是卖家进行市场分析的重要环节。具体分析方法如下：

1. 寻找竞争对手

并非所有经营同类目商品的卖家都是竞争对手。在网店的运营过程中，要找到自己的真实竞争对手，可以从以下维度入手。

（1）商品属性相近。

同个类目的商品也存在着很大的差异。以女装为例，女装类目下又分成连衣裙、衬衫、针织衫、外套等，类目非常庞大，拥有的商品种类也非常多。这些商品在风格、版型上又有很大的区别。以女士风衣外套为例，在风格上有休闲、英伦、复古、森系、通勤等；在版型上又有裙摆型、宽松型、斗篷型等。不同风格、款式的风衣所面向的消费人群也不同。因此，在寻找确定竞争对手时需要去定位那些属性相近的商品。消费人群同属一类的商品才是真实的竞品。

（2）商品价格同区间。

相近或同类商品具有不同的价格段位，不同价格面向的消费人群也有所区别，所以在选择竞争对手时还要考虑价格这项因素。价格相近、面向同类消费人群的商品才是真正的竞品。在电商平台中，可以通过关键词搜索，根据价格区间筛选出不同价位的商品，以此排除真正的竞争对手，如图 1–7 所示。

图 1–7　电商平台中的价格区间

2. 分析竞争对手

分析竞争对手一般包括竞争网店分析和竞争商品分析。

（1）竞争网店分析。

①从网店整体进行分析。

分析竞争对手首先从网店整体展开，对比自身网店的库存量单位（SKU），分析竞争对手网店所经营的库存量单位的种类、数量，以及主销的库存量单位。其次，要对竞争对手网店整体的流量及流量构成占比、网店的客单价及转化数据进行分析，还要掌握竞争对手网店消费人群基本情况。

②从运营推广活动进行分析。

分析竞争对手的网店，还要了解网店在电子商务平台站内和站外开展的运营推广活动及其效果。总结网店运营推广活动，从运营推广活动当中分析竞争对手的运营策略、运营重点和运营方向，对自身网店运营推广活动的开展也可以提供参考建议。

（2）竞争商品分析。

分析竞争对手的网店除了从网店整体数据进行分析之外，还要筛选部分竞争商品进行重点分析。因为一个网店的大部分销售额是由某几款重点商品贡献的，重点商品的分析在运营过程中非常重要。竞争商品的分析可以从以下几个方面展开：

①从商品价格进行分析。

首先根据商品 SKU 了解重点商品的定价，掌握其定价的策略，能够对商品的各项成本和利润空间进行分析。这对自身网店商品的定价和成本的控制有较大的参考意义。

②从商品属性进行分析。

商品属性的分析可以从商品详情页上展开。商品详情页上包含了商品的基础属性和核心卖点。要详细地了解竞争对手商品的基础属性和核心卖点，对比分析自身商品，挖掘自身商品的竞争优势。

③从商品评论进行分析。

商品评论是了解客户需求的重要渠道。大部分客户会把使用商品的真实感受和对商品的价值需求反映在客户评价当中。因此对于商品详情页中的客户评论要进行详细的总结和分析，从商品评论当中总结商品目前存在的劣势，掌握客户的需求，对比自身网店，开发更符合客户需求的商品。

④从商品活动进行分析。

竞争对手网店除了网店整体活动之外，往往会针对重点商品开展单品活动，而且单品开展活动的频率一般都较高。网店经营者可以通过商品详情页或者网店首页的商品活动说明，分析商品的促销活动，掌握竞争对手的活动运营策略。

二、消费者需求分析

（一）影响消费者需求的因素

从宏观角度来讲，影响消费者需求的因素有人口基数、经济环境、文化因素、科技发展等；而从微观角度而言，影响消费者需求的因素可以概括为以下几个方面：

1. 消费者个人因素

（1）收入。

通常收入较高的消费者对商品的需求量会大一些。在网络供应品类、质量、服务、物流、交易安全性都有很好保障的情况下，购买数量和金额有很强的正相关性。

（2）信息素养。

个人的信息素养也影响着消费者的需求。如果对网络购物平台的购物模式熟悉，且能高效地检索到需要的商品，对商品品质有准确的判断，能享受到购物的便利，并能适应和把握平台和网店的推广节奏，那么此类消费者的购买量自然就比对购物环境陌生、购买费时费力的消费者多。

（3）偏好。

当消费者对一种商品的偏好程度增加时，该商品的需求量就会增加；反之，则会减少。所以，消费者的偏好与需求成正比关系。

2. 平台因素

（1）推广活动。

电商平台的推广活动，能带来平台商品销售量的增长。例如，2024 年“双十一”全网总交易额达 14 418 亿元，在淘宝、天猫电商平台上，160 个乡村振兴重点帮扶县的电商销售额同比增长 44.2%，农产品销售额同比增长 24.8%。

（2）搜索便利性。

电商平台本身的信息管理优化和创新能为交易双方提供更多的契机，使平台页面有序、类目规范、索引清晰，降低消费者的搜索成本，激励卖家公平竞争。例如，现在大多数电商平台都支持用图片进行搜索，方便消费者购买。

3. 网店经营

就单一网店而言，其是否受到消费者的关注、认可，甚至形成长期购买的习惯，与网店的经营和管理密切相关。网店经营包括网店的定位是否恰当，资质、动态评分是否高于同类竞争者，产品结构是否合乎需求，客户服务是否亲切及时，物流效率是否快速等。

（二）消费者需求分析的维度

消费者需求可以从消费人群基本属性和购买行为特征等维度进行分析。

1. 消费人群基本属性

消费人群基本属性分析主要从性别、年龄、职业、区域等维度展开。

（1）性别分析。

消费人群的性别比例不能通过主观判断，而要从数据入手加以了解。男性客户和女性客户在购买商品的过程中，行为偏好存在很大的差异。为了实现精准营销，网店首先要确认目标消费人群的性别比例。

（2）年龄分析。

每个行业消费人群的年龄层次分布存在着很大差异。不同年龄层次的客户人群对于商品选择、页面风格的喜好都不同。因此行业消费人群的年龄层次直接关系到网店后续的页面风格、营销策略等。

（3）职业分析。

对消费人群的职业进行分析是由于部分人群的职业特征比较明显，若商品的购买人群集中于某个职业，那么对于该职业的人群特征和消费习惯要进行重点分析。

（4）区域分析。

对消费人群所在的区域进行分析主要是分析目标消费人群比较集中的省、市，这些省、市是后续在进行商品推广时要重点针对的区域。例如，在利用直通车推广时，可针对这些区域加大投放力度，提高投入产出比。

2. 购买行为特征分析

购买行为特征分析指的是针对消费人群的购买行为进行分析。购买行为分析主要包括该行业中消费人群的购买品牌偏好、购买时间段、购买频率，在选择商品时搜索关键词的偏好和选择商品属性的偏好等。

任务实施

步骤 1：行业及竞争分析

步骤 1.1：选择一种行业趋势分析工具，对电商平台上“新岗红茶”的销售数据进行采集，分析其总体销量情况。在下方空白处绘制各电商平台销售数据图，并描述整体销售情况和具体平台销售情况。

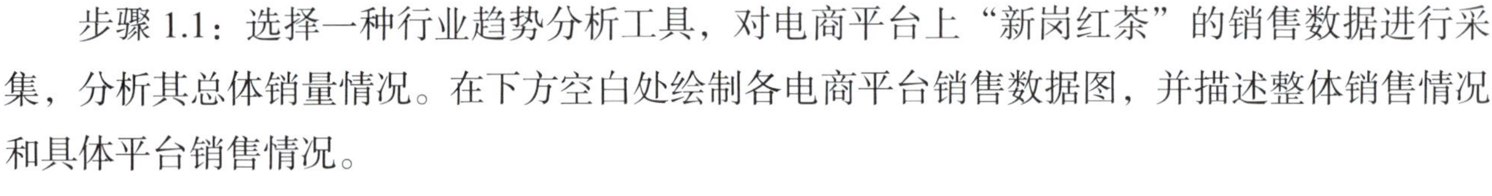

步骤 1.2：采集淘宝平台的竞争数据，分析该平台“新岗红茶”的竞争度。要求在下方空白处绘制淘宝平台各“新岗红茶”店铺销售占比图，描述占比情况，并判断“新岗红茶”的竞争程度。

步骤 2：消费者需求分析

步骤 2.1：根据所学内容，分析影响消费者对“新岗红茶”态度的因素，在下方空白处列出（绘制“新岗红茶”的用户画像）。

步骤 2.2：结合用户画像，通过调研问卷的形式向所在区域的消费者进行调研，并将调研结果进行总结分析，梳理出消费者对于“新岗红茶”的需求，并完成表 1–1 中的内容。

表 1–1 消费者需求分析结果

分析维度		分析结果
消费人群基本属性	性别分析	
	年龄分析	
	职业分析	
	区域分析	
销售数据分析	购买时间段	
	购买频率	

企业视窗

《2024 线上农产品流动报告》分析

在第七个中国农民丰收节到来之际，京东消费及产业发展研究院联合京东超市，共同发布《2024 线上农产品流动报告》，详细展现了从 2019 年至 2024 年农产品上行趋势及流动特征。报告显示：

全国各地农产品上行通道不断拓宽，带来农产品线上销售商品数、销售规模逐年提升。数据显示，特色农产品在京东成长迅猛，2024 年 1—8 月线上农产品商品数量较 2019 年同期增长 304%，蔬菜、肉类、水果、蛋类的销售金额增长均超 100%。

京东乡村振兴正循环模式带动一大批地方特色农产品加速走向规模化、品质化、品牌化发展，贵州修文猕猴桃、四川爱媛果冻橙、山东青岛大虾、吉林白玉木耳等成为高质量农产品消费中的“爆款”，成交额较 2019 年同期增长均超 10 倍，如图 1–8 所示。

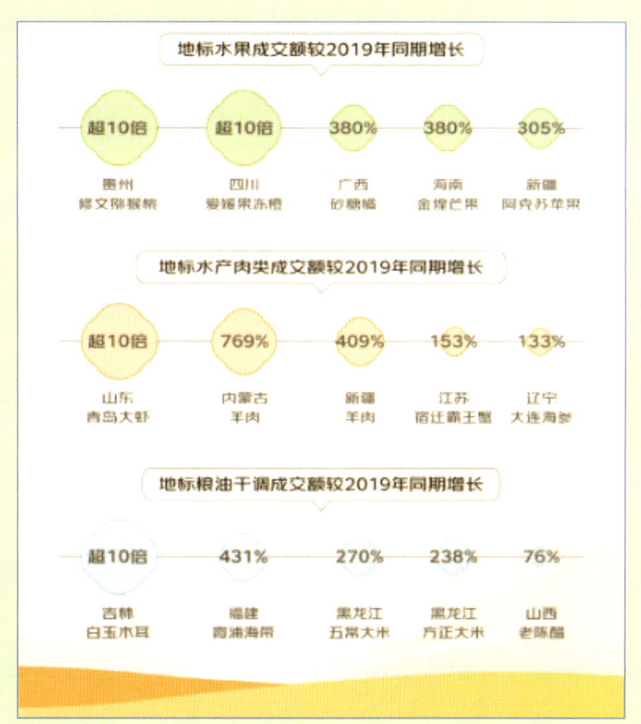

图 1–8 地标农产品线上成交额增长情况

合作探究

请扫描右方二维码，获取项目一中合作探究的背景资料，根据情境，并参考以下步骤完成市场分析。

步骤 1：行业及竞争分析

选择一种行业趋势分析工具，对电商平台上“智能照明灯”的销售数据进行采集，分析其总体销量情况。接下来采集京东平台的竞争数据，分析该平台“智能照明灯”的竞争度。

步骤 2：消费者需求分析

通过调研问卷的形式向所在区域的消费者进行调研，并对调研结果进行总结分析，梳理出消费者对于“智能照明灯”的需求。

任务评价

本任务完成后，请从知识目标、技能目标和素养目标等维度进行评价。

<table>
<tr><th>评价项目</th><th colspan="2">评价标准</th><th>分值</th><th>自我评分</th></tr>
<tr><td rowspan="2">知识目标</td><td colspan="2">认识行业趋势分析的重要性</td><td>10</td><td></td></tr>
<tr><td colspan="2">理解消费者及消费者需求的特点</td><td>10</td><td></td></tr>
<tr><td rowspan="5">技能目标</td><td rowspan="2">行业及竞争分析</td><td>能够利用相关工具完成行业分析</td><td>8</td><td></td></tr>
<tr><td>能够完成竞争度分析</td><td>8</td><td></td></tr>
<tr><td rowspan="3">消费者需求分析</td><td>能够按时完成消费者需求的调研</td><td>8</td><td></td></tr>
<tr><td>能够利用相关工具描述消费者的用户画像</td><td>8</td><td></td></tr>
<tr><td>能够完成消费者需求的分析</td><td>8</td><td></td></tr>
<tr><td rowspan="5">素养目标</td><td>工作态度</td><td>态度端正，无无故缺勤、迟到、早退的现象</td><td>8</td><td></td></tr>
<tr><td>工作规范</td><td>能正确理解并按照项目要求开展任务</td><td>8</td><td></td></tr>
<tr><td>协调能力</td><td>与同学之间能够合作交流、互相帮助、协调工作</td><td>8</td><td></td></tr>
<tr><td>职业素质</td><td>任务实施中认真、细致、严谨地对待每个细节</td><td>10</td><td></td></tr>
<tr><td>创新意识</td><td>对规范或要求深入理解，不拘泥于给定的样式，能够进行创新设计</td><td>6</td><td></td></tr>
<tr><td colspan="3">综合评价</td><td>100</td><td></td></tr>
</table>

任务二 市场定位

任务情景

大农良公司通过市场分析、竞争度分析及消费者需求分析，开展网店的市场分析与定位。该公司要求运营人员从行业定位、产品定位及市场定位等维度，根据农产品行业的发展情况、产品的结构布置、产品的定位方向，确定行业定位、产品定位及市场定位，以及最终所选择的目标市场，确定网店的定位。

任务分析

网店的开设需要建立在充分的市场调研分析以及对竞争对手了解的基础上，科学分析自身的优势、劣势以及所面临的机遇和挑战，让后期的网店开设及运营工作更有针对性和计划性。学习本任务主要应了解网店的行业定位、产品定位及市场定位的方式。

对网店进行市场定位，既是寻找网店差异化的过程，也是一个网店在市场中积极寻找自我位置的过程。它确定了网店所要面向的用户群体、网店的风格，以及后期的价值和运营策略等，这是开设网店前的首要工作。

知识探索

一、行业定位

（一）行业定位的含义

对网店而言，行业定位是指根据网店自身具有的综合优势和独特优势，合理地进行行业发展规划和布局。网店所属的行业，主要包括大行业、细分行业与边际行业。大行业是指涵盖范围广泛、具有多个细分领域或子行业的综合性行业；细分行业指具体行业；边际行业指与网店目前所知行业有关联的或未来要做的行业，如生鲜行业就属于大行业，其中水果、蔬菜、海产、河鲜等属于细分行业，而餐饮行业、农业科技行业以及食品加工行业等属于生鲜行业的边际行业。

网店在运营过程中，对自身所处行业的准确定位是网店发展的前提条件，清晰地认识到企业所处的行业，才能够准确地把握相关政策的变化，了解政策对本行业产生的有益或者负面影响，及时做出有针对性的调整。

（二）行业定位的因素

在进行行业定位时，要考虑多种因素，包括自身的资源和能力、市场供应情况、行业行情等。

1. 自身的资源和能力

网店行业定位首先要考虑自身的资源和能力。例如很多小家电及电子零部件卖家位于广东地区，这是因为我国家电及电子产品的生产和流通集散地大多位于此区域，那里不仅有丰富的货源优势，还有便利的物流系统。

2. 市场供应情况

网店经营者在进行市场细分及对细分市场供应情况进行研究时，发现某些细分市场空缺，或者发现某些潜力大、供应还未饱和的市场，当网店的资源和能力可以填补上述市场时，市场机会就会变成网店的机会。

3. 行业行情

网店经营者在选择网店商品时要分析网店商品所在的行业是否处于饱和状态，是否为当前热门行业，是否为潜力行业，行业的竞争是否过于激烈，国家对该行业是否有特殊的法律法规等。前期的市场行情调查非常艰难，但是网店经营者对市场行情调查得越透彻，对整个行业行情就会了解得越清楚，就越能为后期网店的运营打下坚实的基础。

二、产品定位

（一）产品定位的概念

网店产品定位是指根据市场、消费者需求、竞争对手情况等，对网店所销售的产品进行明确的、有针对性的定位，以确保产品在目标市场中具有独特的竞争优势和明确的品牌形象。

（二）产品定位的主要内容

网店的产品定位是在行业定位的基础上，将其产品化的过程。产品定位是在深入研究目标市场需求的前提下，提供的稳定而有自身特色的产品系列和组合。常见的产品定位包括功效定位、品质定位、价格定位等。

1. 功效定位

功效是考核产品优劣的一个重要指标。所谓功效定位，就是根据产品的功效来确定市场位置。一个产品可能会具有多方面的功效，因此，商家应思考选择产品的哪一个功效才能让产品在市场上占据有利的位置。

2. 品质定位

品质是产品的主要衡量标准，质量的优劣直接影响到网店的产品在市场中的竞争力。品质定位就是指商家根据产品的品质确定市场位置。进行品质定位应该突出产品在品质方面的不可取代性，根据品质去占领一定的市场份额。

3. 价格定位

价格定位是根据产品的价格确定市场位置。现代企业的价格定位是与产品定位紧密相关的。如果一件产品在功能和质量方面与同类产品相比不占据明显的优势，但定价合适，那么顾客会在产品品质相当的情况下选择价格相对比较低的产品，此时，产品的价格就成为影响顾客购买产品的主要因素。价格定位要考虑多方面的因素，并且需要随着市场的变化进行动态的调整。

三、市场定位

（一）市场定位的概念

所谓市场定位，就是企业根据市场特性和自身特点，确立本企业与竞争对手不同的个性或形象，形成鲜明的特色，在目标市场顾客心目中留下深刻的印象，从而使顾客形成特殊的偏爱，最终在市场竞争中获得优势的过程。

（二）市场定位策略

企业常用的市场定位策略有避强定位策略、迎头定位策略及重新定位策略。

1. 避强定位策略

避强定位策略是指企业力图避免与实力最强或较强的其他企业直接竞争，而将自己的产品做不同的定位取向，使自己的产品在某些特征或属性方面与竞争者相比有比较显著而有区别的策略。避强定位策略的优点是能够使企业较快速地在市场上站稳脚跟，并能在顾客心目中树立起一种形象。这种策略的市场风险较小，成功率较高。其缺点主要是避强往往意味着企业必须放弃某个最佳的市场位置，从而有可能使企业处于较差的市场位置。

2. 迎头定位策略

迎头定位策略是指企业根据自身的实力，为占据较佳的市场位置，不惜与市场上占支配地位的竞争者发生正面竞争而进行的与竞争者相似或相同的定位选择策略。迎头定位可能引发企业之间激烈的市场竞争，因此具有较大的风险性，一般不适合初创网店。

3. 重新定位策略

重新定位策略是指企业或品牌对其原有市场定位进行重新调整，以摆脱困境，使企业或品牌获得新的增长与活力的策略。重新定位可能是由于原有市场定位有误、市场需求变化、竞争加剧及企业的竞争优势改变等因素所导致的。

任务实施

假设你要开一家网店，主营产品是茶叶，且以销售“新岗红茶”为主，请你根据以上所学内容，完成农产品“新岗红茶”的市场定位。

步骤 1：行业定位

步骤 1.1：针对自身的资源和能力进行具体分析，在下方空白处填写分析结果。

步骤 1.2：针对市场供应情况进行具体分析，在下方空白处填写分析结果。

步骤 1.3：针对行业行情进行具体分析，在下方空白处填写分析结果。

步骤 2：产品定位

同样是以网店销售“新岗红茶”为例，请根据上述“知识探索”所讲的步骤和方法，完成农产品“新岗红茶”的产品定位。

步骤 2.1：对电商平台上的产品“新岗红茶”进行初步的产品定位，完成表 1–2。

表 1–2　初步产品定位分析

初步产品分析	

步骤 2.2：分别针对功效、品质、价格等方面进行具体分析，完成表 1–3。

表 1–3　产品定位内容分析

分析内容	分析结果
功效定位	
品质定位	
价格定位	

步骤 3：市场定位

步骤 3.1：根据“新岗红茶”的特性，并结合企业的实际情况，为电商平台上的产品“新岗红茶”选择一种适合的市场定位策略，完成表 1–4。

表 1–4　市场定位策略选择

选择策略	选择原因

步骤 3.2：根据上一步选择的市场定位策略，对电商平台上的产品“新岗红茶”进行市场定位分析，将分析结果填写在表 1–5 中。

表 1–5　市场定位策略分析

市场定位策略	分析结果

合作探究

请扫描右方二维码，获取项目一中合作探究的背景资料，根据情境，并参考以下步骤完成网店的市场定位。

步骤 1：行业定位

分别针对自身的资源和能力、市场供应情况、行业行情等方面进行具体分析。

步骤 2：产品定位

对网店中“智能照明灯”的功能特性、安全性、便捷性等方面进行具体分析。

步骤 3：市场定位

选择一种适合的市场定位策略，对电商平台上的产品“智能照明灯”进行市场定位分析。

任务评价

本任务完成后，请从知识目标、技能目标和素养目标等维度进行评价。

<table>
<tr><th>评价项目</th><th colspan="2">评价标准</th><th>分值</th><th>自我评分</th></tr>
<tr><td rowspan="2">知识目标</td><td colspan="2">描述产品定位的主要内容</td><td>10</td><td></td></tr>
<tr><td colspan="2">描述市场定位的分类与策略</td><td>10</td><td></td></tr>
<tr><td rowspan="6">技能目标</td><td rowspan="2">行业定位</td><td>能够掌握行业定位的含义</td><td>7</td><td></td></tr>
<tr><td>能够掌握行业定位的因素</td><td>7</td><td></td></tr>
<tr><td rowspan="2">产品定位</td><td>能够掌握产品定位的定义</td><td>7</td><td></td></tr>
<tr><td>能够掌握产品定位的主要内容</td><td>7</td><td></td></tr>
<tr><td rowspan="2">市场定位</td><td>能够掌握市场定位的概念</td><td>8</td><td></td></tr>
<tr><td>能够掌握市场定位的策略</td><td>8</td><td></td></tr>
<tr><td rowspan="5">素养目标</td><td>工作态度</td><td>态度端正，无无故缺勤、迟到、早退的现象</td><td>6</td><td></td></tr>
<tr><td>工作规范</td><td>能正确理解并按照项目要求开展任务</td><td>8</td><td></td></tr>
<tr><td>协调能力</td><td>与同学之间能够合作交流、互相帮助、协调工作</td><td>6</td><td></td></tr>
<tr><td>职业素质</td><td>任务实施中认真、细致、严谨地对待每个细节</td><td>10</td><td></td></tr>
<tr><td>创新意识</td><td>对规范或要求深入理解，不拘泥于给定的样式，能够进行创新设计</td><td>6</td><td></td></tr>
<tr><td colspan="3">综合评价</td><td>100</td><td></td></tr>
</table>

品行合一

“十五五”时期经济发展特征

随着“十四五”规划的深入实施，我国经济社会发展取得了显著成就，同时也面临中美贸易摩擦、区域局部战争等多重不利因素的挑战。站在新的历史起点上，“十五五”规划的前期研究对于全面建设社会主义现代化国家、推进中国式现代化具有重要的历史意义。中宏国研院将深入探讨“十五五”时期我国经济发展的特征、面临的挑战以及应对策略。

一、呈现的特征

“十五五”时期，我国经济发展将呈现以下特征：

（1）经济结构调整：经济增速降档，产业结构持续优化，不同产业发展分化。

（2）社会分配模式调整：居民收入在社会分配中的比重持续提升，但城乡差距和收入分配不均问题依然突出。

（3）科技创新驱动：科技创新对经济增长的贡献度愈发明显，成为推动产业升级的关键力量。

（4）产业竞争加剧：产业大竞争时代来临，企业需要加强核心竞争力构建。

二、面临的主要挑战

（1）发达国家制造业回流：挤压了我国产业转型的回旋空间，影响了传统产业的出口和营收。

（2）关键核心技术能力不足：高端零部件对外依赖度高，制约了产业升级进程。

（3）市场经济体制机制运作不畅：影响了资源配置效率，不利于企业提升核心竞争力。

（4）劳动力结构性失衡：削弱了人才红利，难以支撑产业转型的人力资源需求。

三、应对策略

（一）产业生态构建与制造强国战略

“十五五”时期，应强化产业生态构建，落实建设制造强国战略，推动传统产业升级转型，大力发展战略性新兴产业，前瞻布局未来产业。具体措施包括：

（1）优化原材料产业布局，推动轻工、纺织供给扩大和化工、造纸行业改造升级。

（2）转向创新驱动，加强新技术、新产品创新迭代。

（3）引入人工智能，实现设计、生产、管理、服务等环节的智能化。

（4）推动产业链供应链全链条、产品全生命周期的绿色化。

（二）科技创新体系优化

（1）提升核心技术供给能力，优化科技创新体系，是“十五五”时期实现产业升级的关键。

（2）加大对“卡脖子”关键技术的研发力度，减少对外依赖。

（3）构建开放合作的创新网络，促进产学研深度融合。

（4）强化企业在技术创新中的主体地位，激发市场活力。

（三）市场经济体制机制完善

深化要素市场化改革，构建全国统一大市场，是畅通国内市场的基础支撑。应从以下方面进行：

（1）提升政府服务能力，加强基础设施建设。

（2）消除市场隐性壁垒，加强跨区域经济联系。

（3）优化营商环境，降低交易成本，提高市场配置资源效率。

（四）人才梯队建设加速

产业升级转型需要高素质的人才支撑。“十五五”时期，应从以下方面进行：

（1）加强人才培养与产业需求的对接，减少劳动力市场结构性失衡。

（2）提升制造业对高端人才的吸引力，改善工作环境和待遇。

（3）促进教育体系与产业结构调整的协同发展。

四、结束语

“十五五”时期，我国将进入产业大竞争时代，提升产业硬实力成为产业发展的重中之重。面对发达国家制造业回流、核心技术供给能力不足、市场体制机制运作不畅、劳动力结构性失衡的“四座大山”，我们必须寻求破局之道，加快建设现代化产业体系，在未来全球产业竞争中取得优势。

通过深入分析“十五五”规划前期研究，我们可以看到，构建现代化产业体系、优化科技创新体系、完善市场经济体制机制、加快人才梯队建设是翻越这些大山的关键路径。这不仅需要政府的引导和支持，也需要企业的积极参与和创新，更需要社会各界的共同努力。让我们携手并进，共同开启“十五五”时期我国经济社会发展的新篇章。

（来源：经济形势报告网）

项目二 选品与采购

案例导入

随着消费升级，国潮消费已然崛起，潮流、时尚的国货品牌逐渐成为品质的代表、国人的骄傲。

自然堂 CHANDO 是伽蓝（集团）股份有限公司旗下的产品，2001 年创建于上海，产品涵盖护肤品、彩妆品、面膜、男士、个人护理品。创建品牌的灵感源于中国古典“禅道”哲学思想，人源于自然，具有自然本性，应遵循自然规律，师法自然之道。

2021 年年初，自然堂以中国传统文化为基底，携手 600 年皇家祈福之地——天坛，推出了天坛 × 自然堂春节文创新品，将历史文化的精髓通过现代化的营销与创新的产品有机结合，传递给广大消费者。自然堂天坛祈福限量版礼盒（图 2–1）着力打造力量与美好，外形上加以中国古老文化的祈福美好元素，从开启的方式到包装的色彩，配图以及结构都体现了平安、健康、顺遂的概念，是现代美学与国学理念的完美演绎。

“以国为潮”是当下的消费新动向、新趋势。自然堂用天然与科技融合演绎中国传奇与东方之美，推动“国潮”的发展。本次自然堂和天坛的跨界合作是又一次打破次元壁，将天坛的美破圈展现在年轻一代的面前，通过“自信之美”和“东方之美”，与当代的年轻人建立起深度的情感链接，在弘扬传统文化的同时展现时尚与经典。

图 2–1　自然堂天坛祈福限量版礼盒

自然堂以创新的产品带给消费者来自喜马拉雅大自然美好的馈赠，帮助每一位消费者实现乐享自然、美丽生活。站在600年新的历史起点，天坛与自然堂一同开启了文创的崭新篇章，焕发新时代的生机与活力，为文创市场不断赋能。

（来源：京津冀新闻资讯）

【想一想】

1. 根据上述案例，请分析自然堂品牌在进行产品的选择上，遵循了哪些原则？

2. 在货源渠道的选择方面，自然堂品牌有什么技巧？

学习目标

知识目标

1. 理解选品的原则；
2. 了解网店商品规划思路与结构；
3. 熟悉货源产品选择渠道；
4. 认识网店库存分类；
5. 了解库存管理的基本流程；
6. 了解影响商品定价的因素。

技能目标

1. 能够掌握选品的方法；
2. 能够掌握商品定价的方法。

素养目标

1. 在选品与采购方面，要具备脚踏实地及勤奋敬业的精神；
2. 具备诚实守信的职业道德，增强遵纪守法意识。

知识树

- 选品与采购
  - 选品规划
    - 选品原则与方法
    - 网店商品规划
  - 采购管理
    - 货源渠道选择
    - 库存管理
    - 商品定价

任务一 选品规划

任务情景

大农良公司在完成市场分析和定位后，面临网店选品与采购的重要问题，运营人员小陈需要掌握选品原则与选品方法，同时还要具备网店商品规划的思路。

任务分析

网店在完成市场分析和定位后，要遵循一定的原则和方法进行选品。商品的选择不仅影响网店的盈利情况，更对整个网店的发展起着至关重要的作用。员工小陈要从商品利润空间、市场需求、季节因素、商品结构等方面对商品进行综合分析，为店铺进行选品，从而确定适合网店销售的商品。

知识探索

一、选品原则与方法

商品选品既要考虑到商品的供应渠道、所销售的电子商务平台，也要考虑到商品的市场需求和商品本身的成长空间、竞争情况以及利润价值。大农良公司在确定好所要经营的商品类目后，要深入研究该类目的市场状况，确定销售的商品款式。商品选品的原则涉及从生产到销售的各个环节，主要包括以下几个方面：

（一）选品原则

1. 市场需求原则

选品首要的原则是要考虑市场消费者的需求，考虑目标客户人群的消费点，从市场需求和市场容量的角度出发，以市场需求的原则考虑选品。例如，进入生意参谋“市场”板块，选择“搜索排行”，收集该类目下消费者在选择商品时的搜索词偏好和属性偏好，可以给网店选款提供一定的参考，如图 2-2 所示。同时借助如艾瑞网、易观智库等数据平台，能够深入剖析商品的基本属性、消费者热衷的热门属性、热搜词榜单、消费及搜索趋势，从而更精准地确定所要经营的目标商品。另外，各种社交平台、自媒体平台上的时尚热点、讨论度很高的元素，也同样不容忽视。

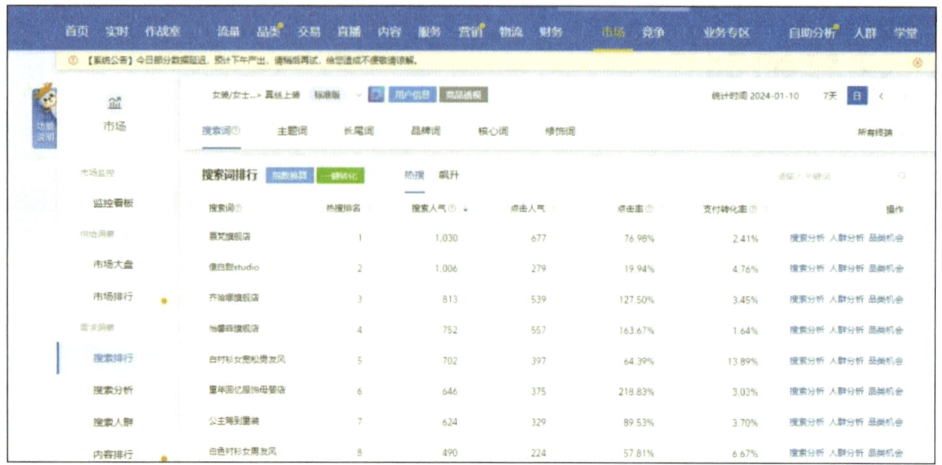

图 2-2 生意参谋—搜索排行

2. 适合平台原则

网店商品的选品还要考虑销售的电子商务平台，不同的电子商务平台有不同的特性，平台热销的品类和扶持的品类也有所不同，如拼多多平台（图 2-3），客户一般以中低端消费者为主，这类群体对价格较为敏感，热衷于购买具有较高性价比的商品。因此拼多多网店选品时要考虑选择价格低、复购率高、容易拼团的商品。提前了解电子商务平台的特性更有助于选择适合平台销售的商品。

图 2-3 拼多多平台

3.商品优势原则

（1）商品货源优势。

在选品时首先要考虑商品的货源优势，有完整可持续的供应链，能够保证商品的持续生产供应，对于客户反馈的商品问题能够及时改进与创新，以保证商品的品质。其次要考虑商品的成本，商品成本合理，有一定的成本优势，以保证线上销售的利润空间。

（2）商品竞争优势。

面对激烈的竞争环境，在选品时要选取具有竞争优势的商品。商品的竞争能力包含多个方面，如商品成本优势、技术优势、质量优势等。依靠低成本获得高于同行业其他商品的盈利能力，通过技术优势提供其他商品不具备的技术水平，以高质量取得竞争优势。因此，在选品时要考虑商品各方面的综合竞争优势。

（3）自身兴趣原则。

选择感兴趣的商品，将会投入更多的时间和精力去了解商品的功能、特性、品质和用途等，更加深入地研究商品的核心优势、价值和目标人群特征等。只有在充分了解了商品的基础上，才能更好地进行商品的运营，因此要尽可能选择感兴趣的、熟悉的商品。

（二）选品方法

在网店的运营中，常见的选品方法有以下三种：

1. 数据化选品

数据化选品指的是依托电子商务数据平台所提供的市场数据，选择消费者需求的商品。结合平台数据工具生意参谋分别从行业数据、热销商品属性数据等维度进行数据化选款，选择网店要销售的商品。以生意参谋为例，通过生意参谋数据工具中的行业数据栏，收集热搜关键词下的搜索指数、搜索人气、点击指数、点击率、成交指数、转化率、商品数量等指标，制作成数据表格并进行数据处理（表 2–1），通过对搜索指数、成交程度（成交指数 / 搜索指数）、竞争程度（商品数量 / 搜索指数）等维度的分析，选取搜索指数高、成交程度高、竞争程度小的子类目商品作为网店主售商品。例如，以水产肉类 / 新鲜蔬果 / 熟食类目下的德庆皇帝柑、四会砂糖桔等热词为例，收集这些关键词的数据进行分析，判断其所在的子类目，选取子类目下的商品作为网店的主售商品。

表 2–1 数据分析指标

热词	搜索指数	搜索人气	点击指数	点击率	成交指数	转化率	商品数量	成交程度	竞争程度	所在子类目
德庆皇帝柑										新鲜水果
四会砂糖桔										新鲜水果

2. 经验选品

经验选品指的是对某行业或者某类目商品及市场具有丰富经验的专业人士可以依据以往经验选择网上销售的商品。这些专业人士往往对该行业包含的线上和线下市场都有非常专业的认知，包括与行业商品相关的研发、生产、工艺流程、包装设计、营销情况及与此相关的工厂、卖家、聚集地情况。

3. 跟随热销款选品

搜索各个电子商务平台的热销商品，你会发现有很多同款商品，这是因为部分网店经营者选择跟随热销款来选品。热销款商品已经销售了一段时间，获得了客户的认可，说明该商品有市场需求。对于网店经营者来说，选择该种方法选款，节省了测款时间。但是不建议完全跟随热销款选品，即使是同类型的相似商品，也要保证自身商品的竞争优势，与其他热销款有所区别，可通过对其他热销款的详情页、商品评价等的分析，在热销款商品的基础上进行创新与改良，开发更加匹配市场需求的新品。

网店经营者选择合适的电商商品比较耗时，可能需要好几轮的筛选和测款，这就要求网店经营者有一定的耐心及坚持不懈的精神。

二、网店商品规划

网店经营者在学习了选品原则和方法并确定商品后，接下来需要对网店商品进行规划。网店商品结构规划可以让网店经营者清楚地了解各个结构的商品对于网店的贡献。

（一）商品规划的思路

在对网店商品进行规划时，可以采用以下几种思路：

1. 考虑商品利润空间

客户在购买商品时都希望能够买到价格低、质量好、性价比高的商品。但是随着运营成本的增加，网店经营者也要保证商品有一定的利润空间。通过控制不同商品差异化的利润空间比例来进行商品规划，满足不同消费人群的需求。

2. 考虑商品的市场需求量

网店中不同商品的市场需求量是不同的，往往需求量大的商品市场竞争力也大。例如，一家经营家居用品的网店，有纯棉毛巾、竹纤维毛巾、无捻纱毛巾三种商品，这三种商品的功能相同，但是市场需求量存在较大差异。纯棉毛巾的市场需求量高于竹纤维毛巾和无捻纱毛巾。因而在商品规划时也要考虑市场需求量的因素。

3. 考虑商品的季节因素

对于网店来讲，有些商品的季节性非常明显，如羽绒服，销售旺季集中在冬季最冷的几个月。在这段时间内，羽绒服也会成为网店的主推商品。随着季节的变化，网店需要调整商品的规划。

在明确了网店商品的规划思路后，需要规划网店商品结构，那么，如何更好地规划网店商品结构呢？

（二）网店商品结构规划

网店商品结构一般可以分为四种：引流款、利润款、活动款、形象款，只有商品布局明确，店铺的推广才会有针对性，爆款产生的概率才会更大，后期的新旧衔接才会更加顺畅。

1. 引流款

流量对于网店的重要性不言而喻。引流款，顾名思义就是主推的用于吸引流量的商品，引流款是店铺流量的基石。引流款一般是目标客户群体中绝大部分顾客可以接受的产品，毛利率趋于中间水平，转化率高。相比于同类目相同属性环境下的其他竞争对手，它在价格或其他方面有明显的优势，后期可带来较大的跟进流量。在选择引流款商品时，前期要做好商品测款，通过数据判断商品的潜力。引流款商品的管理策略是 SKU 宜少宜精，保持较大的库存，在销售过程中能稳定补货。

2. 利润款

利润款商品从产品的盈利方向出发，指利润回报较高的商品，面向目标客户中的小众群体，注重客户对款式、风格卖点的需求，销售目的就是盈利，偏精准推广，商家一般通过定向数据进行测试，或者通过预售方式进行商品调研，以做到供应链的轻量化。

3. 活动款

活动款商品即用于做活动的商品。活动款商品在活动期间，为了刺激消费者购买，需要放弃一部分的利润空间。设置活动款商品是为了提高网店的整体流量、销售额和复购率。活动款商品的管理策略是根据活动的需求安排商品和库存。

4. 形象款

形象款商品即高品质、高客单价的极小众商品，适合目标群体里的细分人群。形象款商品会占商品销售额中的极小部分，商家可以仅保留线上商品处于安全库存中，目的就是提升商家的品牌形象。形象款商品 SKU（最小存货单位）不宜多，库存保持在安全基准线即可，根据销售情况安排补货。

任务实施

步骤 1：选品

请根据知识探索中的数据化选品方法，在肇庆特色农副产品范围内选择合适的网店经营商品，完成选品。

步骤 1.1：通过生意参谋数据工具中的行业数据栏，收集热搜关键词下的搜索指数、搜索人气、点击指数、点击率、成交指数、转化率、商品数量等指标，制作成数据表格并进行数据处理，将数据表格绘制在下方空白处。

步骤 1.2：对搜索指数、成交程度（成交指数 / 搜索指数）、竞争程度（商品数量 / 搜索指数）等维度进行分析，将分析过程填写在下方空白处。

步骤 1.3：选取搜索指数高、成交程度高、竞争程度小的子类目商品作为网店主售商品，并将分析结果填写在下方空白处。

步骤 2：商品规划

请根据知识探索中的网店商品规划思路与结构，帮助企业完成网店商品规划。

步骤 2.1：在对网店商品进行规划时，可以采用不同的思路进行分析，将分析过程及结果填写在下方空白处。

步骤 2.2：将网店商品分为以下四种：引流款、利润款、活动款、形象款，并将结果填写在下方空白处。

企业视窗

京东消费者分析报告

2024 年 9 月，京东消费及产业发展研究院联合京东超市发布了《2024 线上农产品流动报告》（以下简称“报告”），对 2019 年至 2024 年农产品线上销售的趋势和特征进行了梳理。

京东通过乡村振兴正循环模式，推动了农产品的规模化、品质化和品牌化发展。例如，云南保山小粒咖啡、山东莱阳秋月梨等新产业带农产品在全国范围内的知名度和销售额显著提升。同时，农产品销售加速全国化，黑龙江五常大米、新疆阿克苏苹果等地标产品在省外市场的成交额占比超过 90%。

时令农产品也借助电商渠道打破地域限制，受到更多消费者的青睐。例如，东北地区的柳蒿芽、云南地区的海菜花、贵州遵义的薹头等小众地域性春菜加速上行，为消费者提供了更多样化的选择。

京东还通过电商源头直采、智能供应链中心、原产地集采、数智化供应链和 C2M（从消费者到生产者）反向定制新模式等策略，助力农产品全国流通。例如，保山小粒咖啡通过电商源头直采，以优质低价迅速打开全国市场；伽师西梅通过智能供应链中心，实现鲜美直送消费者餐桌；宁夏高品质蔬菜通过原产地集采，成为各地消费者的“抢手货”。

在传统节日期间，各地特色美食如海南文昌鸡、四川腊肠、浙江金华火腿、哈尔滨红肠等借助电商渠道实现了跨区域销售，成交额实现多倍增长。

从品类来看，农产品的线上销售呈现出明显的地域特色和全国化趋势。东部地区的水产品、西部地区的羊肉、南部地区的水果和茶叶、东北地区的大米等加速跨区域大流动。此外，时令农产品如春菜、月饼等不断打破地域空间限制，受到全国各地消费者的青睐。

从分线级增长来看，低线级市场成为近三年农产品线上销售的主要增长点，大件农产品的更新潮在低线市场上表现尤为突出。

京东通过其强大的供应链和物流体系，持续为消费者提供优质的农产品购物体验，同时也为农产品品牌商提供了精准的市场洞察和解决方案。

合作探究

请扫描右方二维码，获取项目二中合作探究的背景资料，根据情境，并参考以下步骤完成此网店的选品规划。

步骤 1：选品

通过生意参谋数据工具中的行业数据栏，收集热搜关键词下的搜索指数、搜索人气、点击指数、点击率、成交指数、转化率、商品数量等指标，选取搜索指数高、成交程度高、竞争程度小的子类目商品作为网店主售商品。

步骤 2：商品规划

选取一种商品规划的思路，将所选商品进行细致的分类，确保商品按照属性、功能或目标人群进行有序排列。

任务评价

本任务完成后，请从知识目标、技能目标和素养目标等维度进行评价。

<table>
<tr><th>评价项目</th><th colspan="2">具体要求</th><th>分值</th><th>自我评分</th></tr>
<tr><td rowspan="2">知识目标</td><td colspan="2">正确理解选品的原则</td><td>10</td><td></td></tr>
<tr><td colspan="2">了解网店商品规划思路与结构</td><td>10</td><td></td></tr>
<tr><td rowspan="2">技能目标</td><td colspan="2">能够正确运用选品方法</td><td>30</td><td></td></tr>
<tr><td colspan="2">能够完成网店商品规划</td><td>30</td><td></td></tr>
<tr><td rowspan="4">素养目标</td><td>工作态度</td><td>遵守纪律，无无故缺勤、迟到、早退现象</td><td>5</td><td></td></tr>
<tr><td>工作规范</td><td>能正确理解并按照项目要求开展任务</td><td>5</td><td></td></tr>
<tr><td>协调能力</td><td>小组成员间合作紧密，能互帮互助</td><td>5</td><td></td></tr>
<tr><td>职业素质</td><td>操作合规，不违背平台规则、要求</td><td>5</td><td></td></tr>
<tr><td colspan="3">综合评价</td><td>100</td><td></td></tr>
</table>

任务二 采购管理

任务情景

随着市场经济的发展，采购管理越来越受到企业管理层的关注。加强采购管理，能够帮助企业有效降低采购成本，提升企业效益。大农良公司在完成选品规划后，需要对所经营的商品进行货源渠道选择、库存管理、商品定价，从而完成网店产品采购管理。

任务分析

完成网店的选品后，网店经营者就可以对货品进行采购和管理了。现代电子商务企业的采购管理分为进货渠道选择、库存管理、商品定价等几方面，本任务将分别对这些采购管理步骤展开探究。

知识探索

一、货源渠道选择

不同行业和地区的网店经营者对货源渠道的选择有所不同。影响货源渠道的客观因素主要有行业的特性、行业的入门门槛，以及地区的经济发展水平；主观因素主要有网店经营者自身的喜好、对行业的熟知度等。货源渠道的选择更是呈现多样化的趋势，可供网店经营者选择的渠道也很多。常规的渠道有以下几种：

（一）网络渠道

在制造业和商贸业都不发达的省市地区，网络渠道成为当地卖家首选的货源渠道。网络渠道可选择的平台很多，如阿里巴巴、拼多多批发、网商园等。这些平台上聚集了各类厂家，如卖家可以直接在阿里巴巴网站选择货源的供应商，在搜索栏中输入关键词“德庆皇帝柑”，如图 2–4 所示，可以看到阿里巴巴网站中所有类目的德庆皇帝柑。卖家可以根据选购热点、质量、产地、价格、分类等指标进行筛选，再通过对多个供应商的产品详情介绍、累计销量和评论、网店的信誉进行综合对比来选择供应商。

图 2–4 网络渠道

（二）线下批发市场

批发市场是指向批发商和零售商提供交易的商业性市场，如图 2–5 所示。我国东南沿海省份以及部分交通枢纽省份城市的商贸业和制造业都很发达，那里的批发市场往往是卖家首选的货源渠道，如浙江、福建、广东、上海及河南等地。卖家可以去当地知名度较高、口碑较好的批发市场进货，对商品的品质、供应商的供货系统、供应商的售后保障进行全方位的实地考察。批发市场进货具有极大的灵活性，选择哪个价位的商品，选择什么类目的商品，进多少货，采用什么物流方式，卖家完全可以根据自身的实际情况来决定。另外，由于批发市场的进货成本是由商品的数量和进价决定的，因此当进货数量较大时，网店可能会面临压货的风险。

图 2–5 批发市场

（三）品牌商

在内陆省市地区，如四川、云南、湖南、江西等地，商贸业和制造业远不及东南沿海地区发达，品牌商是卖家优先选择的货源渠道。品牌商是指经营一个或多个商品品牌的生产型的个人或企业，如图 2–6 所示。卖家通过品牌商进货，借助品牌效应带动网店销量，在彰显买家身价的同时，也无形中提升了商家的品位。

（四）代工工厂和自主生产代工

工厂供货是指有大型卖家以个人或公司名义委托第三方厂家对商品进行加工。自主生产是指大型卖家自主设计、生产并销售商品。在商贸业和制造业发达的东南沿海地带，大型的网店卖家往往选择代工工厂（图 2–7）供货或自主生产，如江苏、上海、浙江、福建、广东等地。

图 2–6　品牌商

图 2–7　代工工厂

（五）其他货源渠道

除了以上介绍的几类货源渠道，还有海外代购、外贸尾单等其他货源渠道。这种小众货源渠道仅适合一小部分卖家，如能够精准把握市场行情、能挖掘库存商品、有亲戚朋友在海外、对外贸流程熟悉的卖家。

二、库存管理

一般情况下，大多数网店都会设置仓储，拥有一定的库存。即便规模小的网店，也要为了应对意外情况的发生而留有库存，如运输延误、生产和消费发生变化等。库存能保证销售工作的正常运行。

（一）网店库存分类

对零售型的网店来说，库存一般是指储存在库房中的所有货物的总和。但网店中的库存不能一概而论，因为网店运营中的购买和发货大多在时间和空间上异步进行，因此，网店的实际库存往往会有不同的结构类型。网店库存主要分为以下几类：

1. 可销售库存

可销售库存，指的是在网店的前台显示的库存，这是库存最大的组成部分。目前，在绝大多数的电商企业中，其前台和后台的数据基本保持同步，以利于客户做出自己的判断。当商品的可销售库存为正数时，消费者就可以购买，而且在网店的前台会显示出产品可销售；但当可销售库存小于零时，网店的前台就会显示出产品缺货。缺货并不意味着库房中真的没有库存，而只是表明目前没有可以销售的库存。

2. 订单占用库存

当很多新的订单生成时，可用库存的数量就会减少，订单占用库存的数量就会逐渐增多，这个出现变化的数量，也就是订单中的产品数量。

之所以设置订单占用库存，是因为生成订单与库房发货在时间上是异步的，也就是会有一定的时间差。而且设立订单占用库存能够保证已经生成订单的产品可以及时发货，并让客户顺利收货。此外，在客户下订单时，能保证有产品可发货。否则，很有可能在客户下订单以后，出现无货可发的尴尬情况。

3. 不可销售库存

当产品因包装破损、性能故障、型号标错等而导致无法销售时，在库存系统中也必须有其相对应的记录状态，即不可销售状态。

4. 锁定库存

在促销活动中，商家希望某一个区间段只能销售一定的数量，以降低促销成本，掌握促销节奏，这时可以设定锁定库存。

5. 虚库存

上述几种库存方式，都是指在库房中的库存实物。可是库房的总容积量是一定的，不可能无限制地扩展。但在电子商务这个虚拟购物的状态下，可以展示商品的无限潜力和销售能力。要想把有限的库房处理能力与无限的可销售商品联系起来，其方法就是设置虚库存。

一般来说在以下情况下会设置虚库存：如有一些产品，虽然库存并没有很多，但是供应渠道非常通畅，可以在很短的时间内运输到库房，变为库存；还有一些产品，销售量少，库存的管理难度大，只有当产生订单后，才向供应商采购。

（二）库存管理的基本流程

当商品从厂家运抵卖家的仓库时，收货员必须严格认真检查商品外包装是否完好，若出现破损或商品快过期等情况，要拒绝接收。明确商品外包装没有问题后，卖家应核对订货单和送货单，确保相关指标与订货单相符才可进库入账。

库存管理的基本流程主要包括以下几方面：

1. 商品验收

商品验收包括对单验收、数量验收、质量验收等。

（1）对单验收。

对单验收是指收货员或仓库管理人员将实物按照订货单的品名、规格、价格等依次逐项检查商品，要特别注意有无与货单不符或漏发、错发的现象。

（2）数量验收。

数量验收是指对供货数量、质量等进行验收，一般是原件点整数、散件点细数、贵重物品逐一仔细核对。

（3）质量验收。

质量验收是指通过感官或简单仪器检查商品的质量、等级，如出现破损变质、临近有效期等情况，收货员要拒绝收货并做好信息记录，以实际收货情况入库。

2. 编写货号

每一款商品都应该有一个货号，即商品编号，编写货号的目的是便于进行内部管理，在店铺或仓库里找货、盘货也更方便，最简单的编号方法是“商品属性 + 序列数”，具体做法如下：

（1）将商品区分一下类别，如某儿童玩具网店，经营的商品类别主要有彩泥、拼图、遥控车、串珠等。

（2）把每一类别的名称，对应写出其汉语拼音，确定商品属性的缩写字母，如彩泥（caini）缩写为 CN、拼图（pintu）缩写为 PT 等。

（3）每一类数字编号可以是两位数、三位数或四位数，视该类商品的数量而定，同时也要具备发展的眼光，设置数字编号时留有余地。例如，可以采用 01~99 或者 001~999 的方式来编号，那么，CN-001 就代表彩泥类的 001 号款式，PT-001 就代表拼图类的 001 号款式。

如果销售的是品牌商品，厂家一般都有标准的货号，库存管理员就不需要再编写货号了，只需要照原样登记。

3. 入库登记

商品验收无误并编写货号后，即可登记入库。库存管理员要详细记录商品的名称、数量、规格、入库时间、凭证号码、送货单位和验收情况等，做到账、货、标牌相符。商品入库以后，库存管理员还要按照不同的商品属性、材质、规格、功能、型号和颜色等进行分类，然后分别放入货架的相应位置储存。在储存时要根据商品的特性来保管，注意做好防潮处理，以保证仓管货物的安全。进行入库登记时要保证商品的数量准确，价格无误；在商品出库时，为了防止出库货物出现差错，必须严格遵守出库制度，做到凭发货单发货，无单不发货。

4. 储放货物

入库后需要明确指出货物的存放位置，最好的方式是提前指定。一旦大批货物到仓时会加快货物储放的速度。储放的具体位置会直接决定后续仓库工作流程的速度和效率。

5. 补货

通常的 B2C 仓库会将仓库的区域分为零库和整库，即单款商品储放的货架和整箱商品存放的区域。这样的规划有利于减少订单拣货路径的长度，并加快拣货员的拣货速度。补货是将整库中的整箱商品拣取并补充到零库货架，以确保零库货架上的商品充足，满足订单需求。

6. 拣货

拣货也称“分拣”，是指为了找到订单中的商品，从库区中提取货物。通常会有两种拣选方式，即“摘果式”和“播种式”。“摘果式”是根据每个订单需要的产品拣好货，然后打包发货，如图 2–8 所示；“播种式”是根据当天订单产品数量将所有产品从货架上拣出，再在分拣处按照每张订单分拣每个包裹，然后打包发货，如图 2–9 所示。不同的卖家可以根据网店销售商品类目的特性及仓库实际情况、每天订单发货量、人员配备等来选取适合自己的拣货方式。

图 2–8　“摘果式”拣货

图 2–9　“播种式”拣货

7. 出货

出货包括订单校验、订单打包、出库交接等流程。当拣选的订单与货物一同送到包装台前时，需要对订单内所含的商品与所拣选的商品进行校验，确认发货订单商品正确。之后，在后台进行打包配货，并进行出库、与快递公司交接等操作，俗称“调拨”。

只有规范好库存管理，网店商品的库存才能及时更新，从而让店铺的运营更有效率，提高网店的竞争力。

三、商品定价

价格是影响商品销量和店铺利润的重要因素，商品定价尤为重要。在定价之前，首先要了解市场环境、采购成本、经销路线等，那么怎样定价才合理呢？下面对商品定价的因素及方法进行详细介绍。

（一）影响商品定价的因素

在定价时要考虑影响商品定价的因素，以此确定最终的价格。商品定价需要考虑多个方面的因素，包括市场环境、销售策略、商品形象、经销路线等。网店既要考虑成本的补偿，又要考虑客户对价格的接受能力，从而使网店商品定价具有买卖双方双向决策的特征。

1. 市场环境

市场环境是对商品价格影响较持久的一种因素，消费环境、市场性质、商品发展等都会影响市场环境，市场环境的变化直接导致商品价格的变化。同时，商品价格在很大程度上影响消费者的购买意愿和购买数量。很多卖家为了扩大市场，会选择低价策略，造成商品之间的定价竞争。但不管是市场环境变化导致的价格变动，还是同行竞争引起的价格变动，商品本身的质量都是商品定价的基本前提。

2. 商品成本

商品的生产成本包括原材料、研发制造经费、运输成本、工厂本身所得利润等方面，有创新思想的卖家可能会在此基础上稍加调整，成本也会再增加一点。

3. 商品形象和品牌

商品形象和品牌也是影响商品定价的重要因素。形象好、品牌知名度高、口碑好的商品在定价上有一定的优势，也容易被消费者接受。

4. 经销路线

商品从原厂到消费者手中，中间可能会经过一个或多个中间商，每一层中间商都会对商品进行定价。然而这种定价是建立在公平合理的基础上的，涨幅不可太过夸张。

（二）常见的商品定价方法

电商平台上存在众多的网店，卖家要想将自己的商品成功地销售出去，掌握合理的定价方法是必然的趋势。合理的定价可以达到推广商品的目的，影响商品的销售量。一般来说，整数定价、尾数定价等方法比较常用且适用范围较广，而数量折扣、现金折扣等方式，则可结合不同的销售环境来使用。

1. 整数定价

整数定价适用于价格较高的商品，价格可以从侧面体现出商品的质量，提升商品的形象，如价值较高的珠宝（图 2–10）、艺术品等。

2. 尾数定价

尾数定价是指采用零头结尾的方式对商品进行定价，常以“8”“9”等数字作为尾数，给消费者一种价格划算的感觉。适合尾数定价的商品如图 2–11 所示。

图 2–10　适合整数定价的商品

图 2–11　适合尾数定价的商品

3. 成本加成定价

成本加成定价是指在成本的基础上以相对稳定的加成率进行定价。采用该定价法进行定价的商品（图 2–12），价格差距一般不会太大。

4. 数量折扣定价

数量折扣是指当买家购买的商品数量较多时，给予一定的优惠，如满减、满送、包邮、打折、第二件半价等。适合数量折扣定价的商品如图 2–13 所示。

图 2–12　适合成本加成定价的商品

图 2–13　适合数量折扣定价的商品

5. 现金折扣定价

现金折扣即降价处理或打折出售。在参与活动、促销、清仓、换季时，即可采用现金折扣的方式对商品进行定价。适合现金折扣定价的商品如图 2–14 所示。

6. 产品组合定价

产品组合定价是指卖家为了迎合消费者的某种心理，在为一部分互补商品、关联商品定价时，通常会有意识地把有的商品价格定得高一些，有的商品价格定得低一些，并组合成套餐，以此获得整体经济利益。适合产品组合定价的商品如图 2–15 所示。

图 2–14　适合现金折扣定价的商品

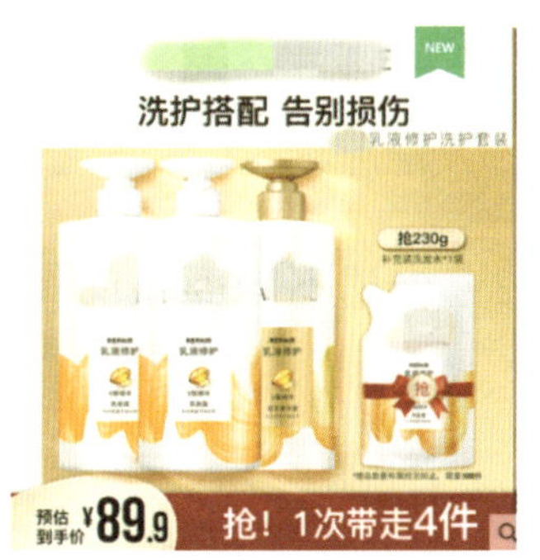

图 2–15　适合产品组合定价的商品

任务实施

步骤 1：选择货源渠道

在对网店商品的货源渠道进行选择时，可以针对每种渠道的优劣势进行分析，将分析过程及结果填写在下方空白处。

步骤 2：库存管理

请根据知识探索中网店库存管理分类及基本流程，帮助企业完成网店商品的库存管理。

步骤 2.1：在对网店商品进行库存管理时，首先要对网店中的商品进行库存分类，将分类结果填写在下方空白处。

步骤 2.2：在完成库存分类后，在库存管理时需要遵循基本流程，将基本流程填写在下方空白处。

步骤 3：商品定价

请根据知识探索中介绍的商品定价方法，帮助企业完成网店商品的定价。

步骤 3.1：在对网店商品进行定价时，首先要分析影响商品定价的因素，将结果填写在下方空白处。

步骤 3.2：根据不同商品的特性选择合适的定价方法，完成商品定价，并在下方空白处填写结果。

合作探究

请扫描右方二维码，获取项目二中合作探究的背景资料，根据情境，并参考以下步骤完成此网店的采购管理。

步骤 1：选择货源渠道

针对每种渠道的优劣势进行分析，选择适合情境中网店的货源渠道。

步骤 2：库存管理

首先对网店中的商品进行库存分类，完成库存分类后，按照商品验收、编写货号、入库登记、储放货物、补货、拣货、出货的流程完成库存管理。

步骤 3：商品定价

首先分析影响商品定价的因素，接着根据不同商品的特性选择合适的定价方法，完成商品定价。

任务评价

本任务完成后，请从知识目标、技能目标和素养目标等维度进行评价。

评价项目	具体要求		分值	自我评分
知识目标	阐述货源产品选择渠道		10	
	说明网店的库存分类		20	
技能目标	能够掌握库存管理的基本流程		20	
	能够正确运用商品定价方法		30	
素养目标	工作态度	遵守纪律，无无故缺勤、迟到、早退现象	5	
	工作规范	能正确理解并按照项目要求开展任务	5	
	协调能力	小组成员间合作紧密，能互帮互助	5	
	职业素质	操作合规，不违背平台规则、要求	5	
综合评价			100	

品行合一

发展农村电子商务，有效助力乡村振兴

全面建设社会主义现代化国家，最艰巨最繁重的任务仍然在农村。实施乡村振兴战略，总目标是农业农村现代化，这是全面建设社会主义现代化的必然要求，是新时代“三农”工作的重要抓手。

党的二十大报告指出：“坚持农业农村优先发展，坚持城乡融合发展，畅通城乡要素流动。”近年来，我国农村电商发展如火如荼。一根网线，连通城乡，让分散的小农户对接大市场，打通农产品销售及进城通道，催生出致力于产销无缝对接的新电商，实现农产品“前端”与消费者“末端”快速对接。流量变成“新农资”，直播成了新农事，电商销售成为农产品销售的重要渠道，也成为农民增收的新支撑，助力巩固拓展脱贫攻坚成果同乡村振兴有效衔接，为农村经济和产业发展持续注入活力。

习近平总书记指出：电商不仅可以帮助群众脱贫，而且还能助推乡村振兴，大有可为。2021 年 10 月底，商务部、中央网信办、国家发展和改革委员会三部门联合发布的《“十四五”电子商务发展规划》明确要求，加快弥合城乡之间数字鸿沟，强化产销对接、城乡互促，促进共同富裕，让人民群众从电子商务快速发展中更好受益。

（来源：《湖南日报》· 新湖南客户端）

网店基础操作

案例导入

当前，电商行业呈现“年轻化”发展趋势，以“90后”“00后”为代表的年轻群体正成为行业的经营主力，为行业持续注入新动能。通过电商平台，一群满怀梦想的青年将独特创意落地生根，发挥自己的创新力与创造力，用创意创造价值。清华大学未来实验室自主研发的“脑机绘梦”系统，在电商平台进行产品推广；利用5G和芯片技术打造的乒乓球机器人，借助电商从专业运动员身边来到普通消费者手中；众多中小微创业者将自己的兴趣爱好与事业有机结合，依托电商平台开放的经营环境与多元化消费群体，发展小众品牌、原创产品……

以淘宝平台为例，在电商青年的推动下，过去两年，平台新增了2 100多个实物商品子类目，并从中产生了超过100条年交易额过亿元的新赛道。

同时，有这么一群返乡青年，不仅在电商平台上实现了自己的创业梦想，还带领当地百姓走上了致富路，助推乡村振兴。

来自宁夏的任凯凯，与四位年轻的合伙人创业做电商，五年间将枸杞卖到了20多个国家，为家乡的农民带来了新的发展空间；“85后”返乡创业女孩刘思蔚，在家乡桂林招募了汉族、壮族、瑶族、侗族等多个民族的240位绣娘，既带动了当地就业，也让瑶绣等传统工艺得到了保护和传承；“海归”徐广达回乡开设网店卖梨，帮助农户销售滞销农产品600万斤左右，销售额达1 000多万元……

数据显示，淘宝商家中有40%的创业者来自乡镇，其中大多数是25~35岁的青年。在返乡创业青年的助力下，农村电商发展如火如荼，2024年全国农村网络零售额为2.5万亿元，比2023年增长了6.4%。

如今，青年已成为创新创业的生力军，在电商领域大展身手，释放了无限潜能。

（来源：人民网，节选）

【想一想】

1. 根据上述材料，请分析电商创业的优势有哪些？

2. 开设淘宝网店需要进行哪些基础操作？

学习目标

知识目标

1. 了解淘宝平台的开店规则；
2. 了解商品属性的作用；
3. 明确网店营销活动类型及常用营销工具；
4. 明确常见的订单状态及相应的处理方法；
5. 认识常见的物流管理工具；
6. 明确发货管理规范与流程；
7. 了解常见的打单工具。

技能目标

1. 掌握网店开通与店铺设置的基本流程；
2. 掌握商品标题撰写技巧与流程；
3. 能够完成网店首页、详情页及自定义页面的装修；
4. 掌握网店营销活动的设置方法；
5. 能够进行网店退款管理和评价管理；
6. 掌握发货管理流程和打单流程。

素养目标

1. 具备耐心细致的工作态度、较强的互动沟通能力，能够在电商运营过程中做好相关基础工作；

2. 具备敏锐的市场洞察力、高效的执行能力，能够抓住和利用瞬息多变的市场机会，为企业创造更多的利润。

知识树

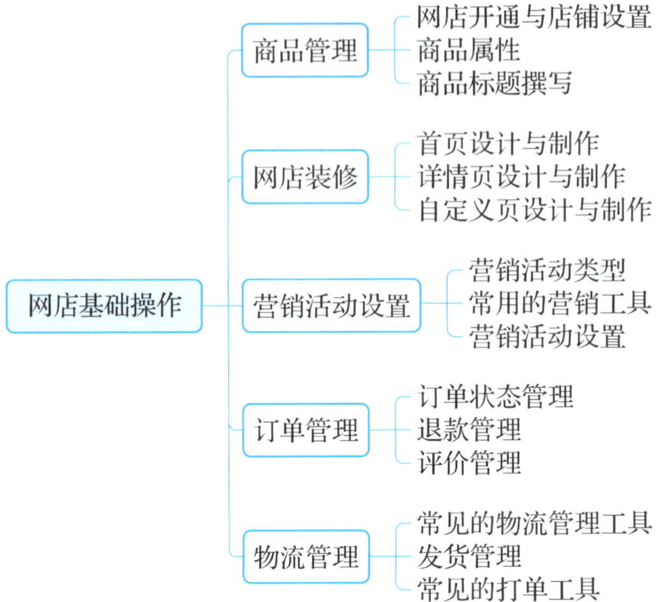

任务一 商品管理

任务情景

在深入贯彻党的二十大精神，全面推进乡村振兴的时代浪潮下，大农良公司积极响应国家号召，于广东省肇庆市应运而生。该公司秉持着助力乡村产业发展、推动农业农村现代化的使命，主营肇庆特色农副产品，包括德庆皇帝柑、封开油栗、四会砂糖桔、新岗红茶、怀集燕窝等，产品种类丰富、品质优良。该公司为了拓宽产品销售渠道，特设立线上事业部，经营线上店铺。经过对比目前常见的淘宝、京东、拼多多等电商平台，决定利用淘宝平台提供的广泛用户和庞大流量，建立本企业产品线上销售的主阵地。

任务分析

明确需要入驻的电商平台为淘宝，进行网店开设与经营。开通网店前，首先要明确淘宝平台开店规则，选择合适的身份开通网店，并根据产品特色以及网店定位完成网店基础设置、确定商品属性，并选择合适的关键词撰写商品标题，完成网店开设的基础操作。

一、网店开通与店铺设置

淘宝网平台为入驻商家提供了两种入驻资格，分别是个人店铺和企业店铺，如图 3–1 所示。商家可以自主选择任意一种身份免费入驻，不同身份入驻平台所需的资料也不相同。

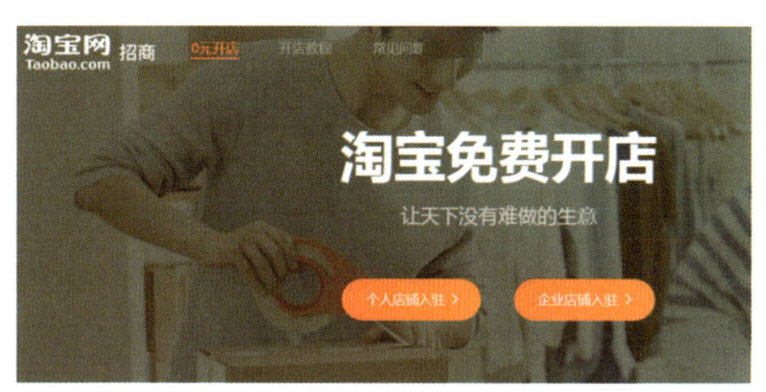

图 3–1　淘宝网招商首页

如果选择在淘宝开设个人店铺，需要准备从未用于开过网店的个人身份证和手机号；如果选择开设企业店铺，需要准备好营业执照、社会信用代码（注册号）、法人、店铺负责人的身份证和手机号。

入驻的商家需要满足淘宝平台的入驻要求，具体条件如表 3–1 所示。

表 3–1　淘宝平台的入驻要求

序号	条件描述
1	阿里巴巴工作人员无法创建淘宝店铺
2	一个身份证只能创建一个淘宝店铺（特殊情况满足多店条件的，可以进入多店权益中心）
3	同账户如创建过 U 站或其他站点则无法创建淘宝店铺，可更换账户开店
4	同账户如创建过天猫店铺则无法创建淘宝店铺，可更换账户开店
5	同账户如在 1688 有过经营行为（发过供应产品信息、下单订购诚信通服务、卖家发起订单、报价、下单订购实地认证、开通旺铺、企业账户注册入口注册的企业账户）则无法创建淘宝店铺，可更换账户开店
6	淘宝账户如果违规被淘宝处罚永久禁止创建店铺，则无法创建淘宝店铺
7	经淘宝排查认证，实际控制的其他淘宝账户被淘宝处以特定严重违规行为处罚或发生过严重危及交易安全的情形，则无法创建淘宝店铺
8	被相关国家、地区或国际组织实施贸易限制、经济制裁或其他法律法规限制，或直接或间接为前述对象提供资金、商品或服务，则无法创建淘宝店铺

完善店铺信息时需要注意以下几点：

（1）店铺名称要简单易记，与商品紧密相关。

（2）店铺标志文件格式为 GIF、JPG、JPEG、PNG 等，文件大小在 80K（千字节）以内，建议尺寸为 80 像素 ×80 像素。设计的店铺标志要具有较高的辨识度，且具有唯一性，便于客户一眼识别。

（3）店铺简介会展示在店铺的索引中，这里可以展示的内容包括掌柜签名、店铺宣言、主营宝贝、店铺动态等，商家可根据自己的店铺进行个性化设计，但是不能太过夸大。

（4）联系地址目前不支持设置海外国家、地区和港澳台地区的地址，商家应遵循声明要求填写国内地址。

（5）下载淘宝开店证明文件。

以上内容设置完成后，勾选下方的申明内容，然后单击“保存”按钮即可。

二、商品属性

网店商品属性是指描述和区分商品特点、性能、功能、外观、规格等方面的特征，这些信息是商品本身所固有的性质，也是商品在不同领域差异性的集合。

（一）商品属性的作用

商品属性展示的是商品最本质的信息，是淘宝平台鉴别商品的重要标准之一，其主要作用体现在以下几个方面：

1. 提升产品曝光率，促进转化

通过淘宝平台进行产品类目搜索、产品浏览的用户流量非常大，准确完整地展示商品属性，有利于提升类目浏览量，从而提升产品曝光率，带来转化。

2. 提高推广评分，利于后期推广

商品属性的准确、完善与否，直接关系到商品在营销推广过程中评分的高低。商品属性的完整度越高，推广评分也越高，有利于商品的后期推广销售，降低营销成本。

3. 提高用户购物体验

商品属性填写越准确，描述越详细，越能够方便用户购买产品，提高用户满意度，同时还能够减少不必要的纠纷。

4. 增加搜索的权重

大部分用户通过搜索关键词来查找产品或店铺，如果商品属性填写得详细，产品将获得更多的流量，不仅能够促进产品销售，还能够降低推广成本。

（二）确定商品属性的方法

确定网店的商品属性，有利于用户更方便快捷地找到所需商品。常见的商品属性确定方法有以下几种：

1. 利用系统推荐

发布商品时，在类目搜索框内直接搜索，便可以看到系统推荐的类目。当卖家确认好商品的核心关键词时，可以采用系统推荐的方法确定商品属性，不仅简单、直接、有效，而且省时省力。

2. 借助相关插件工具

有条件的商家，可以利用插件查看目标竞品店铺的类目选择，进行参考和模仿。尤其在商品主关键词不确定或商品可以同时放在两个类目的情况下，可通过这种方法查看目标竞品的类目选择，最大限度地避免出错。

3. 利用生意参谋的查词功能

淘宝平台的生意参谋有大量的数据作为支撑，利用生意参谋的查词功能判断商品的最优类目，这个方法最为精确，同时也有利于后期的店铺运营。

三、商品标题撰写

（一）关键词的分类

卖家在撰写商品标题之前，需要了解商品标题是如何构成的。在淘宝上搜索不同类目的商品关键词，可以发现商品标题通常都是由核心词、属性词、长尾词和促销词构成。

1. 核心词

好的核心词能将商品的流量集中，核心词一般包含产品词、类目词、品牌词和促销词。卖家在撰写标题时，应该从用户的角度考虑，如选择类目词时，可以参考淘宝首页的类目划分，如图 3–2 所示。

图 3–2　淘宝首页类目划分

2. 属性词

属性词能够说明商品的尺寸、色彩、质地等相关的商品信息，让用户在搜索商品时，尽可能准确地定位到商品的关键词。卖家在确定属性词时，一方面可以参考商品本身的信息，另一方面可以参考发布商品时后台要求填写的属性信息，如图 3–3 所示。

图 3–3　淘宝后台商品属性

3. 长尾词

长尾关键词指非目标关键词，但也可以带来用户搜索流量的关键词，这类词精准度比较高。长尾关键词需要分析竞争对手和客户群体的搜索习惯、搜索方式等。一般可以通过淘宝搜索下拉框、淘宝排行榜、直通车系统推荐词、移动端锦囊词、生意参谋等方法进行收集，如图 3–4 所示为搜索“红茶”时淘宝下拉框推荐的关键词。

图 3–4　淘宝搜索下拉框

4. 促销词

促销词是指与网店活动相关，能够吸引、刺激用户产生购买欲望的词，如包邮、特价、火爆热卖、限时打折等。

（二）关键词优化

1. 找词

商品标题由多个关键词组合而成，卖家可以借助站长之家或生意参谋等工具清楚了解所选类目中的用户热搜词、关键词搜索热度、人气、点击量等数据，通过对各类关键词数据进行分析来确定商品标题。

以生意参谋为例，打开生意参谋后台，依次单击“市场”—“搜索排行”选项，在出现的“搜索分析”页面输入要搜索的关键词。这里以“皇帝柑”为例，输入后可以看到关于该关键词的延伸词和相关词组，如图 3–5 所示。

图 3–5　搜索词分析

以 7 天或者 30 天的数据为参考，大类目选取 1 000 以上的搜索量，小类目选取 500 以上的搜索量，然后筛选掉无关词组，去掉大于 9 个字、不符合产品属性、转化率为零或者接近零、商城占比 80% 以上的词组，最后套用公式：搜索人气 × 点击率 × 支付转化率 × 商城占比 / 在线商品数，计算出竞争度，选取竞争度高的词组作为商品关键词，如图 3–6 所示。

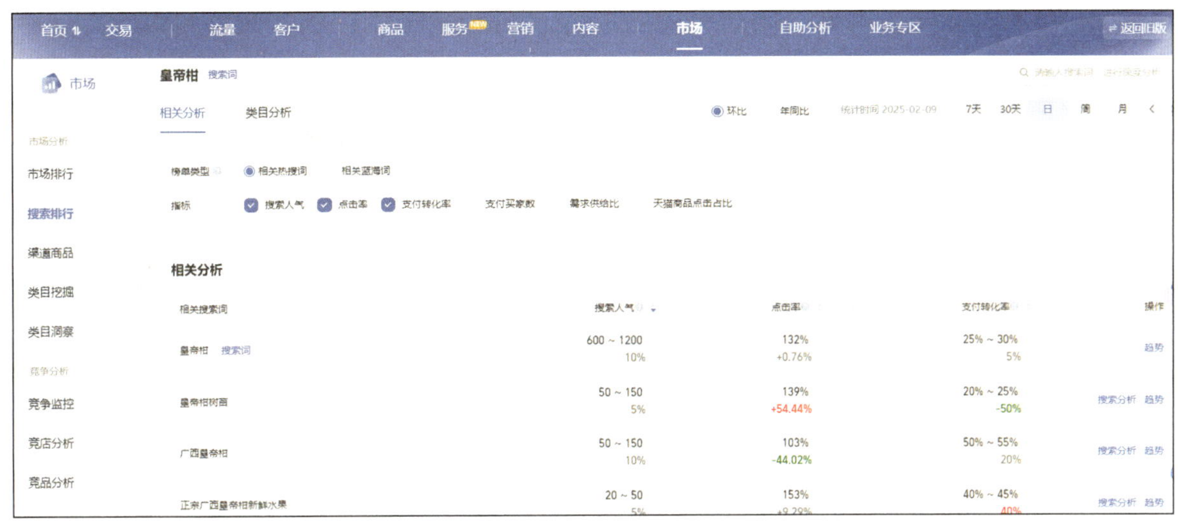

图 3–6　关键词选择

2. 组词

标题的组合排序要考虑两点，一是利于淘宝搜索引擎抓取。搜索引擎能够抓取权重高的词，因此进行标题优化时，要符合搜索引擎的抓取规则。二是标题要具有可读性，符合用户阅读习惯。组合标题时一般遵循紧密排列、空格无关、顺序无关的原则，结合用户的搜索习惯，将核心词、属性词、长尾词和促销词组合起来。

任务实施

步骤 1：开通网店与设置信息

步骤 1.1：淘宝网店开通流程。

明确需要入驻的电商平台后，商家就可以开设网店，下面以在淘宝平台开设个人网店为例，介绍淘宝网店的开通流程。

（1）进入淘宝网首页。

打开浏览器搜索“淘宝网”或者直接在地址栏中输入网址，进入淘宝网首页，单击顶部导航栏右侧的“免费开店”选项，如图 3–7 所示。

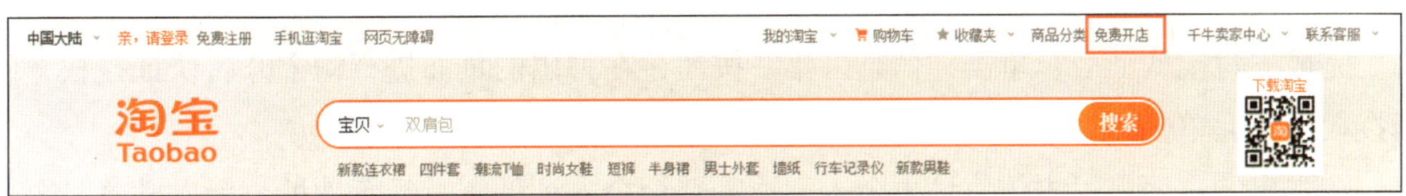

图 3–7　单击“免费开店”选项

（2）淘宝开店。

单击“免费开店”选项后，页面跳转到淘宝网招商首页，下拉页面即可看到“去开店”入口，如图 3–8 所示，这里需要选择注册店铺类型，包括个人商家、个体工商户商家和企业商家，以“个人商家”为例，单击下方的“去开店”按钮，在弹出的登录界面中填写店铺名称、手机号码及验证码，勾选“同意钉钉获取帐号名及手机号，用于激活钉钉，绑定店铺，加入淘宝官方群”按钮，然后单击“0 元开店”按钮，如图 3–9 所示。

图 3–8 淘宝网招商首页

图 3–9 单击“0 元开店”按钮

（3）支付宝认证。

单击“0 元开店”按钮后页面跳转至淘宝商家后台，单击“支付宝认证”按钮，按照提示流程完成支付宝认证，如图 3–10 所示。

图 3–10 支付宝认证

（4）完成信息采集。

完成支付宝认证后，单击“信息采集”按钮，在弹出的页面进行淘宝开店认证授权，阅读授权说明后单击“同意授权，去填写”按钮，如图 3–11 所示。

在弹出的页面填写主体信息，个人商家需登记个人证件图、经营地址、个人姓名、个人证件类型、个人证件号等信息，如图 3–12 所示。

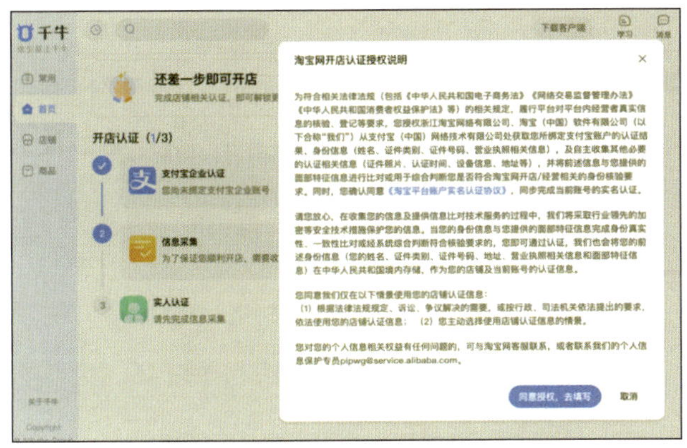

图 3–11　淘宝开店认证授权

图 3–12　填写主体信息

（5）实人认证。

单击“实人认证”按钮，使用手机淘宝或千牛 App 扫描二维码，进行淘宝店铺实人认证，如图 3–13 所示，按照操作提示完成实人认证。

完成实人认证之后，就完成了淘宝网店的注册，成功开通淘宝店铺，页面跳转至淘宝千牛卖家工作台，如图 3–14 所示。

图 3–13　实人认证

图 3–14　淘宝千牛卖家工作台

步骤 1.2：店铺基础设置。

（1）进入淘宝店铺的千牛卖家中心，选择左侧导航栏中的“店铺”—“店铺管理”—“店铺信息”，如图 3–15 所示。

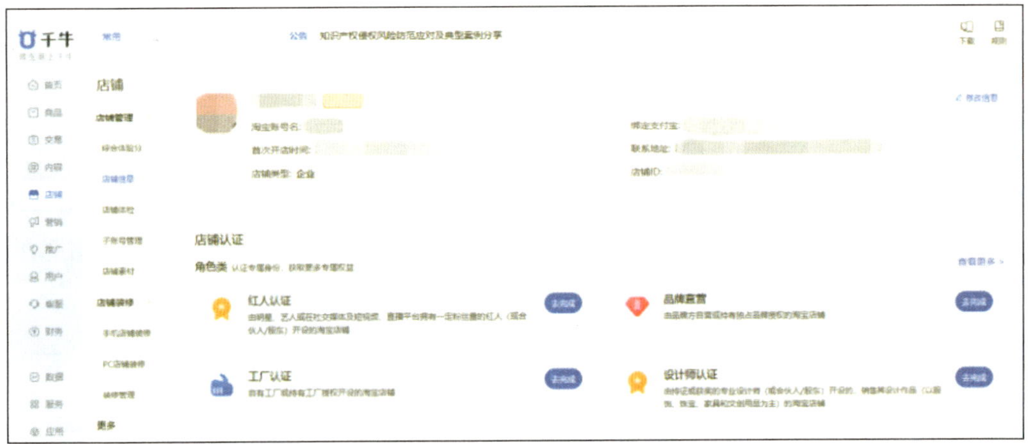

图 3–15　店铺信息设置

（2）进入店铺基本信息设置页面，在这里需要设置店铺名称、店铺 ID、店铺标志、联系地址等信息，如图 3–16 所示。

图 3–16　店铺基本信息完善

步骤 2：确定商品属性

利用淘宝平台系统推荐、相关插件工具或者生意参谋的查词功能确定“德庆皇帝柑”的商品属性。

步骤 3：撰写商品标题

淘宝卖家在发布商品时，需要对商品标题进行设置。好的标题才能吸引用户注意，增加点击率。以下是淘宝网店商品标题撰写的基本步骤：

步骤 3.1：确定核心词。

核心词是对商品本质进行描述的词，即顶级关键词，如“砂糖桔”“皇帝柑”等属于核心词。

步骤 3.2：组合属性词。

用户在搜索时，为了使搜索结果更加精确，通常会在核心词之前加入商品的属性词，如搜索砂糖桔时，可输入“四会砂糖桔”“新鲜砂糖桔”等属性词进行搜索。

步骤 3.3：搭配热搜词。

热搜词可以是用户经常搜索的词语，也可以是对商品进行形容和修饰的词语，如“2024 年新品新岗红茶”。

合作探究

请扫描右方二维码，获取项目三中合作探究的背景资料。根据情境，并参考以下步骤完成此网店的商品管理。

步骤 1：开通网店与设置信息

请结合前面任务所学，在拼多多平台注册一个网店，并完成对店铺信息的设置。

步骤 2：确定商品属性

利用系统推荐、相关插件工具的查词功能确定“全谷物营养粉”的商品属性。

步骤 3：撰写商品标题

根据所学的商品标题撰写技巧，完成商品“全谷物营养粉”的标题撰写。

任务评价

本任务完成后，请从知识目标、技能目标和素养目标等维度进行评价。

<table>
<tr><th>评价项目</th><th colspan="2">评价标准</th><th>分值</th><th>自我评分</th></tr>
<tr><td rowspan="4">知识目标</td><td colspan="2">阐述淘宝平台开店规则</td><td>5</td><td></td></tr>
<tr><td colspan="2">正确理解并表述商品属性的内涵及作用</td><td>5</td><td></td></tr>
<tr><td colspan="2">明确确定商品属性的方法</td><td>5</td><td></td></tr>
<tr><td colspan="2">正确理解商品标题的撰写技巧</td><td>5</td><td></td></tr>
<tr><td rowspan="4">技能目标</td><td colspan="2">能够在淘宝平台开设网店</td><td>10</td><td></td></tr>
<tr><td colspan="2">能够根据产品信息完成店铺基础设置</td><td>10</td><td></td></tr>
<tr><td colspan="2">能够根据相关渠道确定商品属性</td><td>10</td><td></td></tr>
<tr><td colspan="2">能够完成商品标题的撰写</td><td>10</td><td></td></tr>
<tr><td rowspan="5">素养目标</td><td>工作态度</td><td>态度端正，无无故缺勤、迟到、早退的现象</td><td>8</td><td></td></tr>
<tr><td>工作规范</td><td>能正确理解并按照项目要求开展任务</td><td>8</td><td></td></tr>
<tr><td>协调能力</td><td>与同学之间能够合作交流、互相帮助、协调工作</td><td>8</td><td></td></tr>
<tr><td>职业素质</td><td>任务实施中认真、细致、严谨地对待每个细节</td><td>8</td><td></td></tr>
<tr><td>创新意识</td><td>对规范或要求深入理解，不拘泥于给定的样式，能够进行创新设计</td><td>8</td><td></td></tr>
<tr><td colspan="3">综合评价</td><td>100</td><td></td></tr>
</table>

任务二　网店装修

任务情景

开通淘宝网店并完成店铺基础信息的设置后，该企业线上事业部负责人安排部门中有店铺装修经验的小周进行店铺装修。要求他秉持创新精神，根据企业产品信息和店铺风格进行店铺首页、详情页以及自定义页面等的设计与制作，以此来展现线上产品的相关活动信息、细节信息等内容，从而吸引用户，促进网上产品的销售。

任务分析

网店装修并不仅仅是依靠图片美化，还需要从网店全局出发，对每个装修模块进行设计，呈现出网店独有的整体风格。好的网店装修有利于促进成交，能通过视觉更好地传递商品信息、服务信息和品牌理念。店铺首页装修主要从店招、海报、网店导航、商品分类导航四大模块着手美化。

一、首页设计与制作

（一）首页布局设计

网店首页布局设计的基本目标在于尽可能地提高流量的转化率，引导用户下单。在首页布局设计时，动线设计可以打破规则的网格构图，改变图片布局，让图片形成动线，从而引导用户的视线，提高流量转化率，如图 3–17 所示。

图 3–17 网店首页布局设计

（二）首页制作

1. 店招制作

店招起到信息传递的作用，包含网店商品、网店品牌、活动信息等重要内容，对用户是否选择进入网店首页浏览相关商品起到一定的引导作用。如图 3–18 所示的网店店招，传达了品牌信息、优惠信息、促销活动等信息。

图 3–18 网店店招

店招设计思路一般包括以下几点：

（1）进行品牌宣传。

打造自己专属品牌的网店，店招内容可以包括品牌 Logo、关注、收藏。

（2）体现促销活动。

店招风格由活动主题决定，促销活动薄利多销，为了营造活动氛围，可在店招中适当地加入红包或优惠券领取按钮。

（3）进行产品推广。

进行产品推广的目的是提高网店主推产品的销量，一般可以在店招图上放 2~3 款推广产品。

2. 导航制作

网店中的分类导航承载着引导、归纳网店及网店商品信息的功能，根据分类导航在网店中所处的位置，可以将其大致分为顶部分类导航、侧边栏分类导航和自定义分类导航三种形式。

（1）顶部分类导航。

顶部分类导航通常位于店招的下方，用户通过该分类导航条，可以一目了然地了解网店整体的结构与布局以及网店中商品的分类情况，并对网店有大体的了解，如图 3–19 所示。

双十二狂欢节 | 所有鲜果 | 桔子 | 甜橙 | 苹果 | 猕猴桃 | 菠萝蜜 | 草莓 | 人参果 | 食品 | 蔬菜

图 3–19 顶部分类导航

（2）侧边栏分类导航。

侧边栏分类导航常常位于网店页面的左侧，该分类导航除了会以商品款式来进行分类外，通常还会以数据进行分类，如“按综合”“按销量”“按新品”“按价格”，通过这些数据分类来展示商品。

（3）自定义分类导航。

自定义分类导航可位于网店页面中的任何位置，常用于对网店活动等信息的分类介绍，通常采用按钮加超链接的展示方式。

分类导航中通常会包含商品详情页的链接以及需要用户进行点击操作的交互设计，不仅是对商品分类归纳的视觉展示，更像是一个传送带，可以直接将用户输送到具体的商品详情页。因此，在商品分类的基础上，还需要考虑分类导航的易用性，为用户提供快速有效的购物体验。

3. 海报制作

海报是网店首页中大型活动展示或品牌展示窗口，如果出现在第一屏，一般也称为促销图、网店首焦图等。海报的组成元素一般包含背景、产品、文案三个部分，如图 3–20 所示。

图 3–20 网店海报

海报制作的思路一般包括以下几点：

（1）海报色调与网店主色调统一。

设计海报时，先观察网店整体色调，尽量避免与主色调产生强烈的对比，如果必须以对比色设计海报时，要考虑降低纯度和明度。

（2）根据产品亮点定背景色。

在海报背景选择上，最好要做到背景与产品相呼应。根据产品亮点选定背景色有两种方法，一是将拍摄的图直接用作背景，排列活动文案；二是将产品提取出来，背景根据产品灵活变动，再配合文案予以选定。

（3）文案策划排版。

明确海报面对的用户人群，根据目标用户的特点策划文案排版。

（4）突出海报主题。

设计作品使画面烘托文案主题，应将主题文案放在首页重点突出。

4. 商品展示制作

在首页中，优惠券下方直接展示商品。一般来说，网店首页展示的商品是网店的热销商品或者主推商品，如某销售水果的网店，主营商品有三款，分别是赣南脐橙、武鸣沃柑、智利车厘子，那么首页中也应当重点展示这三款商品，如图 3–21 所示。

图 3–21 主营商品展示

二、详情页设计与制作

（一）详情页布局设计

设计者在进行详情页布局前，首先要了解商品详情页中通常会出现哪些模块，这样才能更好地对其进行安排与设计。一般而言，详情页主要包括商品细节、特色、服务等信息的模块，核心解决用户的购买顾虑。

一般而言，商品详情页设计遵循的思路是：引发兴趣→激发潜在需求→产生信任→引导购买→信赖到想拥有→打消疑虑，促进成交。

（二）详情页制作

商品的详情页应该包含焦点图、产品信息、产品细节、产品展示、注意事项、售后说明等模块。

1. 商品详情页中的组图设计

商品详情页中的组图是指用于表现商品基本信息的说明图片，这些图片的展示需要真实而全面，让用户获得如同在实体店中挑选的体验，如图 3–22 所示为德庆皇帝柑详情页的组图之一。

2. 商品详情页中的细节展示

细节展示图便于用户仔细观察与研究商品，采用局部放大的形式能让用户更清晰地选购商品，消除购买顾虑。商品细节图如图 3–23 所示。

图 3–22 德庆皇帝柑详情页的组图之一

图 3–23 商品细节图

3. 商品详情页中的商品特色说明

在商品详情页中的特色说明部分，是对细节展示部分没有提到的商品特色模块进行补充说明，并且展示足够多的商品真实图片。商品特色说明图片的表现形式可以更丰富，但要注意避免和细节展示部分的内容重复，如图 3–24 所示。

4. 商品详情页中的信誉说明

真诚的信誉说明是最重要的，无论是温馨提示还是购买须知，这些信息都是提高信誉度的关键，如图 3–25 所示。

图 3–24　特色说明

图 3–25　信誉说明

三、自定义页设计与制作

（一）认识自定义页面

常见的自定义页面包括新品 / 精品分类页面与促销活动页面。

1. 新品 / 精品分类页面

自定义页面中的新品 / 精品分类页面一般包括活动名称、商品价格在活动前后的对比、商品名称等，由此突出网店的新品 / 精品，如图 3–26 所示为某网店新品推荐。

2. 促销活动页面

自定义页面的促销活动一般包括秒杀、买赠活动、红包、优惠券等类别。网店需要不定期推出各种促销活动，以此来吸引用户下单购买，从而提高网店的转化率，如图 3–27 所示为促销活动页面。

图 3–26　某网店新品推荐

图 3–27　促销活动页面

（二）自定义页面设计

自定义页面可设计为新品、秒杀、包邮、赠送、红包与抵价券等，对于新开设的网店，可以在自定义区设计一些优惠券，展示在首页最显眼的位置，从而实现为网店引流的目的。

在淘宝网店中，自定义模块宽度有 950 像素、190 像素与 750 像素三种。这些自定义模块里可以根据卖家的需求添加图片、文字以及 Html 代码等，卖家可以根据自身经营活动的需要设计和组织页面内容。

任务实施

步骤 1：设计与制作网店首页

淘宝网店首页装修的具体操作步骤如下：

步骤 1.1：上传店招。

进入淘宝千牛卖家中心，选择“店铺”—“店铺装修”—“PC 店铺装修”—“首页”—“装修页面”选项，进入店铺装修后台操作页面，选择店招位置，单击“编辑”按钮，根据提示上传图片空间的店招图，如图 3-28 所示。

图 3-28　上传店招图

步骤 1.2：添加导航。

（1）在“装修页面”下的“页面编辑”导航模块中单击“编辑”按钮，进入导航编辑页面，如图 3-29 所示。

图 3-29　导航编辑页面

（2）在弹出的导航弹窗中，选择“导航设置”选项，单击“添加”按钮，添加导航内容，如图 3-30 所示。

（3）添加导航内容一般有两种方法，一是根据网店产品类别，依次添加完需要的“宝贝分类”“页面”和“自定义链接”后，可以回到“导航设置”页面；二是根据网店需求上下移动或删除所添加的分类和页面，如图 3-31 所示。

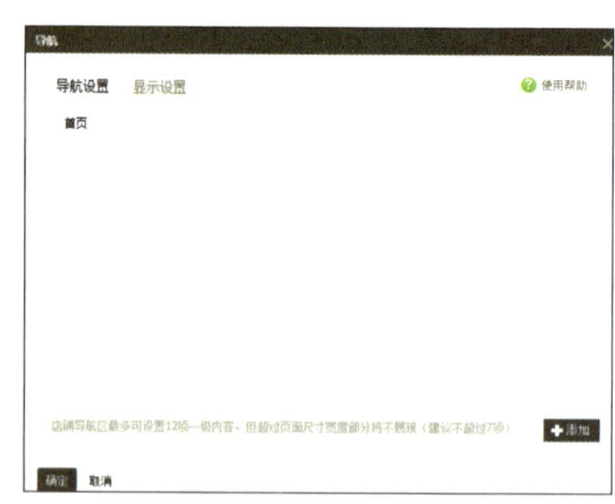

图 3-30　添加导航内容

图 3-31　移动或删除分类

步骤 1.3：添加轮播图。

在千牛卖家中心的店铺首页装修页面，插入基础模块中的“图片轮播区”，单击“编辑”按钮，选择上传到图片空间的轮播图，如图 3–32 所示。

图 3–32　添加轮播图

步骤 1.4：添加产品展示。

在淘宝首页装修模块中，通过左侧基础模块选择“宝贝推荐”选项，然后单击“编辑”按钮，可以选择需要设置在首页展示的商品；如果需要个性化设计首页商品展示样式，可添加“自定义区”，然后单击“编辑”按钮，将已经设计好的商品展示图代码添加到自定义区的内容编辑模块中，如图 3–33 所示。

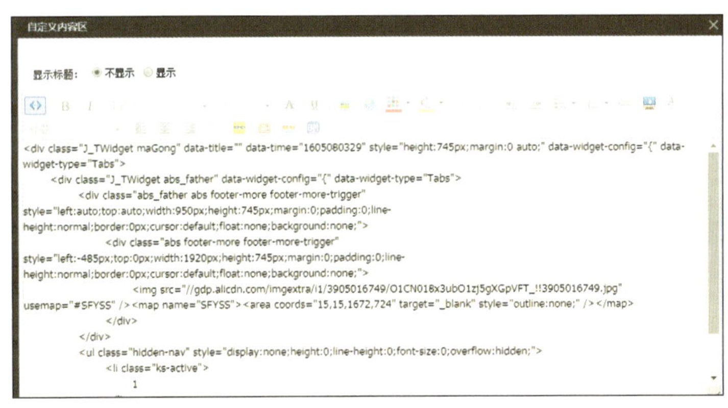

图 3–33　添加商品展示代码

步骤 2：设计与制作详情页

进行详情页装修的具体步骤如下：

步骤 2.1：在详情页设计完成后，利用切片工具，将详情页进行切分并将其保存为 Web 格式，然后在发布产品时，将已经切分好的详情页设计内容添加到商品描述中。

步骤 2.2：如果要修改已经发布的商品详情页，可进入装修模块的“宝贝详情页”页面，找到需要修改的商品，单击“装修详情”按钮进行装修，如图 3–34 所示。

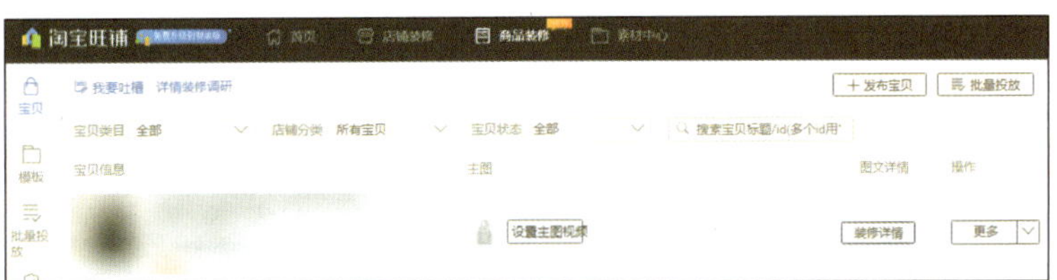

图 3–34　详情页装修

步骤 3：设计与制作自定义页

自定义页面装修的具体操作步骤如下：

步骤 3.1：进入首页自定义区。

登录千牛卖家工作台，进入店铺装修后台的操作页面，找到自定义区，如图 3-35 所示。

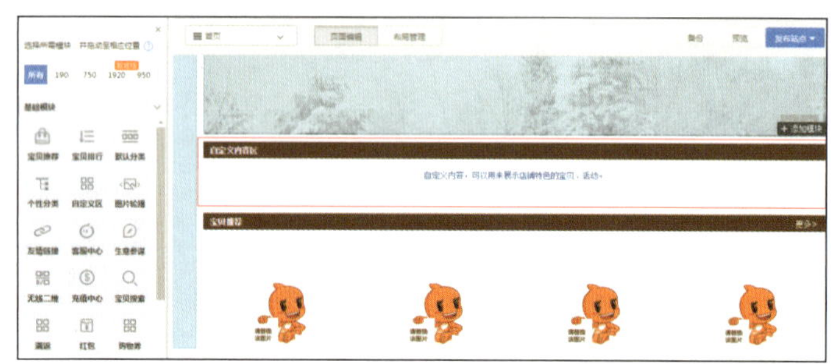

图 3-35 首页自定义区

步骤 3.2：编辑自定义区。

自定义区编辑有两种方式，一种是将左边的基础模块直接拖动到自定义内容区中，一种是通过自定义内容区编辑框进行编辑。

（1）编辑模块。

直接选择左边基础模块中的购物券，按住鼠标左键不放，将其直接拖动到自定义内容区，如果未创建购物券，则会展示如图 3-36 所示信息，此时需要回到卖家中心的“营销中心”创建优惠券。创建成功后，重新为自定义内容区添加优惠券即可。

图 3-36 添加优惠券模板

（2）自定义内容区编辑框。

将鼠标光标放在自定义内容区，右上角出现“编辑”按钮，单击该按钮进入自定义内容编辑框，在这里可以添加规划好的自定义内容，包括源代码、文案、图片、链接、视频等，如图 3-37 所示。

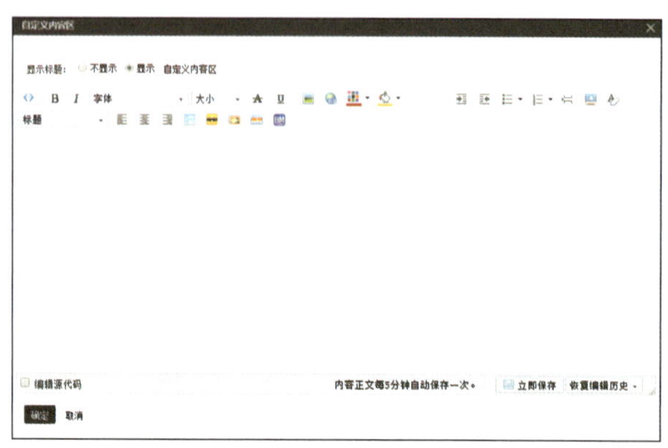

图 3-37 自定义内容编辑框

（3）发布站点。

自定义区内容编辑完成后，单击装修页面右上角的“发布站点”按钮，装修完的内容就可以在前端展示出来。

合作探究

请扫描右方二维码，获取项目三中合作探究的背景资料，根据情境，并参考以下步骤完成网店装修。

步骤 1：设计与制作网店首页

请结合知识探索所学的内容及店铺产品，设计并制作店招、导航及海报。

步骤 2：设计与制作详情页

根据详情页设计与制作技巧，设计“全谷物营养粉”的详情页，向用户展示商品细节、特色、服务等信息。

步骤 3：设计与制作自定义页

根据所学的自定义页面设计与制作技巧，完成商品“全谷物营养粉”促销活动页面设计。

任务评价

本任务完成后，请从知识目标、技能目标和素养目标等维度进行评价。

<table>
<tr><th>评价项目</th><th colspan="2">评价标准</th><th>分值</th><th>自我评分</th></tr>
<tr><td rowspan="3">知识目标</td><td colspan="2">阐述网店首页设计与制作的技巧与注意事项</td><td>4</td><td></td></tr>
<tr><td colspan="2">正确挖掘详情页设计与制作的要点</td><td>8</td><td></td></tr>
<tr><td colspan="2">正确认识自定义页面的相关内容</td><td>8</td><td></td></tr>
<tr><td rowspan="3">技能目标</td><td colspan="2">能够完成网店首页的设计与制作</td><td>15</td><td></td></tr>
<tr><td colspan="2">能够根据产品信息完成网店详情页的设计与制作</td><td>15</td><td></td></tr>
<tr><td colspan="2">能够根据网店促销活动等信息完成自定义页面的设计与制作</td><td>10</td><td></td></tr>
<tr><td rowspan="5">素养目标</td><td>工作态度</td><td>态度端正，无无故缺勤、迟到、早退的现象</td><td>8</td><td></td></tr>
<tr><td>工作规范</td><td>能正确理解并按照项目要求开展任务</td><td>8</td><td></td></tr>
<tr><td>协调能力</td><td>与同学之间能够合作交流、互相帮助、协调工作</td><td>8</td><td></td></tr>
<tr><td>职业素质</td><td>任务实施中认真、细致、严谨地对待每个细节</td><td>8</td><td></td></tr>
<tr><td>创新意识</td><td>对规范或要求深入理解，不拘泥于给定的样式，能够进行创新设计</td><td>8</td><td></td></tr>
<tr><td colspan="3">综合评价</td><td>100</td><td></td></tr>
</table>

任务三 营销活动设置

任务情景

网店营销活动设置是网店运营工作的重要一环，直接关系着网店的销售收入。完成淘宝网店开通与装修工作后，该企业线上事业部负责人安排部门主管网店运营的工作人员小陈，根据企业营销需求和淘宝后台提供的营销活动情况进行网店营销活动设置，从而促进该企业线上产品的销售。

任务分析

店铺营销活动是由卖家根据平台活动或店铺营销需要自行设置的营销活动，主要包括平台活动和店铺活动，目的是利用多种营销工具，如优惠券、单品宝、赠品、分期免息等吸引或刺激用户购买网店产品，提升店铺的销售额和转化率，实现营销活动目标。

知识探索

一、营销活动类型

（一）平台活动

1. 大促营销活动

（1）节日大促。

节日大促是指根据各种节日，如“女神节”、“618”年中大促、“双十一”、“双十二”等节日特点进行的平台促销活动，并吸引卖家报名，从而实现平台销售目标。

（2）主题活动。

主题活动是指通过对某个热点事件或话题进行研究、分析、策划的活动，可以直接带动某些产品的销量。淘宝平台中的主题活动形式包含行走出游、毕业与开学、体育浪潮等。

2. 常态营销活动

（1）聚划算。

聚划算是阿里巴巴旗下的团购网站，依托淘宝庞大的用户群，现已发展成为淘宝卖家首选的团购平台。在淘宝网，每天有超过千万的网购客户，这也正是聚划算流量的主要来源。聚划算团购主要由品牌团、非常大牌、聚名牌、全球精选等组成。

例如，元宵节聚划算以“聚一起，才是‘圆’”为传播主题，首次让五大汤圆家族齐聚一堂，借由呆萌汤圆的口吐露出用户的心声，也为用户献上一份特别的元宵祝福，如图3–38所示。

（2）天天特卖。

天天特卖是服务于淘宝商家和天猫商家的站内活动营销平台，致力于为用户提供极致性价比的商品和服务。商品参加天天特卖后可以在全渠道享受面向目标人群的流量扶持，包括天天特卖频道、搜索便宜好货 TOP、搜索推荐、猜你喜欢等渠道。

天天特卖中的活动主要包括日常活动和大促活动两种。日常活动就是天天特卖频道举办的一些适用于日常商品销售的活动，如服饰品类特卖节（3~7 天团）、特卖超值 3 折嗨翻天活动（3~7 天团）等；大促活动是天天特卖频道举办的适用全品类商品的销售活动，如 7 月工厂直购节、天天特卖 6 月工厂直购节等。如图 3–39 所示为天天特卖界面。

图 3–38　聚划算元宵节活动

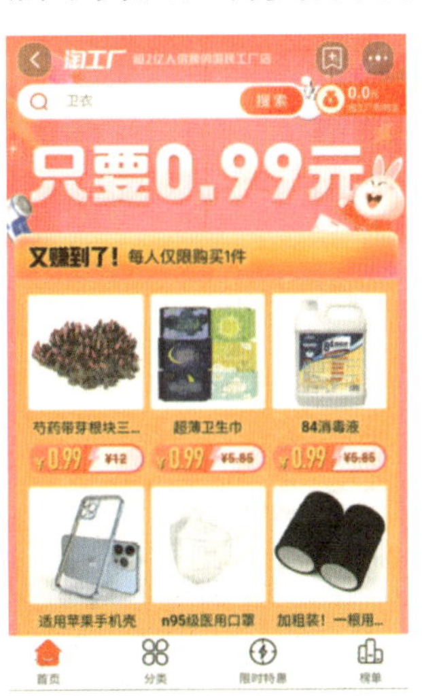

图 3–39　天天特卖界面

（3）淘金币。

淘金币是淘宝平台为用户提供的积分，在淘宝平台中淘金币可以用来抽奖、秒杀和兑换折扣商品，也可以通过抵扣 + 金额购买商品。对淘宝商家来说，淘金币是一款淘宝平台内部的免费推广营销工具，可以帮助店铺提升转化率和成交量。如图 3–40 所示为淘金币首页界面。

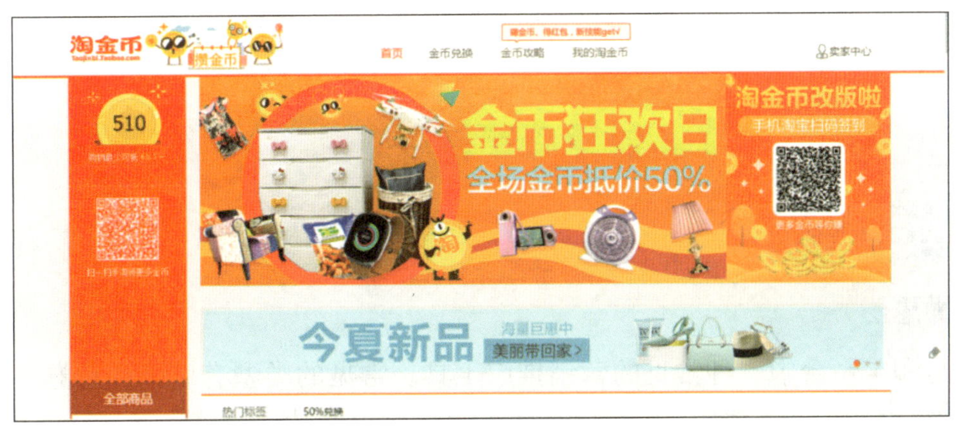

图 3–40　淘金币首页界面

（二）店铺活动

1. 限时打折

限时打折是指在指定的时间段内，参加淘宝促销活动的淘宝平台卖家，在原有活动价格的基础上，对活动的商品进行再优惠的权益。如图 3–41 所示为某水果店的限时打折界面。

图 3–41 限时打折界面

2. 节日促销

节日促销，顾名思义就是根据节假日特点和网店产品、品牌风格所做的店内营销活动。节日活动包括国庆节、中秋节、重阳节等时间点的节日活动。如图 3–42 所示为某店铺重阳节促销活动界面。

3. 满减 / 满送 / 包邮

满减是淘宝平台最为基础的一种店铺营销工具，是指消费者消费达到一定条件后，可以享受的优惠活动，包括打折、减金额、包邮、送赠品（礼物、流量、优惠券）等。常见的类型有店铺满减活动和商品满减活动。如图 3–43 所示为某坚果零食店铺的“满 199 减 100”活动界面。

图 3–42 节日促销活动界面

图 3–43 满减活动界面

4. 优惠券

优惠券是一种最常见的营销方式，可以为店铺带来更多的用户，卖家可以根据平台要求制作不同面值的优惠券，如图 3–44 所示为某店铺设置的优惠券。

图 3–44 优惠券

二、常用的营销工具

（一）优惠券

优惠券是淘宝平台中一种常见的营销推广工具。常见的类型有店铺优惠券、商品优惠券和裂变优惠券，如图 3–45 所示。

图 3–45 优惠券类型

1. 店铺优惠券

店铺优惠券是指全店铺所有商品通用的优惠券，例如满 100 领取 5 元优惠券、满 200 领取 20 元优惠券。

2. 商品优惠券

商品优惠券是指仅限制部分商品使用的优惠券，可以一对一，也可一对多。

3. 裂变优惠券

裂变优惠券是以店铺优惠券或商品优惠券为基础，通过设置裂变条件（优惠券分享人数），使用户通过分享优惠券，达到裂变条件后领取和使用的优惠券。

（二）单品宝

单品宝是原限时打折的升级工具，包括粉丝专享价、会员专享价、新客专享价、老客专享价等功能模块，可支持以下功能：

（1）SKU 级打折、减现、促销价；

（2）设置定向人群；

（3）设置单品限购（限购件数内买家以优惠价拍下，限购件数外只能以非优惠价拍下）；

（4）过期活动一键重启等。

（三）赠品

赠品是一种由官方提供的满足商家（买 A 赠 B）营销需求的商家营销工具，可以灵活设置门槛（满 X 件或满 Y 元），也可以针对特殊人群（新客 / 老客 / 会员 / 粉丝等）设置专享赠品或额外加赠，满足不同用户的营销诉求，包括多件多折、拍下立享、包邮等方式。

（四）分期免息

分期免息指的是用户在下单时选择分期付款，并且根据下单选择的期数按期还款。这是淘宝与花呗联合推出的花呗分期优惠活动，花呗分期付款一般支持 3 期、6 期、12 期分期，对卖家在活动期间的活动产品产生的花呗分期订单给予专属的优惠费率，帮助卖家转化交易。

任务实施

步骤 1：平台活动设置

以当下淘宝后台提供的天天特卖活动为例，其具体报名步骤如下：

步骤 1.1：登录千牛卖家工作台，单击“营销”—“营销活动”—“活动报名”按钮，进入“淘宝商家营销活动中心”首页，如图 3–46 所示。

图 3–46 淘宝商家营销活动中心首页

步骤 1.2：在“淘宝商家营销活动中心”首页可以看到可报名的活动，这里选择“2025 聚划算—纯佣品牌团”，单击“立即报名”按钮，进入如图 3–47 所示的页面，然后单击“去报名”按钮。

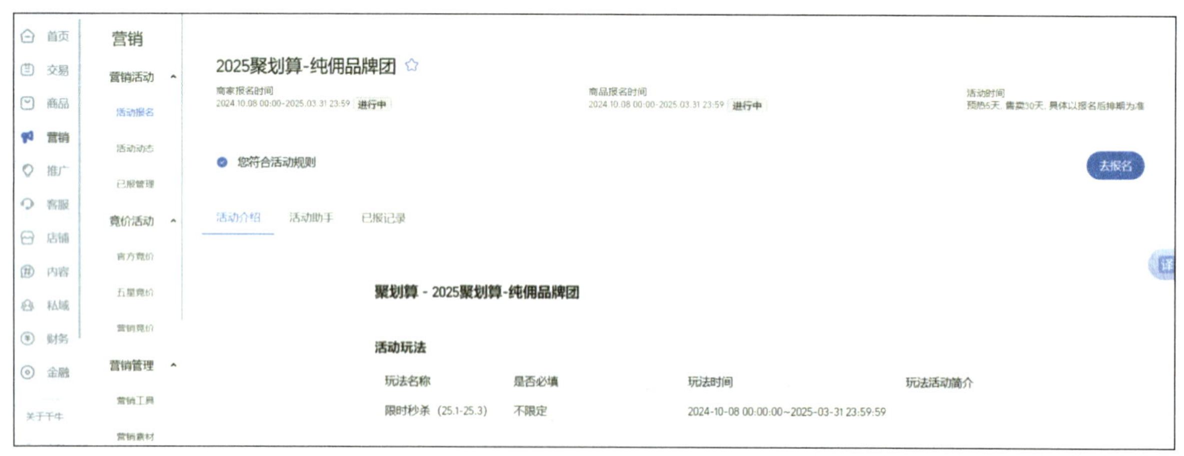

图 3–47 2025 聚划算—纯佣品牌团报名

在“聚划算”报名页面可以选择 17 种可报名的活动，如图 3–48 所示。卖家可根据店铺的实际情况和运营推广需求进行选择。这里以“2025 聚划算—纯佣品牌团”活动为例，完成日常活动报名。

图 3–48　可供选择的报名活动

步骤 1.3：单击“2025 聚划算—纯佣品牌团”活动后面的“去报名”按钮，进入活动报名页面，这里可以查看活动介绍、服务规则、商品规则等，如图 3–49 所示。

图 3–49　日常活动报名页面

步骤 1.4：单击活动页面的“去报名”按钮，根据活动要求签署活动协议、填写基本信息、设置商品信息，设置完成后单击“提交报名”按钮，完成活动报名，等待平台审核，如图 3–50 所示。

图 3–50　报名信息填写

步骤 2：店铺活动设置

店铺活动多种多样，这里以优惠券为例介绍店铺活动，具体步骤如下：

商家在开通“优惠券”服务功能后方可进行“优惠券”的设置，开通“优惠券”服务的步骤如下：

步骤 2.1：登录千牛卖家工作台，选择店铺服务中的“我订购的应用”选项，在弹出的服务市场页面中，使用搜索框搜索“优惠券”，如图 3–51 所示。

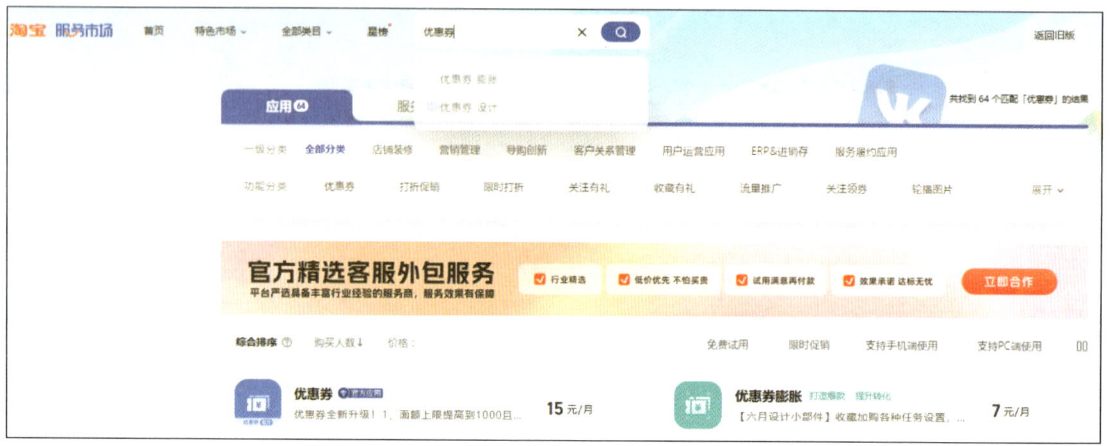

图 3–51 搜索“优惠券”

步骤 2.2：单击“官方营销工具”按钮，进入优惠券功能订购页面，如图 3–52 所示。

图 3–52 优惠券官方营销工具

步骤 2.3：在优惠券功能订购页面中根据店铺自身情况选择购买周期，单击“立即购买”按钮即可完成订购，订购完成后即可进行优惠券的设置，如图 3–53 所示。

图 3–53　优惠券功能订购页面

（1）登录千牛卖家工作台，单击营销中心中的“店铺营销工具”按钮，进入营销工作台页面，如图 3–54 所示。

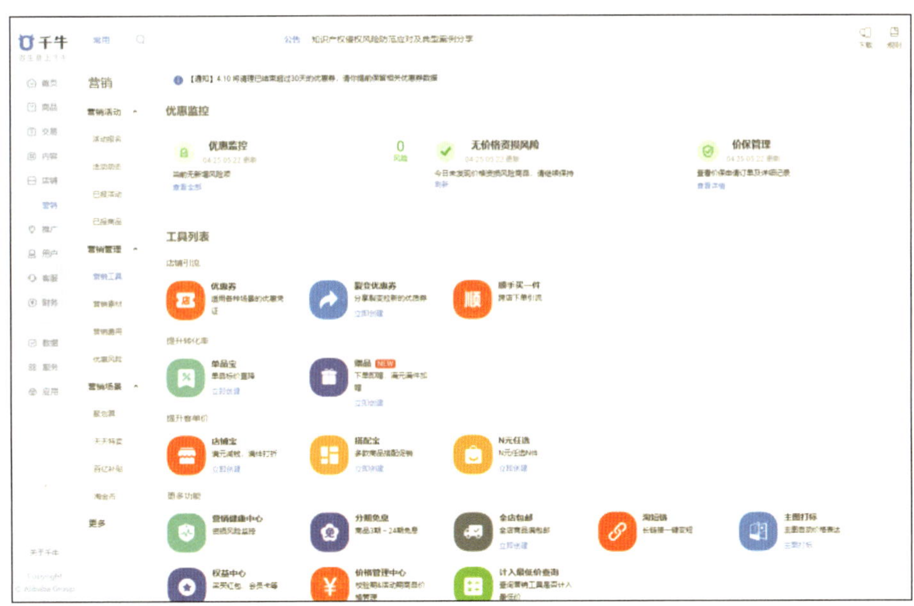

图 3–54　营销工作台页面

（2）在“营销工作台”界面中选择“工具列表—店铺引流”中的需创建的优惠券类型，如图 3–55 所示。也可以用鼠标单击“优惠券”类型的图标，进入“优惠券”设置页面，如图 3–56 所示。

图 3–55　店铺引流工具

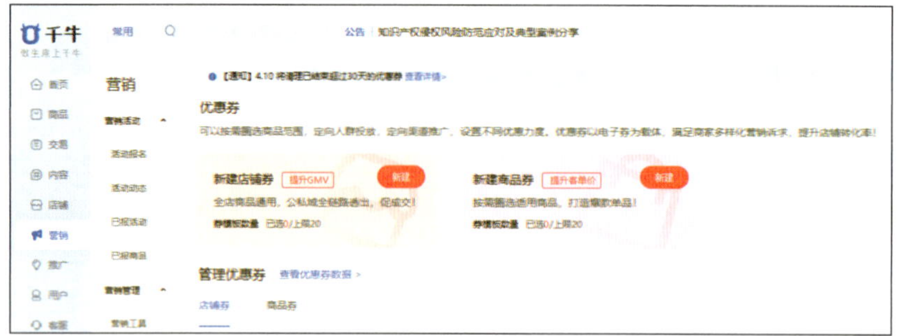

图 3–56　优惠券设置界面

（3）这里以“店铺优惠券”为例，单击“新建店铺券”右上方的“新建”按钮，进入“店铺优惠券”创建页面，如图 3–57 所示。

图 3–57　“店铺优惠券”创建页面

（4）选择推广渠道。系统提供了全网自动推广、官方渠道推广和自有渠道推广三种推广渠道供商家进行选择。其中全网自动推广是指在淘宝全网传播的通用优惠券；官方渠道推广就是在淘宝官方的渠道（阿里妈妈推广、权益营销平台、商家抽奖平台等）传播的专用券；自有渠道推广就是指在站外、旺旺等商家自有渠道传播的不公开的优惠券，如只针对店铺粉丝群发放的优惠券。

在选择优惠券推广渠道时，商家根据店铺自身推广需要选择合适的推广渠道，这里以全网自动推广为例进行设置。

（5）基本信息填写。在基本信息填写模块中，商家需完成名称、使用时间（起始时间）内容的填写。

①名称：即优惠券的名称，需要注意的是优惠券名称不得超过 10 个汉字；

②使用时间：指优惠券的使用时间，即该优惠券的时效，在设置使用时间时有效期不能超过 60 天。

（6）设置优惠信息，在设置优惠信息模块中需完成面额门槛、发放量和每人限额等内容的设置。

①面额门槛：面额门槛就是使用该张优惠券需要达到的消费金额要求，如果要设置“无门槛优惠券”，可以在优惠金额后 +0.01，例如，优惠金额设置为 20，那么要设置“无门槛优惠券”只需要在使用门槛后面的编辑框中输入 20.01，即可设置为“无门槛优惠券”。

②发放量：发放量就是优惠券的发行张数，优惠券的发行张数须大于等于 1 000 张，小于 10 万张，同时还需要注意的是优惠券创建成功后，发放量只能增加不能减少。所以优惠券创建初期，发放量设置 1 000 张即可，后期不够可随时添加。

③每人限领：每人限领就是每个人最多领取优惠券的张数，可以是 1 张、2 张或不设限制。

根据店铺自身的情况设置优惠券基本信息和优惠信息，如图 3–58 所示为设置完成的基本信息，如图 3–59 所示为设置完成的优惠信息。

图 3–58　设置基本信息

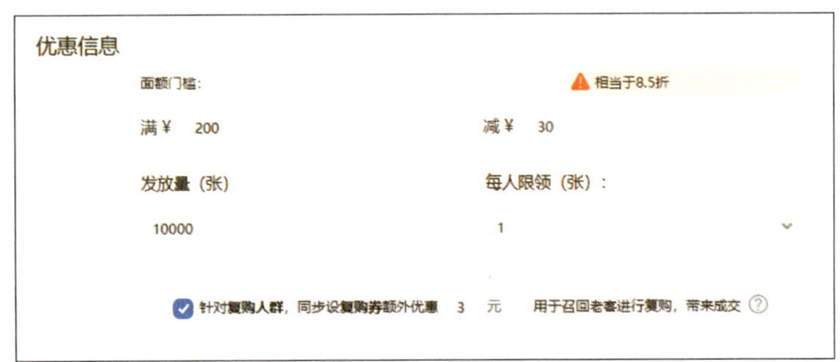

图 3–59　设置优惠信息

（7）优惠券信息设置完成后，对新建优惠券进行全面的检查，检查各项设置无误后，单击页面下方的“提交风险校验”按钮，如图 3–60 所示，这样一个店铺优惠券就创建完成了，如图 3–61 所示。

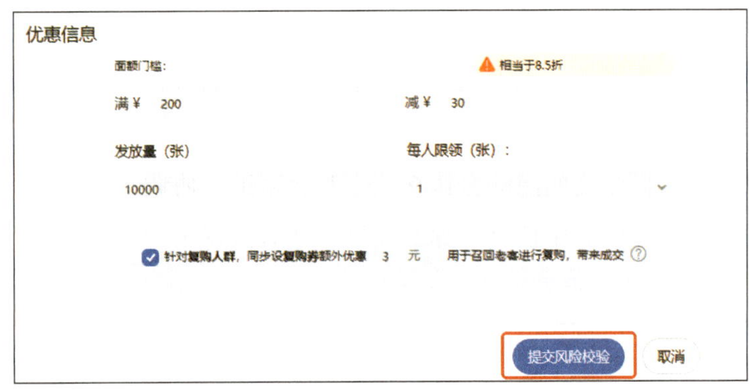

图 3–60　单击“提交风险校验”按钮

图 3-61 店铺优惠券创建完成

合作探究

请扫描右方二维码，获取项目三中合作探究的背景资料，根据情境，并参考以下步骤完成网店营销活动的设置。

步骤 1：平台活动设置

请结合前面任务所学营销活动工具与设置方法，为网店产品“全谷物营养粉”开通超值大促活动。

步骤 2：店铺活动设置

根据本任务所学优惠券的设置方法，开通网店“优惠券”服务功能，并选择一种优惠券进行设置。

任务评价

本任务完成后，请从知识目标、技能目标和素养目标等维度进行评价。

评价项目	评价标准		分值	自我评分
知识目标	阐述营销活动的类型		4	
	熟知各类营销活动的具体形式		4	
	正确认识常用的营销工具		12	
技能目标	能够完成平台活动的设置		15	
	能够完成店铺相关活动的设置		15	
	能够开通优惠券并进行设置		10	
素养目标	工作态度	态度端正，无无故缺勤、迟到、早退的现象	8	
	工作规范	能正确理解并按照项目要求开展任务	8	
	协调能力	与同学之间能够合作交流、互相帮助、协调工作	8	
	职业素质	任务实施中认真、细致、严谨地对待每个细节	8	
	创新意识	对规范或要求深入理解，不拘泥于给定的样式，能够进行创新设计	8	
综合评价			100	

任务四 订单管理

任务情景

订单是电商体系的核心，企业只有获取更多的订单，才能提升产品销量，完成销售任务。同时，订单中包含的商品、优惠、用户、收货信息、支付信息等一系列的实时数据也是企业重要的财富和资源，为后续交易提供可能。在完成营销活动设置后，大农良公司线上事业部负责人安排部门人员小陈负责订单管理。小陈深知订单管理工作的重要性，秉持着高度的敬业精神与强烈的责任担当，全身心投入到处理后台各类订单的工作中。他明白，每一个订单都连接着一位用户，认真处理订单，不仅是对工作的负责，更是对用户的尊重，能有效提升用户满意度，为企业树立良好口碑。

任务分析

对网店的订单进行管理，保证订单信息的正常流转，需要工作人员及时查看千牛后台网店的订单状态，确认订单信息、处理未付款订单、未发货订单、跟踪订单状态并处理订单异常等，保证各种类型的订单问题都能得到有效的处理，降低退款率，回笼资金。

一、订单状态管理

（一）订单状态

千牛工作台“交易”模块展示了九种订单状态，分别是等待买家付款、等待发货、发货即将超时、已过发货时间、已发货、退款中、需要评价、成功的订单、关闭的订单，如图 3-62 所示。

图 3-62 千牛工作台订单状态

1. 等待买家付款

当买家选购完产品并提交订单后，系统会显示“等待买家付款”，这时卖家应密切关注买家是否付款，做好后续催付工作。

2. 等待发货

当买家提交订单并完成付款后，卖家要及时和买家核对订单信息，做好发货工作。

3. 发货即将超时

发货即将超时是指临近卖家承诺最晚发货时间的订单，这时卖家应及时处理发货。

4. 已过发货时间

由于卖家库存不足或忘记发货等原因，使订单超出了承诺发货时间，这时卖家需要密切关注买家投诉或退货情况，做好相应处理。

5. 已发货

已发货是指卖家已经选择通过在线下单的方式将订单发送给淘宝推荐的物流公司，但该物流订单还未补充运单号。

6. 退款中

退款中是指买家已经提交退款申请，卖家还没有同意，等待卖家意见中。

7. 需要评价

需要评价的订单是指买家签收货物后并确认付款，但还没有评价的订单。

8. 成功的订单

成功的订单是指交易已经成功，货款已经打给卖家。

9. 关闭的订单

关闭的订单指的是交易未完成，可能由于买家没有及时付款或是安全问题等，从而造成订单关闭。

（二）订单状态处理

1. 等待买家付款

买家已经提交订单，但迟迟没有付款，这时卖家可以在线与买家沟通，催促买家及时付款，并询问原因，通过沟通打消买家顾虑。

2. 等待发货

买家付款完成之后，卖家通过在线与买家沟通，确认收货人、收货人联系电话、收货地址、下单的商品数量、规格、价格等信息，并根据沟通的情况对信息有误的订单进行修改，并进行线上发货处理。

3. 发货即将超时

发货即将超时的情况下，卖家要进行订单排查，将已经发货、该进行发货的点击发货、还未发货的进行催发。

4. 已过发货时间

对已经超出发货期限但不能确认是否发货的交易进行核查，按照相应结果进行催发、补单等工作，做到订单无遗漏。

5. 已发货

对已发货的订单，卖家应密切关注订单的物流状态。

6. 退款中

如遇到买家退款的申请，卖家尽快处理退款，缩短退款处理时间，既能提高买家购物体验，又能节约卖家售后客服的人力成本，提高效率。

7. 需要评价

卖家可以通过发送消息等方式提示买家对购买的商品做出评价。

8. 成功的订单

虽然交易已成功，但后续如果买家提出售后要求，买家应积极与买家协商，做好售后服务。

9. 关闭的订单

对于关闭的订单，买家应该及时查看，并总结关闭订单的原因。

二、退款管理

退款场景管理

千牛工作台“交易”模块展示了 4 种退款场景，分别是未发货退款、未收货退款、已收货仅退款和退货退款，如图 3-63 所示。

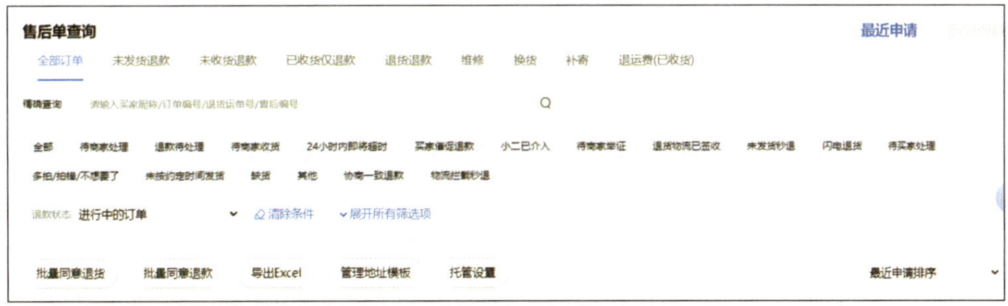

图 3-63 千牛工作台退款场景

1. 未发货退款

对于未发货订单，卖家首先可以查看退款原因，进行挽留，也可以根据退款规定，对符合条件的订单给予同意退款处理。

2. 未收货退款

对于已发货退款订单，若符合退款条件且商品已发货在途，卖家可以及时联系合作快递进行拦截。

3. 已收货仅退款

已经收到货物后，由于某些原因（如商品质量问题、与描述不符、不喜欢等）而向卖家或电商平台提出退款申请的行为。

4. 退货退款

对于卖家已经收到商品要求退款退货的情况，卖家需要根据商品的具体情况，联系买家，告知在退货时，在包裹上注明买家 ID 及商品实际退货原因。

三、评价管理

（一）认识店铺动态评分

店铺动态评分包括描述相符、物流速度、服务态度三项评分，是衡量卖家店铺好坏的标准之一。买家的评价直接影响卖家的店铺动态评分。评价越多，店铺动态评分可信度越高，越能客观地反映出店铺的真实情况。具体表现如下：

（1）信用评价分为“好评”“中评”“差评”三类：“好评”加 1 分，“中评”计 0 分，“差评”扣 1 分。

（2）15 天内双方均未评价，则信用积分不变。

（3）卖家给予好评而买家未在 15 天内给其评价，则卖家信用积分加 1 分。

（4）相同买、卖家任意 14 天内就同一商品的多笔交易产生的多个好评卖家只加 1 分，多个差评卖家只减 1 分。

（5）每个自然月，相同买、卖家之间交易，卖家增加的信用积分不超过 6 分。

（二）提升店铺信用等级

提升店铺信用等级，有利于店铺销量的持续上升。具体提升店铺信用等级的方法如下：

（1）促进更多的成交和更多的买家做出评价，商家可选择“交易管理”—“评价管理”，进入“待卖家评价”模块主动评价订单，减少信用分流失。

（2）进入“买家已评价”界面筛选出“中 / 差评”，可挽回近 30 天买家给出的中差评。

（3）把控好货源品质，提升营销及活动推广效能，维护好客源，诚信规范经营，优质的评价也会越来越多。

任务实施

步骤：订单管理

步骤 1.1：请结合前面任务所学，选择两种以上订单状态进行处理。

步骤 1.2：根据不同的退款情况，进行退款处理操作。

合作探究

请扫描右方二维码，获取项目三中合作探究的背景资料，根据情境，并参考以下步骤完成网店订单管理。

步骤 1：订单状态管理

请结合前面任务所学，以产品“全谷物营养粉”为例，选择两种以上订单状态进行处理。

步骤 2：订单退款管理

根据不同退款情况，以产品“全谷物营养粉”为例进行退款处理操作。

任务评价

本任务完成后，请从知识目标、技能目标和素养目标等维度进行评价。

评价项目	评价标准		分值	自我评分
知识目标	熟知各种订单状态及每种状态达成的条件		4	
	列举每种退款场景下发生的不同状况		8	
	正确认识店铺动态评价		8	
技能目标	能够针对每种订单状态进行相应的处理		10	
	能够针对不同退款场景进行相应的解决		15	
	能够完成提升店铺信用等级的相关操作		15	
素养目标	工作态度	态度端正，无无故缺勤、迟到、早退的现象	8	
	工作规范	能正确理解并按照项目要求开展任务	8	
	协调能力	与同学之间能够合作交流、互相帮助、协调工作	8	
	职业素质	任务实施中认真、细致、严谨地对待每个细节	8	
	创新意识	对规范或要求深入理解，不拘泥于给定的样式，能够进行创新设计	8	
综合评价			100	

任务五　物流管理

任务情景

物流是网店运营中的重要环节，订单需要通过物流服务送达用户手中。有效的物流管理，能够加强卖家与用户之间的沟通和信任，促进商品成交，并为店铺带来更多的好评。该企业线上事业部负责人安排部门人员小周负责网店的物流管理工作，处理后台各种类型订单的发货问题。党的二十大报告强调，要在工作中实现个人价值与社会价值的统一。小周以此为指引，以高度的使命感投入工作中，积极协调各方资源，努力让每一位用户都能感受到大农良公司的优质服务，为企业在电商领域的稳健发展贡献自己的力量。

任务分析

进行网店物流管理，需要了解常见的物流管理工具，熟悉物流发货管理规范和发货管理流程。根据需要，选择合适的打单工具进行打单，完成网店的物流管理工作，实现物流管理的高效化运转，增强企业与用户之间的黏性，提高复购率。

一、常见的物流管理工具

（一）千牛卖家中心

千牛卖家中心可以进行物流模板管理、物流单号管理、物流费用管理以及进行物流投诉处理，能够帮助卖家更好地管理物流和提升服务质量，从而提高销售量和用户口碑。千牛卖家中心如图 3-64 所示。

图 3-64 千牛卖家中心

1. 物流模板管理

商家可以创建、编辑和删除物流模板，并设置不同的物流方式、运费模板和配送区域，以满足不同商品的配送需求。

2. 物流单号管理

在订单发货后，输入物流单号，并选择对应的物流公司，方便买家查询订单物流信息。

3. 物流费用管理

可以查看每个订单的物流费用，并进行手动修改或自动计算，以确保物流费用和收益平衡。

4. 物流投诉处理

如果买家对订单物流服务不满意，可以查看和处理买家投诉，及时解决问题，提升买家的购物体验。

（二）物流宝

物流宝是由阿里巴巴集团推出的综合物流服务平台，主要包括以下几个功能：

1. 物流订单管理

可以在物流宝中查看、处理和跟踪物流订单，包括发货、签收、退货等环节，以及订单的物流信息、费用和结算等。

2. 运费管理

在物流宝中可以创建、编辑和管理运费模板，设置不同的物流方式、配送区域和运费规则，以满足不同商品的配送需求。

3. 物流服务扩展

物流宝支持多种物流服务扩展，如快递保价、物流保险、大件物流、跨境物流等，能够满足不同卖家和买家的物流需求。

4. 数据分析和报表

物流宝提供了丰富的数据分析和报表功能，能够帮助卖家了解物流状况、优化物流策略、减少成本和提高效率。

5. 物流服务监管

物流宝还具备物流服务监管功能，能够监控物流服务质量、投诉处理和服务评价等，帮助卖家提升服务质量和用户满意度。

二、发货管理

发货管理规范一般包括发货时效规范和发货方式规范。

（一）发货时效规范

（1）卖家须在买家付款后 48 小时内发货或在设置的发货时间内发货。

（2）针对淘宝网官方发起的活动、特定节假日等情形，发货时间以淘宝网的公告通知为准。

（3）卖家与买家通过协商工具协商成功的，卖家须在协商成功的时间内发货。

（二）发货方式规范

卖家可以选择在线下单、自己联系物流、官方寄件、无须物流等发货方式。对于无须物流发货方式，淘宝网会根据类目特性选择性开放（具体以产品页面提示为准）。

三、常见的打单工具

（一）易掌柜

易掌柜打单是一款强大的多网店管理软件，可将多网店统一于一个客户端操作管理，广泛适用于多个平台、多个网店的商品管理、订单管理、订单打印等日常网店管理事务。支持多平台多店铺的订单打印及发货，支持多家快递公司电子面单及多个平台的电子面单、发货单、备货单等的打印。

（二）灵通打单

灵通打单是一款智能打印发货工具，用户对接使用灵通后订单会自动同步，可以在灵通中进行一键批量打印发货，通过绑定快递单号，选择订单打印，单击“发货”按钮后自动回传快递单号和发货状态，支持批量打印发货、多店关联、订单合并、拆单发货、物流跟踪、快递对账等功能。

（三）聚水潭

聚水潭是一款多功能打单工具，支持免费试用，不限使用人数。支持跨平台多店铺，库存统一管理，智能审单，快速配货，订单管理，其中仓储管理功能实现了多平台、多店铺库存实时同步、缺货预警，进销库存一目了然。

任务实施

步骤 1：网店发货管理

以千牛卖家中心为例，其后台发货管理流程具体如下：

步骤 1.1：登录千牛卖家中心，单击“交易”—“物流管理”下面的“发货”按钮，如图 3–65 所示。

图 3–65　发货管理

步骤 1.2：选择需要发货的订单，并单击“订单发货”按钮。

在弹出的发货页面中，选择发货仓库、物流公司和物流方式，填写物流单号，设置发货数量和备注信息等。

步骤 1.3：确认发货信息无误后，单击“发货”按钮提交发货请求。

步骤 2：网店打单操作

以千牛卖家中心为例，其后台打单流程具体如下：

步骤 2.1：登录千牛卖家中心，单击“物流管理”下面的“打单工具”选项，如图 3-66 所示。

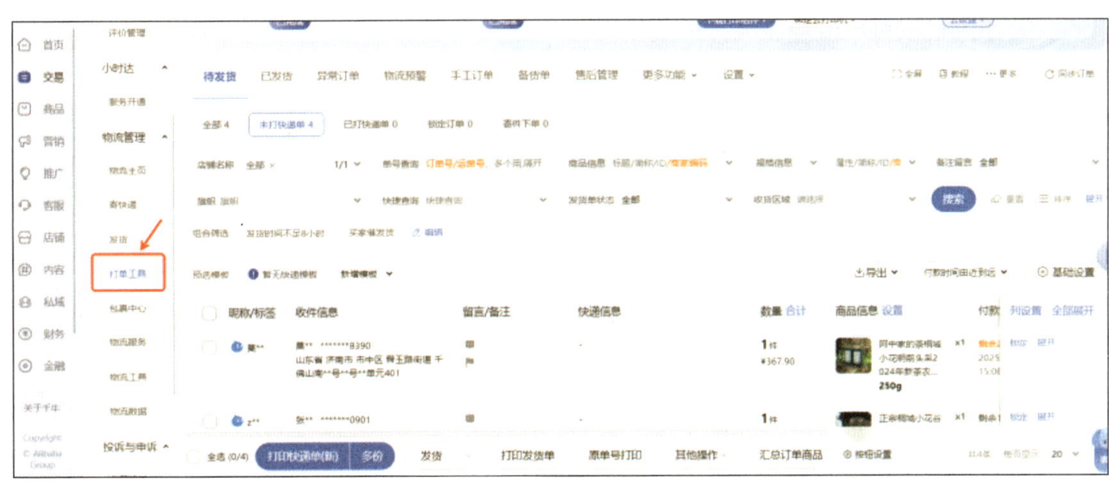

图 3-66　打单

步骤 2.2：选择需要打印快递单的订单，并单击“打印快递单”按钮。

步骤 2.3：在弹出的物流打单页面中，选择需要打印的快递公司和快递单类型。系统会自动显示符合条件的订单列表，根据需要选择全部或部分订单进行打印。

步骤 2.4：单击“打印”按钮，系统会自动批量生成快递单，并自动填写订单信息、收件人信息、发件人信息等。

合作探究

请扫描右方二维码，获取项目三中合作探究的背景资料，根据情境，并参考以下步骤完成网店物流管理。

步骤 1：网店发货管理

请结合前面任务所学，以产品“全谷物营养粉”为例，根据订单状态进行发货管理操作。

步骤 2：网店打单操作

根据发货情况，以产品“全谷物营养粉”为例，按要求进行打单操作。

任务评价

本任务完成后，请从知识目标、技能目标和素养目标等维度进行评价。

评价项目	评价标准		分值	自我评分
知识目标	了解常见的物流管理工具及其功能		4	
	熟悉发货管理相关规范		8	
	列举常见的打单工具		8	
技能目标	能够根据发货流程规范进行发货处理		20	
	能够根据打单流程完成打单操作		20	
素养目标	工作态度	态度端正，无无故缺勤、迟到、早退的现象	8	
	工作规范	能正确理解并按照项目要求开展任务	8	
	协调能力	与同学之间能够合作交流、互相帮助、协调工作	8	
	职业素质	任务实施中认真、细致、严谨地对待每个细节	8	
	创新意识	对规范或要求深入理解，不拘泥于给定的样式，能够进行创新设计	8	
综合评价			100	

品行合一

商务部印发《数字商务三年行动计划（2024—2026年）》

2024年，商务部印发《数字商务三年行动计划（2024—2026年）》（以下简称《行动计划》），提出推动商务各领域数字化发展的20条具体举措。商务部电子商务司负责人表示，商务部将指导地方商务主管部门做好文件落实和政策落地，全面提升商务各领域数字化发展水平，推动我国数字经济做强做优做大。

聚焦数字商务，此次《行动计划》提出发展目标：到2026年年底，商务各领域数字化、网络化、智能化、融合化水平显著提升，数字商务规模效益稳步增长，产业生态更加完善，应用场景不断丰富，国际合作持续拓展，支撑体系日益健全。商务领域数字经济规模持续增长，网络零售规模保持全球第一，跨境电商增速快于货物贸易增速，贸易电子单据使用率达到国际平均水平，数字贸易整体规模持续扩大。

（来源：中国经济网）

项目四

网店客户服务

案例导入

小桃是一家主营肇庆特色农副产品店铺的客服。某天在工作中，小桃遇到了一名昵称为“自律打卡”的客户，询问店铺是否有上好的砚台。

小桃在认真倾听完客户的需求后，并没有立即向客户推荐商品，而是咨询了客户的用途和平时的使用习惯等，如选购砚台的目的是送人还是自用，是书法初学者还是书法爱好者，是注重品质还是价格，是否会正确使用砚台，目前都使用过哪些品牌的端砚等。通过详细的沟通，小桃了解到客户选购砚台的目的是保持生活自律，练习书法，修身养性。

在了解完这些信息后，小桃先是对客户的想法表示赞赏，接着告诉客户长期坚持练习书法对修身养性是非常好的，但是如果没有专业的研墨方法，会影响书写以及发墨。因此，小桃给客户搜集并发送了一些关于选购砚台及研墨的相关知识链接。

客户听了小桃的分析和讲解后，被小桃专业、耐心的态度打动，随之询问是否能在店铺配齐其他所用的装备，如毛笔、字帖、宣纸、墨条等。他想要让小桃给予专业的推荐，节省自己选购产品的时间。小桃听后马上将店铺关于练习书法所需要的商品链接一并发送给客户，并为客户一次性下单争取了额外的优惠和福利，客户听后，立即下单了商品。同时，小桃在客户收货后还积极回复客户在使用方面的疑问，并及时进行回访。小桃的服务态度得到了客户的高度赞赏，并在评论中对小桃进行了表扬。

由于小桃优质的客户服务，该店铺客户的复购率明显提高，同时，还有很多老客户转介绍的新客户进店下单，该店铺的销量大幅提高。但该店铺客服人员对自己的客户服务并未懈怠，从各类问题中不断总结经验，提高自己的沟通技巧与话术，为提高网店的效益做出自己的努力。

（来源：根据网络资料整理）

【想一想】

1. 该网店的客户服务为店铺带来了哪些影响？

2. 该网店的客服人员是如何提升客户满意度与客户复购率的？

学习目标

知识目标

1. 熟悉客户服务的基本要求；
2. 了解常见的客服话术及快捷回复的类型；
3. 熟知网店售中与售后客户服务中常遇到的问题；
4. 清楚网店售中与售后客服的沟通技巧；
5. 知晓提升客户复购率与满意度的技巧。

技能目标

1. 能够掌握网店话术模板的设置流程；
2. 能够掌握客服快捷回复的设置流程；
3. 能够掌握售中与售后常见问题的处理与沟通技巧；
4. 能够结合案例运用相关技巧有效提升客户复购率与客户满意度。

素养目标

1. 具备规则及法律意识，能够将其应用于客服工作中；
2. 具备客服职业素养，能够将相关素养运用到客户服务中。

知识树

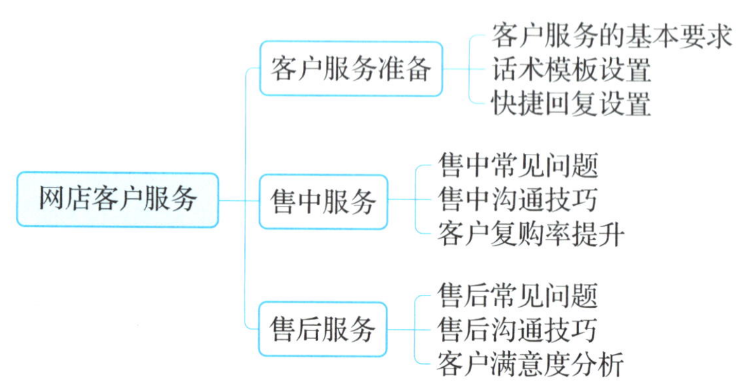

任务一 客户服务准备

任务情景

小周、小陈是大农良公司新入职人员，目前负责公司淘宝店铺的客服工作。部门主管要求他们做好客户服务准备，首先要熟悉客户服务的基本要求，如工作职责要求与素质要求，其次要熟知并掌握客服常见话术与话术的设置流程，最后要对快捷回复的类型、作用及设置技巧进行熟练运用，以此来提高线上店铺的客户服务质量。

任务分析

客服是以服务客户为主的工作，也是连接店铺与客户的桥梁，客服的一言一行代表着店铺给客户的第一印象，一位合格的客服需要具备较强的客服意识和良好的服务态度。对于客户服务的准备工作，可以从工作职责要求、客服素质要求、常见客服话术及话术模板设置、客服快捷回复类型与设置等维度进行系统的认知与了解。

知识探索

一、客户服务的基本要求

随着电商竞争的加剧，流量不再是网店运营的唯一核心指标，网店的转化率和成交量等指标变得越来越重要。因此，客服在网店运营团队中的作用就变得尤为重要，同时，对客服的工作要求也就越来越高。接下来从工作职能与客服素质两个方面来介绍客户服务的基本要求。

（一）工作职能要求

网店客服是一种基于互联网的客户服务工作，是网络购物发展到一定程度后细分出来的一个工种。对于任何企业而言，客户服务都至关重要。那么，网店客服的岗位要求有哪些呢？

1. 打字速度快

客服人员通常使用电脑办公，与客户交流采用的也是电脑打字。在与客户交流时，要保证自己的打字速度与回复率，避免由于打字慢造成客户流失。一般来说，淘宝客服的打字速度要求是每分钟至少 50 字。

2. 熟练运用工具

客服人员应熟悉订单管理软件、物流管理软件及聊天沟通软件等，在与客户进行沟通时，要多使用聊天工具自带的亲切话语和表情符号，使用亲切的话语和温馨的表情有助于减少与客户之间的距离感和陌生感。

3. 了解商品知识

作为一名合格的网店客服人员，不仅要对自己所在的行业有一定的了解，还要对商品知识有一定的了解，包括产品的用途、材质、尺寸以及使用注意事项等。此外，客服人员还要对店铺的竞争对手有一定的了解，如了解店铺竞争对手的产品定价、用途、质量等。

4. 良好的沟通交流能力

沟通交流能力是对网店客服人员的基本职能要求，良好的沟通交流能力包括表达能力、倾听能力和思维能力，要求客服人员能从客户的表达中挖掘出客户的需求，为客户推荐合适的商品，合理组织语言对客户进行回应，最终解决客户问题。

除此之外，客服人员还应该熟悉工作流程，具备丰富的专业知识、良好的倾听能力、敏锐的观察力和洞察力等。

（二）客服素质要求

客服人员主要负责网店商品订单处理及日常平台操作、解决客户的交易投诉和维护客户关系、提升网店的服务质量和用户满意度，同时能够及时准确地执行平台营销的各种工作。因此，网店客服人员应具备以下素质：

1. 良好的服务态度

作为一名合格的客服人员，核心素质是对客户要保持良好的服务态度。在工作过程中，客服人员要保持热情诚恳的工作态度，在做好解释工作的同时，要语气缓和，不急不躁。遇到客户不懂或很难解释清楚的问题时，要保持耐心，用比较通俗的语言为客户讲解清楚，让客户感受到被尊重和重视，提升客户对客服人员的好感度，进而对店铺留下良好的印象。

2. 良好的品格素质

良好的品格是网店客服人员应具备的一种美德。首先，一名优秀的网店客服人员应该对其所从事的客户服务岗位充满热爱，忠诚于企业的事业，兢兢业业地做好每件事。其次，还要有谦和的服务态度，这有助于提升客户的满意度。再次，不轻易许下承诺，一旦承诺则必须做到。最后，还应该勇于承担责任，拥有谦虚、博爱之心，真诚地对待每一位客户。

3. 良好的心理素质

客服人员在工作中会遇到各种各样的客户，他们性格迥异，会对客服人员的工作施加各种压力，所以客服人员一定要具备良好的心理素质，如“处变不惊”的应变能力、应对挫折打击的承受能力、情绪的自我掌控及调节能力等。

除此之外，作为一名合格的客服人员还应在日常的工作过程中，具备正确的人生观、价值观及良好的职业素养，并践行党的二十大报告对于“广泛践行社会主义核心价值观”的要求。

二、话术模板设置

（一）常见的客服话术

网店客服岗位分为售前客服、售中客服和售后客服，因岗位不同，话术要求也不尽相同。下面对网店客服的话术及运用进行详细介绍：

1. 售前话术

售前话术一般是售前客服在客户进店咨询到拍下订单付款这一过程中，通过有效的话术引导来提高转化率的服务。常见的售前客服话术有以下几种：

（1）欢迎语。

专业有吸引力的欢迎语，可以让客户感受到店铺的专业及热情。

话术列举：

客服：亲，您好，我是 ×× 店铺的客服小桃。很高兴为您服务，请问有什么可以帮到您的呢？

客服：女士 / 先生，您好！欢迎光临 ×× 店铺，我是您的专属客服 ××，非常高兴为您服务！

（2）等候用语。

合适的等候用语 / 繁忙回复语不仅不会让客户觉得被怠慢，反而会认为该店铺客服专业，有礼貌。

话术列举：

客服：亲，实在抱歉，久等啦！小客服已经在赶来的路上了！让我先迅速浏览一下聊天记录了解您的问题，方便为您更好地解答问题！

客服：亲，实在抱歉！活动期间客流量较大，无法及时回复您，稍后我将一一答复哦，感谢您的理解！您可以先逛一逛我们店铺，有喜欢的可以先加入购物车！

（3）产品质量问题。

当客户询问商品质量时，客服的回答既不能夸大吹嘘，也不能自我贬低，真实、有效的回答可以打消客户的疑惑。

话术列举：

客服：亲，我们的宝贝都是七天无理由退换货的，自您收到宝贝时起，只要您对我们的产品有任何的不满意，您都可以联系我们的客服申请退换货。

客服：亲，我们店铺有运费险，如果您对收到的商品有任何的不满意，都可以申请退 / 换货的，请您放心购买。

（4）活动推荐。

当客户在众多商品中难以抉择时，客服就充当了导购的角色，可以及时为客户推荐合适的商品，还可以进行搭配推荐。这样不仅会提高销量，还会给客户留下好的印象。

话术列举：

客服：亲，您好！这款是我们家的爆款宝贝哦，很多客户买了非常喜欢，也是大众款式，比较容易搭配。或者您看中了我们家其他款宝贝，我也可以为您介绍哦！

客服：亲，您好！欢迎您的光临，您看中的这款宝贝，目前是参与本店的满减活动的哦，如果您再和以下任何一款宝贝一起购买的话，那么就可以享受满 200 减 20 的优惠的哦！（附链接）祝您购物愉快！

（5）物流问题。

很多客户网购时比较在意物流问题，如网店发什么快递，几天可以到达收货地……这时有效的回答就会消除客户心中的顾虑。

话术列举：

客服：亲，感谢您的支持与理解，很抱歉，活动期间发货量大，我们会按照拍下的顺序陆续发货呢，请您耐心等待哦！

客服：女士 / 先生，您的订单我们会在 48 小时内安排发货，江浙沪地区一般拍下 3~5 天就可以到达，其他地区普遍 5~7 天，偏远地区可能要 7 天以上哦！

（6）咨询未下单的催付。

一些客户在咨询后因各种原因迟迟未付款，这时就需要客服跟进，高质量的催单话术可促成交易，而一些不适宜的话术会导致丢失订单。

话术列举：

客服：亲，这边看到您还未付款，是有什么问题吗？真心不想您错过这么好的产品和这么优惠的价格呢，现在库存不多，喜欢的话不要错过哦！

客服：亲，您知道我在等您吗？我已经整装待发，就差您表态啦！快来付款给我换张车票，让我到您身边去吧！

（7）价格问题。

一些客户可能会与客服讨价还价，在客服无法降价时，就需要专业且有礼貌地回复客户，尽量促成订单。

话术列举：

客服：亲，您好！真的非常抱歉，您看中的这款产品本店已经是低价促销了，之后价格是会上升哦！真的没有办法再优惠了！还请您谅解呢！

除了以上介绍的几种常见话术外，还有是否有货、快递咨询等话术。

2. 售中话术

客户在下单后未收到货物前依旧会存在各种各样的问题，售中服务就是对售前服务的跟进，解决客户在收到货物前咨询的一切问题，体贴、周到的售中服务话术能增加客户对店铺的信任感。常见的售中客服话术有以下几种：

（1）发货问题。

客户下单后会比较关心发货问题，这时客服不能因为客户已下单就敷衍或应付式回答，此时还需要热情、周到地跟进订单。

话术列举：

客服：亲，非常感谢您的惠顾，请您放心，本店会在第一时间为您安排发货的哦，请您耐心等待一下。如果您收到货品之后有任何问题请及时联系我们，我们会尽快为您处理的哦！祝您购物愉快！

（2）信息核对。

在客户成功付款后，客服需要发送具有亲和力的话术，使客户感受到店铺的专业性与责任心，这样客户才有可能会发展为店铺的忠实粉丝。

话术列举：

客服：亲，我们已经看到您支付成功了哦！请您放心，我们会尽快为您安排发货的！非常感谢您购买我们的产品，如果之后您有什么需要可以随时反馈给我们，我们会尽快为您解决的哦！

客服：亲，您刚拍了我们的宝贝，想再次确认收货地址等信息。请有空时与我联系，旺旺或 QQ 都可以，我很乐意为您服务，谢谢！

（3）查询订单。

如果因天气或活动期等因素造成客户迟迟未收到货，客服需要耐心地安抚客户的情绪，避免收货后的差评或退货情况发生。

话术列举：

客服：亲，您好！您在我们店铺购买的宝贝已经到达您的所在地了，快递人员会在近期为您安排派送，请您确保电话畅通，注意查收包裹。收到以后请您仔细检查哦！如果有任何问题请您及时联系在线客服，如果对收到的包裹满意，不要忘记给我们做一个全五星的好评哦！

客服：亲亲：您的宝贝已经到 ××，现在正在爆仓，非常抱歉！我们已经在帮您催促快递，恳请您耐心等待。

3. 售后话术

售后客服负责解决客户收货后的一切问题。良好的售后服务体验，能够提高店铺在客户心中的信誉度，扩大商品的市场占有率，让客户从普通客户变成忠实客户，减少开发新客户的成本。常见的网店客服售后话术有以下几种：

（1）产品问题。

客户收货后可能会因商品质量、漏发、错发等问题而发起投诉或找客服理论，面对这样的情况客服需要根据客户遇到的问题，第一时间为客户解决问题。

话术列举：

客服：亲亲，非常抱歉给您带来了不便。我们已经了解了您的情况，请问您希望我们如何为您处理这个问题？我们一定全力配合解决。

客服：亲亲，非常感谢您对我们的信任！这次的失误是我们造成的，实在抱歉给您带来了不愉快，我们将无条件地为您退换货并申请 × 元的无门槛券，还请您理解。

（2）快递问题。

在日常购物中，客户难免会遇到快递员丢失包裹、服务态度差的情况，这时就需要客服人员积极安抚客户情绪，并给予合理的解决方案。

话术列举：

客服：您好！我现在已经叫快递员尽快追回这个件了，如果是丢件了，我们会让快递公司赔付，同时，为了不影响您的使用，如果两天后物流信息仍然没有更新，并且在我们有库存的情况下，我们会立即为您重新发货，非常感谢您的耐心等待和理解，我们会持续跟进此事，确保您的问题得到妥善解决。

（3）退款问题。

客户在收到货物后，如果提出退换货的需求，客服首先要了解客户退换货的原因。若是产品质量问题，要了解清楚客户是更换还是退货，尽量建议客户更换，降低退货率；若是遇到投诉产品或店铺的情况，客服首先要安抚客户的情绪，然后针对具体的问题和客户进行协商解决。

话术列举：

客服：亲，请您放心，我们一定会给您一个满意的答复，麻烦您发送破损的商品照片发给我，如果您不能接受瑕疵，您可以选择退货或者换货。这个事情给您添麻烦了，真的很抱歉！

（4）邀请好评话术。

商品的评分影响着店铺的发展。在客户收货后，客服可以以高质量的话术对客户进行引导，使客户根据自身体验对商品及店铺做出客观、合理的评价。

话术列举：

客服：亲，您好！您的包裹已经显示签收了呢！对于您收到的宝贝您还满意吗？满意的话，不要忘记给我一个全五星的评价哦！后期如果有任何问题请您及时联系我们在线客服为您处理哦！再次祝您购物愉快！

（5）不定期回访。

一次交易的完成不代表销售的结束，而是下一次交易的开始，用心去经营客户，才能永续经营。对成交客户要进行回访，如节日的祝福、店铺对客户的优惠活动、产品知识、食用方法等，都是回访的理由。

话术列举：

客服：亲，您好！我是 ×× 小店的客服，非常感谢您对小店的支持！现在店铺正在开展感恩特惠活动，具体时间是 × 月 × 日至 × 月 × 日，全场 6 折起，购满 50 元就可以享受包邮，请您一定不要错过哦！有时间的话您可以到 ×× 店铺逛逛哦！说不定就有您喜欢的宝贝呢！

（二）话术模板设置流程

通常客户在下单前后，对于产品、物流等会有一些疑虑，需要咨询客服。为了提高客服的工作效率，可以通过后台设置对应的话术模板，以便快速回复客户提问，如欢迎语、禁用语、快捷短语、客服离线公告、自动催拍、自动催付、自动核单等。下面以千牛工作台为例，其话术模板的设置流程如下：

（1）在浏览器中搜索“千牛工作台”，然后进入千牛官网，如图 4–1 所示，根据自身电脑的操作系统选择相应的版本，单击“下载千牛”按钮下载。

图 4–1 千牛官网

（2）下载安装完成后，输入淘宝卖家账号和密码，进行登录。

（3）进入千牛工作台后，单击左侧导航栏中的“客服”选项，进入客服接待中心界面，单击“接待工具”选项，如图 4–2 所示。

图 4–2 进入“接待工具”界面

（4）单击“快捷短语”模块，选择需要设置的话术，点击进入并创建话术模板，根据商家店铺情况进行全店通用模板或者自定义模板的设置，如图 4–3 所示。

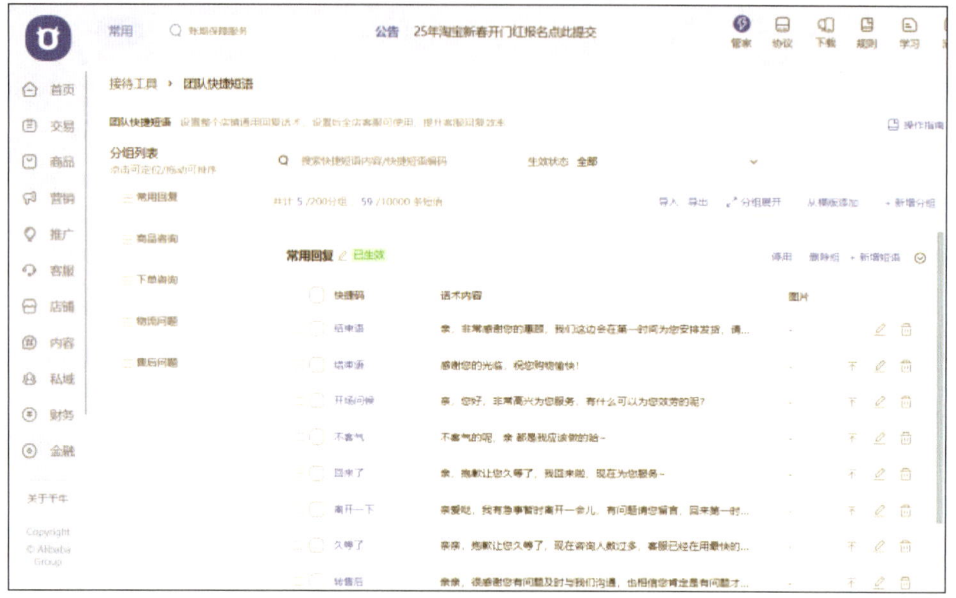

图 4–3　话术模板设置

（5）设置完成以后，商家在进入旺旺聊天页面后，系统就会根据设置的话术进行导出。

三、快捷回复设置

（一）快捷回复的类型与作用

对于网店客服人员来说，使用快捷回复不仅可以节省时间，而且可以提高客服人员的工作效率。淘宝平台常用的客服平台工具有千牛工作台及阿里店小蜜，千牛工作台最常见的快捷回复类型有欢迎语、团队推荐商品、快捷短语、智能客服插件、不满意挽回、小额打款、禁用语等，具体介绍如表 4–1 所示。

表 4–1　快捷回复的类型与作用

接待工具名称	功能介绍
欢迎语	消费者进入咨询消息窗后，马上向消费者展示公告与常用问题，可对特定商品指定欢迎语，提升服务效率与消费者好感
团队推荐商品	对店铺主推商品设置，方便客服在接待时推荐
快捷短语	通过编辑常用话术，提升客服回复输入效率
智能客服插件	智能客服插件除常用功能外，最多可额外添加 5 个插件功能
不满意挽回	消费者对人工客服评价“一般”“不满意”“很不满意”时，会话转交给对应二线客服
小额打款	商家向买家进行小额度转账的工具，可用于退差价 / 退运费 / 补偿等场景
禁用语	卖家可以通过设置禁用语来规范店铺客服的接待话术，如果客服回复内容中包含设置的禁用词，整个话术将禁止发送

（二）快捷回复设置流程

了解了千牛工作台常见的快捷回复类型后，下面以“欢迎语”及“快捷短语”为例进行设置展示。

1. 欢迎语设置

（1）进入千牛工作台后，单击左侧导航栏中的“客服”选项，进入客服接待中心界面，单击“接待工具”选项，如图 4–4 所示。

图 4–4　进入“接待工具”界面

（2）进入接待工具界面后，单击“欢迎语”功能，即可进入欢迎语设置页面。

（3）启用欢迎语功能。选择欢迎语方案，并设置欢迎语模板。这里需要注意的是，欢迎语方案有“基础方案”和“店小蜜”两种，如果选择店小蜜方案，点击设置后会跳转到店小蜜后台进行操作，设置完后需要返回欢迎语页面，单击下方的“保存”按钮即可生效，如图 4–5 所示。下面以基础方案为例进行讲解。

当选择基础方案时，需要设置欢迎语模板，如图 4–6 所示。

图 4–5　启用欢迎语功能

图 4–6　基础方案模板设置

（4）单击售前通用后的铅笔图标，进入售前通用模板设置页面。单击“启用”按钮，设置欢迎话术，还可以添加关联问题，如图 4–7 所示。此外，还可以启用自定义时间段。对于售后通用及无人接待时按照同样的方法设置。

注意：消费者进入咨询消息窗后，当前没有进行中的订单判断为售前场景。自定义时间优先级高于基础模板，基础模板全天生效，可最多配 2 个自定义时间欢迎语，方便大促期间或特殊时间使用。

（5）此外还可以添加商品欢迎语。具体操作为：单击商品欢迎语模板后的“+ 新增商品模板”按钮，进入商品欢迎语模板设置页面，填写模板名字、选择触发商品范围（包含指定商品、指定类目）、选择商品，并设置售前、售后的欢迎话术，完成后单击“保存”按钮即可，如图 4–8 所示。

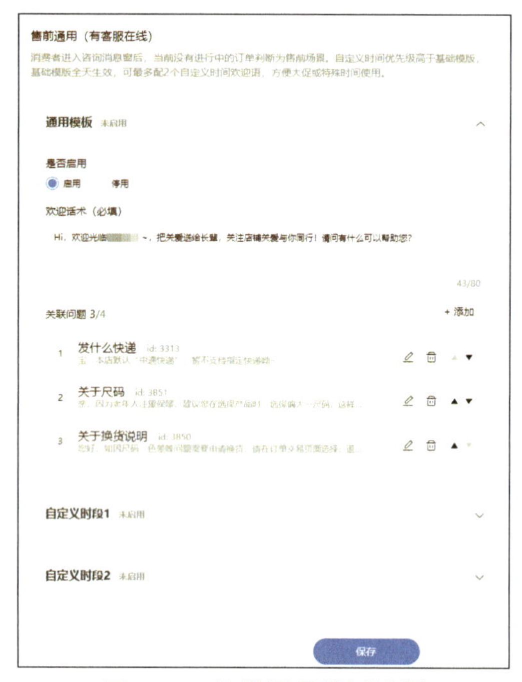

图 4–7　售前通用模板设置

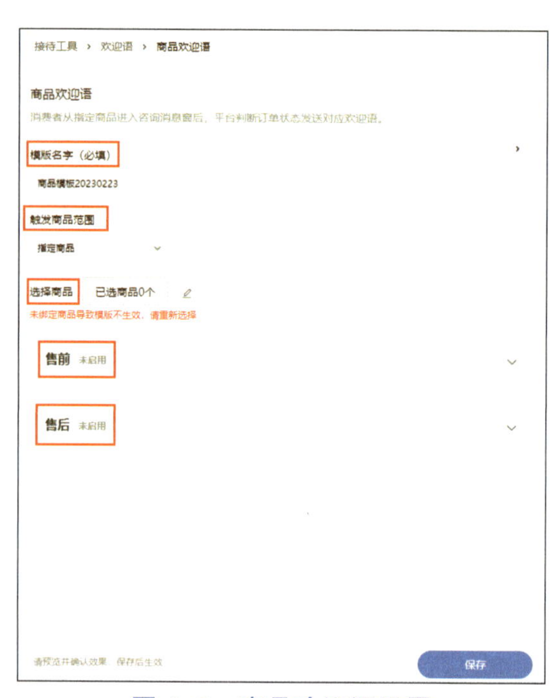

图 4–8　商品欢迎语设置

2. 快捷短语设置

（1）主账号或授权“设置快捷短语”权限的子账号，通过单击“接待工具”中的“快捷短语”按钮，即可进入快捷短语设置界面。

（2）首次设置可选择“导入官方话术组”，也可选择“新增话术组”，需要注意的是，快捷短语分组最多可新建 200 个，快捷短语最多可添加 3 000 条。

（3）当有批量快捷短语需要设置时，可单击“导入话术文件”/“下载模板”按钮，设置好快捷短语后，选择导入文件，即可批量设置，如图 4–9 所示。

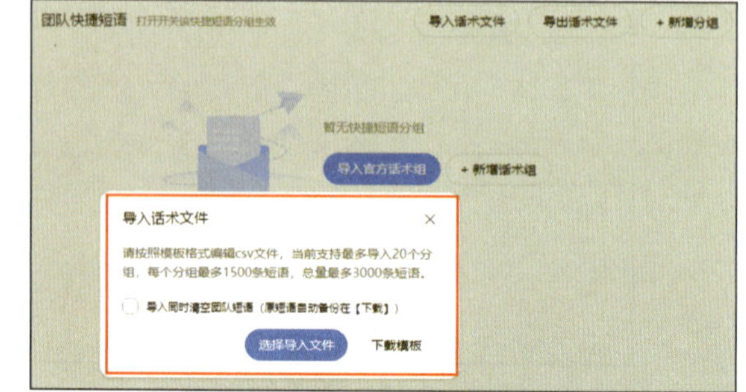

图 4–9　导入话术文件界面

（4）如需修改快捷短语，可通过右上角搜索框，搜索对应的快捷短语，方便查询并修改，如图 4-10 所示。

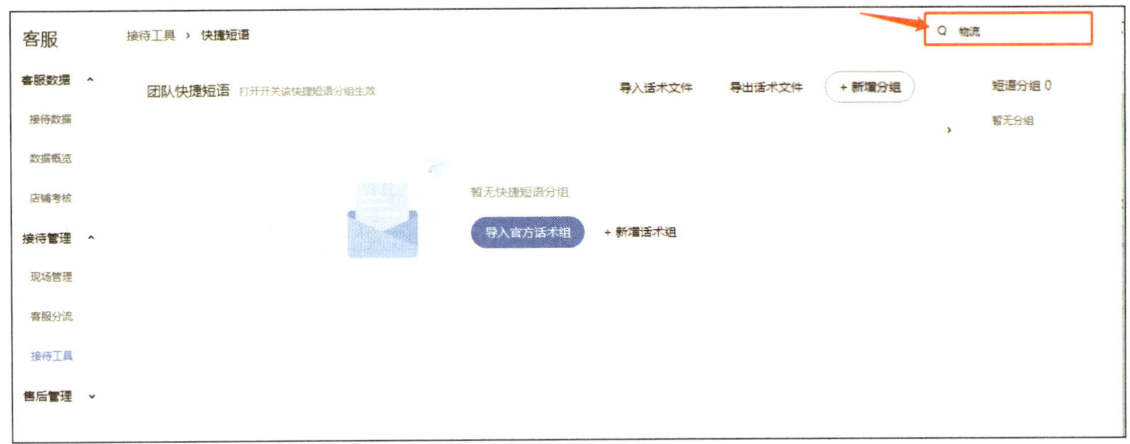

图 4-10　搜索快捷短语

（5）客服还可以对快捷短语进行分组、排序、删除、添加图片等操作，如图 4-11 和图 4-12 所示。发送快捷短语时，可以文字和图片一起发送。

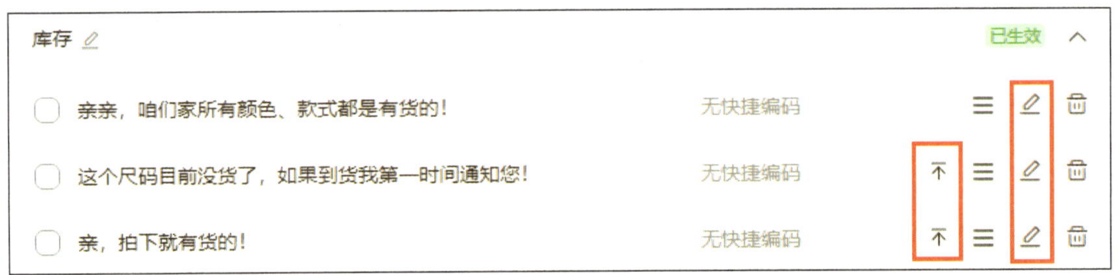

图 4-11　修改快捷短语顺序

图 4-12　为快捷短语配图

任务实施

步骤 1：梳理客户服务的工作要求

步骤 1.1：梳理客服的工作职能要求。

以小组为单位，结合网店客服的岗位职责、岗位技能等，尝试用自己的语言总结梳理客服的工作职能要求，并举例进行阐述，最后将结果呈现在下列横线处。

____

____

____

步骤 1.2：梳理客服的素质要求。

结合客服的日常语言规范、服务态度、心理素质等方面的要求及原则，发散思维阐述客服在工作中所要具备的素质要求，并将结果呈现在下列横线处。

____

____

____

步骤 2：设置客服话术模板

步骤 2.1：分析与整理常见的客服话术。

（1）自由分组，每两人为一组，一共分为三组，组内成员分别扮演客服（售前、售中、售后）与买家的角色，自行设定情景进行沟通，将沟通过程记录在表 4–2 中（注：沟通过程中的话术表述应遵守客服语言规范及话术要求）。

表 4–2　客服话术训练

情景（售前）	
沟通过程（售前）	买家： 客服： 买家： 客服： ……
情景（售中）	
沟通过程（售中）	买家： 客服： 买家： 客服： ……
情景（售后）	
沟通过程（售后）	买家： 客服： 买家： 客服： ……

（2）情景模拟后，请将客服在沟通过程中的话术进行分析与整理，然后将网店客服常见的售前、售中、售后话术进行整理，形成可供借鉴的话术模板，并将结果呈现在下面空白处。

售前话术：

售中话术：

售后话术：

步骤 2.2：设置客服话术模板。

请下载并登录千牛工作台，梳理出常见话术模板的设置流程，并将重要的操作步骤进行呈现，最后组内交流分享在操作中遇到的问题，完成表 4–3。

表 4–3　客服话术模板设置流程

话术模板设置流程
步骤 1： 步骤 2： 步骤 3： 步骤 4： ……
遇到的问题

步骤 3：设置快捷回复

本次实训的主题为设置快捷回复，完成自动催拍与自动催付的设置。

步骤 3.1：探究常见的快捷回复类型。

以小组为单位，进入千牛工作台，组内合作探究淘宝平台快捷回复的类型及作用，并分析设置快捷回复的注意事项，最后将结果填在表 4–4 中。

表 4–4　常见的快捷回复类型

快捷回复的类型	作用	注意事项

步骤 3.2：设置自动催拍。

自由分为两个大组，根据教师提供的店铺，一组完成自动催拍设置，另一组完成自动催付设置。在设置前每个小组选择一名成员进行记录，最后进行讨论、修正后将设置流程呈现在下方空白处。

自动催拍设置流程：

自动催付设置流程：

企业视窗

是什么让千牛发展如此迅速?

早在 2007 年，阿里巴巴就曾描绘多年后电子商务的蓝图：从"Meet at Alibaba"向"Work at Alibaba"转变。这一理念的背后，意味着阿里将不仅着眼于买卖双方的商品交易行为，同时也会引入更多的服务提供商，实现生态体系的建立，并逐步帮助中小企业将管理职能在阿里巴巴平台上实现。千牛的上线在一定程度上，正是"Work at Alibaba"使命的落地。

在 PC 时代，淘宝的开放引入了丰富多彩的卖家服务，但这种分散的服务使得卖家效率越来越受到限制。随着云计算、数据共享和加工价格的降低，更多的数据开始汇聚到类似聚石塔这样的云端，并最终衍生出"大平台小前端"的概念，而移动端设备成为这些小前端不可或缺的一部分。2012 年 10 月，千牛决定以平台的身份进入移动端，除了淘宝旺旺和量子数据等官方业务外，其他插件都对外开放，由 ISV（独立软件开发商）和千牛项目组一起开发。

背靠聚石塔，千牛的开发拥有了得天独厚的优势——聚石塔是云，千牛是端，千牛上所有应用的数据都取自聚石塔，倘若把聚石塔想象成巨大的数据库，所有的应用是 ISV 做的前端界面展示，具体的数据都是千牛和聚石塔沟通，服务商的数据会放在聚石塔，具体的呈现以及操作入口在千牛上。通过软件交互，确保数据的安全性。

利用平台开放的优势，千牛拥有各种各样的服务商，通过插件的形式将所有功能集成在一起，可以随心所欲地在一个 App 中完成所有的操作。

合作探究

请扫描右方二维码，获取项目四中合作探究的背景资料，根据情境，并参考以下步骤完成客户服务准备。

步骤 1：梳理客户服务的工作要求

结合网店客服的岗位职责、岗位技能等，尝试用自己的语言总结梳理客服的工作职能要求和素质要求。

步骤 2：设置客服话术模板

将网店客服常见的售前、售中、售后话术进行整理，形成可供借鉴的话术模板。

步骤 3：设置快捷回复

完成自动催拍和自动催付设置。

任务评价

本任务完成后，请从知识目标、技能目标和素养目标等维度进行评价。

评价项目	评价标准		分值	自我评分
知识目标	阐述客户服务的基本要求		10	
	熟知常见的售前、售中、售后客服话术		10	
	正确阐述快捷回复的类型与作用		10	
技能目标	能够将客服的工作职能要求正确落实到日常工作中		10	
	能够将客服的素质要求严格落实到生活与工作中		10	
	能够独立进入千牛工作台并完成话术模板的设置		10	
	熟悉并掌握快捷回复的设置流程		10	
素养目标	工作态度	态度端正，无无故缺勤、迟到、早退的现象	6	
	工作规范	能正确理解并按照项目要求开展任务	6	
	协调能力	与同学之间能够合作交流、互相帮助、协调工作	6	
	职业素质	任务实施中认真、细致、严谨地对待每个细节	6	
	创新意识	对规范或要求深入理解，不拘泥于给定的样式，能够进行创新设计	6	
综合评价			100	

任务二 售中服务

任务情景

小周作为大农良公司淘宝店铺新入职的客服人员，在学习了客户服务准备的相关知识后，被调配到售中客服岗位并接受相应的岗位培训，同时将“以人民为中心”的服务理念融入日常工作，努力为客户提供较优质的售中服务。

任务分析

售中服务是对售前服务的跟进，解决客户在成功下单到收货前这一阶段咨询的问题，体贴、周到的售中服务话术能增加客户对店铺的信任感。对于客服售中服务的学习，可以从常见问题处理、沟通技巧运用、客户复购率提升等维度进行系统的认知与了解。

知识探索

一、售中常见问题

当客户完成付款后，售中客服需要确认订单、通知快递公司上门取件，并保证商品正常出库发货。那么，网店常见的售中问题有哪些呢？

（一）订单发货问题

发货是在客户下完订单后进行的，如淘宝平台规定，非预售订单超过 72 小时或者约定时间不发货，客户可以投诉商家。所以客服需要定期检查库存，不足的货品要及时补货或下架，尽可能避免因订单缺货而影响发货。若订单缺货，客服一定要在第一时间与客户取得联系，商议出最佳的解决办法。如果处理不当，可能会遭到客户的投诉，影响店铺排名。

（二）物流跟踪问题

物流跟踪是售中客服将商品打包寄出后，对订单进行跟踪与查询，确认商品安全到达客户手中这一过程的服务。通常物流是客户下单后较关心的问题之一，在促销活动期间，很多快递网点会出现爆仓，或因雨雪等自然因素，出现延迟送达、物流不更新等情况，从而导致一些客户对店铺进行投诉。此时客服就要真诚且耐心地安抚客户的情绪。

（三）信息修改问题

一些客户在下单后由于自身原因需要修改收货地址，但因发货量较大，店铺不支持下单后修改地址，或因商品已经发出无法修改，这时就需要客服使用一定的技巧与客户沟通。

（四）收货问题

很多网店客服可能因工作忙碌或其他原因，在商品已到达收货地后却迟迟不给客户发送收货通知，从而导致客户延期收货或长时间未收货后商品被原路退回。这就要求网店客服要尽可能为客户提供周到、细致的服务，网店客服在给客户打包、发货的同时及时更新订单动态信息，并通过短信的形式通知客户，减少客户等待发货的焦虑感，提升店铺服务质量。

二、售中沟通技巧

（一）表示理解，积极回应

很多时候，客服之所以能够通过沟通取得应有的效果，就在于客服理解客户，懂得站在客户的角度想问题。当客户抱怨时，客服应多一分理解，并对客户的抱怨和疑问给予积极回应。在一定程度上，客服的回应速度会影响客户的体验感。如果客服对客户的抱怨视而不见或长时间不回应，客户就会认为自己没有被重视，不利于问题的解决。对此，客服在表达时应该运用一定的技巧，让客户感受到来自客服的理解与重视，这样客服与客户的心理距离拉近后，沟通也就会更顺畅。

案例 1：

小韩在某店铺周年庆期间购买了一箱怀集燕窝，在发货一周后小韩还未收到商品，当他查询物流信息后才发现，商品还在发货地的中转站，小韩顿时火冒三丈，于是就开始向客服抱怨。该店铺客服在了解情况后，积极回应小韩并表示理解，最后向小韩解释是因为店铺周年庆期间快递较多，目前已经出现爆仓现象，他们正在处理，希望小韩多多理解，并承诺物流将在 24 小时内更新，同时为延迟发货向小韩额外赠送一箱 5 斤的德庆皇帝柑作为补偿。最后，小韩被客服的诚恳态度打动，消除了之前的不满。

上述案例中，小韩抱怨的原因是活动期快递网点爆仓，网店的很多商品物流得不到及时更新。客服在面对小韩的抱怨时，先是耐心倾听，并表示理解，对小韩的每一个问题都在有效时间内做出积极回应；随后在说明物流不更新的原因后，承诺 24 小时内一定会更新，请求小韩理解；最后作为补偿给小韩多赠送一份德庆皇帝柑。这样的沟通技巧不仅有效地缓解了小韩的不满情绪，还有可能促成小韩后期的复购。

（二）主动联系，直面问题

有时可能因网店内部客服与运营人员沟通不足而出现货品不足、订单缺货，从而影响发货的情况，这时就需要客服第一时间主动找到客户解释不能在规定时间内发货的原因，并请求客户谅解。客服主动联系，直面问题是解决问题的关键所在，如果客服明知不能按时发货却不告知客户，就会演变成欺骗消费者的行为，可能会面临客户投诉、店铺降级等后果。

案例 2：

小张准备在某网店拍下一盒 500 克的新岗红茶，下订单前在与客服沟通时得知该商品库存充足，拍下后会在 48 小时内安排发货，随后小张欣然付款。几个小时后，小张收到了来自该店铺客服的来电，客服首先对小张表达了歉意，表示由于自己工作疏忽，给小张传达了错误的信息，并解释该款茶叶目前库存不足，不能在 48 小时内发货。随后询问小张是退款还是等货，小张表示申请退款后，客服承诺会第一时间退款，并免费给小张发一份店铺的其他产品作为补偿。

上述案例中，客服的做法很值得学习，他在发现自己工作失误后第一时间主动联系了客户，说明原因后先是道歉，随后尊重客户的意愿进行了退款，并免费赠送产品予以补偿。这不仅给客户留下了好印象，还为店铺其他产品进行了宣传。

（三）表达歉意，做好保证

由于客户在购物过程中出现不愉快，即便客服为客户提供了解决方案，客户也会因为之前的遭遇对客服的话语抱有怀疑态度，认为客服未必能说到做到。因此，为了取信于客户，也为了更有效率地解决问题，客服在与客户沟通的过程中不仅要表达歉意，还应适时做好保证。

案例 3：

刚学会网购的张大妈在某网店购买了一个广绿玉印章，下单后她特意给客服留言说到货后务必要给她打电话或者发短信通知取件，因为自己还没有学会上网查询订单的物流信息。下单一周后，张大妈迟迟未收到收货通知，她就让儿子帮忙查询物流信息，此时发现订单因长时间未收货，已经在被菜鸟驿站退回发货地的途中，气愤的张大妈开始与客服理论。客服得知情况后先郑重地向张大妈道歉，承认是自己工作失误，并表示诚恳接受客户的诉求与建议，以后不会再犯此类错误，同时承诺若再犯同样错误，双倍返还购物款。最后，客服给张大妈额外赠送了一个小礼品，张大妈原谅了客服，并对该客服的服务做出了较高评价。

从上述案例中不难看出，因为没有如期给客户发送收货通知，导致商品被退回原发货地。一开始客户的情绪很激动，在得知情况后，客服承认了错误，并承诺做出改进。但是，即便如此，客户对店铺仍会抱有怀疑态度。为了让客户放心，客服做出了保证，如果再犯错，双倍返还购物款。在看到客服的保证之后，客户的态度出现了明显的转变，并对客服的服务做出了较高评价。

除了以上介绍的几种售中沟通技巧之外，客服工作还有很多沟通技巧，同学们可以在课后根据自己的日常购物体验进行总结与梳理。

三、客户复购率提升

（一）客户复购率

客户复购率是“客户重复购买率”的简称，是根据客户对店铺某一产品或者服务的重复购买次数而计算的。客户复购率越高，说明客户对产品或服务的忠诚度就越高，反之则越低。客户在完成一次购物之后是否愿意再光顾，从一定程度上来说，取决于其在这一次购物过程中是否有良好的购物体验。如果客服能够为客户营造极致的购物体验，那么客户在下次有购物需求时自然会愿意再来店铺。复购率的计算公式如下：

复购率 = 重复购买数 / 总购买数 × 100%（统计周期可以是周、月、季度）

那么，商家应该如何查看客户复购率呢？具体操作如下：

（1）商家在移动端登录并进入千牛卖家中心界面。

（2）单击左侧导航栏的“交易”选项，进入交易页面的“已卖出的宝贝”页面。

（3）在“已卖出的宝贝”页面，可以看到“近 3 个月订单”的所有订单，每一笔订单显示着该客户的昵称，将客户旺旺号粘贴在“买家昵称”输入框内就可以查看该客户的所有订单信息，从这里就能看到该客户是否复购了，如图 4–13 所示。

图 4–13　查看客户复购情况

（二）提升客户复购率的技巧

客户的留存与复购率是店铺发展的关键，它直接影响店铺的销量。所以，客服要着重维护好店铺与客户的关系，提高客户的复购率。对此，客服在与客户沟通的过程中需要掌握一定的技巧。

1. 新品推荐

客服积极推荐店铺新品，可表现在客户咨询商品时，客服积极地介绍并推荐新品的卖点，以增加新品的曝光率。不仅如此，对于咨询未果的客户，还可以及时跟进，激发客户的购买热情。需要注意的是，店铺与客户寻求的是长期的合作，客服需要尊重客户的选择，积极推荐商品而不是强买强卖。

案例 4：

客服：您好，李女士。我是 ××× 旗舰店的客服小王。

顾客：哦，找我有什么事吗？

客服：实在不好意思，打扰您了。是这样的，前天您在我们店里咨询了一款红茶，您问了很多问题，想必您也是爱品茶的人，想问一下您现在是否还有购买意向。

顾客：你家茶叶比别家贵了好多，我不需要了。

客服：李女士，您咨询的这款是今年的新茶，而且品质也很好，想必您也了解过，这个茶叶是我们肇庆的特色茶叶，包装也很高端。

顾客：可我还是觉得有点贵，我自己喝不需要这么好的包装。

客服：李女士，您要是自己喝的话，我就推荐您买这款吧（发送链接），这款茶叶是今年的新茶，我们库存不是很多，现在刚好在做新品抢购活动，刚才那款适合送礼，现在这款包装就比较普通，但茶叶的品质绝对有保障，我们自己喝的也是这一款，强烈推荐您哦！

顾客：谢谢！我看评价还不错，那我就拍下这一款了，下次如果再买茶叶就到你们店看看！

客服：您太客气了，我应该谢谢您才对，您以后有什么问题都可以来找我。

上述案例中，可看出客服与客户交流时一直处于主动的状态。客户两天前购买意向强烈，却由于价格原因，考虑之后决定不购买。对此，客服给客户推荐了另一款新上架的产品，抓住了客户的痛点，从客户的顾虑出发，巧妙打消了客户的疑虑，从而促成了交易。

2. 优惠活动推荐

网店的优惠活动具有时效性，所以，在店铺优惠活动开始前，客服就要做好通知客户的准备。在店铺活动开始前的几天，客服可以先通知客户具体的活动内容，在客户有疑问时做好答疑工作，为活动开始做预热的准备。同时，客服在通知客户时，可以向客户事先说明活动的时间，以及参加活动的人数，给客户营造紧张感，让客户对活动有所重视，吸引客户再次进店，从而提高复购率。

案例 5：

客服：亲，您好！我是 ××× 店铺的客服小兰，咱们店铺周年庆要到了，为回馈新老顾客，店铺最近在做促销活动，优惠多多，您可以来店铺看看。

顾客：是吗？有多优惠？

客服：具体的活动内容您可以到咱们店铺主页看一下哦！您先了解一下，有任何问题都可以找我。对了，一些参与活动的商品数量有限，我通知的客户中有很多人都参与了这个活动，所以您如果看到喜欢的商品，一定要拼团下单哦！

顾客：好的，谢谢！我先看看，如果优惠力度大我就会下单的。

上述案例中，客服在活动开始前就把优惠活动告知给客户，并且通过“很多客户都参加了这个活动”“商品数量有限”等话术技巧给客户营造了紧张感，很好地达到了优惠活动前的预热目的。

3. 回访跟进

为了增加客户黏性，客服需要在客户完成购物之后，主动联系客户。让客户对客服及店铺产生好感，并促进客户再次消费。为此，客服人员在与客户沟通的过程中要适时强调店铺对客户的重视度。

一方面，这能让客服的话语更有说服力，使客户更加配合客服的回访工作。另一方面，让客户感受到店铺对自己的重视，而为了维护这种感觉，客户势必会更愿意在店铺中进行购物。

案例 6：

客服：您好！请问您是陶先生吗？

顾客：是的，请问你是哪位？

客服：陶先生，您好！我是 ××× 店的客服小娟，这次冒昧打扰您，就是想做一次回访。

顾客：我只在你们店买了几次东西，为什么要选我啊？而且我这人特别怕麻烦，对于回访这种事我看就没有必要了吧。

客服：您看，您都是小店的常客了，所以，您对于小店的商品和服务是很有发言权的，这也是小店选择对您进行回访的重要原因。这次回访只需要两三分钟的时间，希望您能配合一下。因为您是小店的重要顾客，所以您在此次回访过程中的意见，小店都会重点考虑的。所以，真的希望您能知无不言，多多配合啊！

顾客：哦，那好吧。

……

客服：感谢您的支持和理解，为了感谢您对回访的配合，小店赠送您一张无门槛优惠券，希望您以后能够多多光顾小店。

顾客：哦，那我去店铺看看。

上述案例中，刚开始客户对于回访很显然是抵触的，当客服告知客户回访所需要的时间，且传达出店铺对客户的重视后，客户对回访的抵触情绪有所减弱。随后客服抓住机会，成功完成回访，并在回访结束时，以配合回访为由，给客户赠送了优惠券。这一举动，获得了客户会去店铺看看的承诺。

4. 保障服务

人与人交往的过程中，第一印象是非常重要的，这种印象是鲜明的、稳固的，而且很大程度上决定着双方此后的交往。如果客户对店铺商品的第一印象很好，那么客户有可能成为店铺的粉丝，持续为店铺贡献购买力。而在此过程中，店铺的服务是否优质尤为重要，所以，这就要求客服有非常强的服务意识。

案例 7：

顾客：请问，客服在吗?

客服：在的，客服小陈为您服务，请问有什么可以为您效劳的?

顾客：哦，是这样的，我想买一块正宗的肇庆端砚砚台。这是我第一次在你们这里购物，不太熟悉，你帮我推荐一下吧。

客服：嗯，好的。就是不知道您有哪些要求呢?

顾客：只要不伤笔、易发墨、实用就行，价格的话，尽可能地划算一点。哦，还有最好是纯手工开池，我个人比较倾向于纯手工产品。

客服：好的，那您觉得这款 6 寸木盒装怎么样呢？这款砚台就是纯手工开池，池壁内凹，出墨量多，木盒用的是进口菠萝格木，天然防腐，稳定不易变形，手工打磨制作，是小店比较受欢迎的一款商品。现在这款砚台正在进行促销，此时购买相对来说是比较划算。

顾客：真不错！你推荐的这款砚台我真是没什么好挑剔的了，就它了。

几天后。

顾客：你好，还记得我吗?

客服：当然记得您了，您前几天在小店购买了一款 6 寸实木装砚台，当时，还是小陈接待的您。对了，商品您收到了吗？感觉如何?

顾客：我正要说这件事呢！不得不说，你们店在细节上做得实在是太好了。不仅商品没有一点细节上的问题，你们还在里面塞了一封感谢信，最惊喜的是，还赠送了我一支配套毛笔。

客服：这些都是小店应该做的。不瞒您说，因为您上次在沟通过程中表示比较倾向于纯手工产品，所以小陈特意让发货的同事给您赠送了一支老技师纯手工制作的毛笔呢。

顾客：要不怎么说你们细节做得好？对于这次购物我非常满意。你们店真心靠谱，下一次还来你们这买东西。

客服：感谢您对小店的支持，祝您购物愉快！

上述案例为某客服与客户沟通的部分内容，客户因为是第一次来店铺购物，对店铺中的商品不太熟悉，所以希望客服能够给出一些推荐。对此，在与客户沟通的过程中，客服对客户的整体需求已经有所了解，注意到客户希望可以买到实惠的商品，以及喜欢纯手工商品的细节。所以，客服在推荐商品时着重把握了这两点，而且特意赠送了一支老技师纯手工制作的毛笔。因此，客户对该店铺很满意，并表示以后还会再来。

任务实施

步骤 1：总结售中服务中常见的问题

请根据对上述内容的理解，总结网店客服在售中服务中常见的问题。

自由分组，通过互联网搜索或日常生活经验，分析与总结网店客服在发货、物流、信息修改等售中服务方面所存在的一些常见问题，最终将内容填在表 4–5 中。

表 4–5　售中客服常见问题

序号	问题类型	存在的具体问题
1	发货	
2	物流	
3	信息	
4	收货	
	……	

步骤 2：梳理客服工作技巧

本次探究的主题为售中沟通技巧，请结合上述所学内容，通过具体的案例分析与掌握售中客服在工作中需要具备的沟通技巧。

步骤 2.1：通过互联网搜索或日常生活经验，罗列出若干个网店售中问题的沟通案例，经过润色与加工后将案例呈现在下面空白处。

案例呈现：

步骤 2.2：学生自由分组，各小组对步骤 1 中的案例进行分工合作，讨论与分析各案例中售中客服在面对客户提问与抱怨时的沟通技巧及沟通禁忌，最后将各小组的讨论结果进行总结与梳理，将结果呈现在表 4–6 中。

表 4–6　售中客服沟通技巧

沟通技巧	沟通禁忌

步骤 3：客户复购率分析及提升

请根据对上述内容的理解，针对教师提供的电商店铺进行分析，完成客户复购率分析。

步骤 3.1：分析客户复购率。

（1）自主探究，通过互联网搜索或资料查询的方式，尝试总结梳理客户复购率的概念及计算公式，最后将结果呈现在下面横线处。

____

____

____

____

（2）自由分组，小组内合作探究进入教师提供的电商店铺后台，查看客户复购率情况，并将操作步骤呈现在下面空白处。

案例呈现：

步骤 3.2：梳理客户复购率提升技巧。

（1）针对以上客户复购率情况进行自由讨论，分析影响客户复购的因素，最后将讨论结果呈现在下面横线处。

____

____

____

（2）再根据以上得出的结果，讨论提升客户复购率的技巧。以小组为单位结合具体的案例进行分析，最后将各小组的讨论结果进行总结梳理，输出具有总结性的结果，并将结果呈现在下面空白处。

讨论结果：

企业视窗

×× 网店售中物流跟踪问题再现

顾客：亲，我已经成功付款了，请问下单之后大概多久可以收到货？

客服：关于快递的时间，您可以放心，小店选择的都是速度比较快的快递公司。通常情况下，省内 1~2 天可以送达，省外 3~5 天不等，最晚不超过 5 天哦。

顾客：好的。

几天后。

顾客：你们这些骗子客服，我要投诉你们！

客服：亲，能告诉小芳发生了什么事吗？

顾客：你还好意思问？在我下单后，特意询问你们多久可以收到货，你们的客服信誓旦旦地说省外 3~5 天之内可以送达。我竟然相信了，结果等了一个星期还没收到。

客服：亲，您的商品目前已经到达 ××，不好意思，通常情况下，小店的快递确实是 3~5 天之内可以送到您手上的，但是，这一段时间正好赶上快递高峰期，所以快递的运送速度比平常确实要慢一些。我们客服没有跟您说清楚，恳请您谅解，我这边给您赠送一张 10 元无门槛券，再给您升级为我们店铺的白金会员，以后会优先发您的订单，谢谢亲的理解。

顾客：好吧，看在你们这么真诚的态度上，这次先不追究了，以后遇到此类情况一定要把信息传达正确！

客服：谢谢您的理解，后期我们一定会注意的，再次感谢！

上述为某客服与客户沟通的部分内容，不难看出，在该案例中，客户在询问快递送达时间时，客服并没有对可能发生突发事件会导致收货延误做必要的提示，导致客户对没有在预期时间内收到商品非常愤怒。最终经售中客服的真诚致歉，通过赠送优惠券与升级会员等级作为补偿，才获得客户的原谅。

合作探究

请扫描右方二维码，获取项目四中合作探究的背景资料，根据情境，并参考以下步骤完成客服售中服务。

步骤 1：总结售中服务中常见的问题

通过互联网搜索或日常生活经验，分析与总结网店客服在发货、物流、信息修改等售中服务方面所存在的一些常见问题。

步骤 2：梳理客服售中工作技巧

分析各案例中售中客服在面对客户提问与抱怨时的沟通技巧及沟通禁忌，最后将各小组的讨论结果进行总结与梳理。

步骤 3：客户复购率分析及提升

通过互联网搜索或资料查询的方式，尝试总结梳理客户复购率的概念及计算公式，分析影响客户复购的因素。

任务评价

本任务完成后，请从知识目标、技能目标和素养目标等维度进行评价。

<table>
<tr><th>评价项目</th><th colspan="2">评价标准</th><th>分值</th><th>自我评分</th></tr>
<tr><td rowspan="3">知识目标</td><td colspan="2">阐述网店客服在售中服务中常见的问题</td><td>10</td><td></td></tr>
<tr><td colspan="2">了解并熟知售中服务的沟通技巧</td><td>10</td><td></td></tr>
<tr><td colspan="2">熟知客户复购率及提升复购率的技巧</td><td>10</td><td></td></tr>
<tr><td rowspan="4">技能目标</td><td colspan="2">能够独立应对售中常见的突发问题</td><td>10</td><td></td></tr>
<tr><td colspan="2">能够掌握客服在售中服务中的沟通技巧，并能以具体案例进行说明</td><td>10</td><td></td></tr>
<tr><td colspan="2">掌握在后台查看客户复购率的操作流程</td><td>10</td><td></td></tr>
<tr><td colspan="2">掌握提升客户复购率的技巧，并能以具体案例进行说明</td><td>10</td><td></td></tr>
<tr><td rowspan="5">素养目标</td><td>工作态度</td><td>态度端正，无无故缺勤、迟到、早退的现象</td><td>6</td><td></td></tr>
<tr><td>工作规范</td><td>能正确理解并按照项目要求开展任务</td><td>6</td><td></td></tr>
<tr><td>协调能力</td><td>与同学之间能够合作交流、互相帮助、协调工作</td><td>6</td><td></td></tr>
<tr><td>职业素质</td><td>任务实施中认真、细致、严谨地对待每个细节</td><td>6</td><td></td></tr>
<tr><td>创新意识</td><td>对规范或要求深入理解，不拘泥于给定的样式，能够进行创新设计</td><td>6</td><td></td></tr>
<tr><td colspan="3">综合评价</td><td>100</td><td></td></tr>
</table>

任务三 售后服务

任务情景

大农良公司的线上淘宝店铺非常注重售后客服的工作效率和客户满意度。公司将小陈调配到售后客服岗位，并对小陈进行详细的岗前培训，要求小陈了解售后客服常见问题及沟通技巧，掌握并熟知客服满意度分析的方法与技巧等。

任务分析

售后服务是整个服务流程的重点之一，其与商品质量同等重要，售后服务的优劣将直接影响客户的满意度。可以说，提供优质的售后服务是网店品牌建设工作的重要组成部分。对售后服务内容的学习，可以从常见问题处理、沟通技巧运用、客户满意度分析等维度进行系统的认知与了解。

一、售后常见问题

售后问题是每个商家都会遇到的问题，面对客户的抱怨、指责、刁难、差评和投诉，客服总会感到身心俱疲。那么，网店常见的售后问题有哪些呢？

（一）物流缓慢，收货延迟

与在实体店购物不同，网购需要将商品从店铺的仓库运送到客户手中，所以，客户真正拿到货是需要时间的。对客户来说，自然是越快收到商品越好。 但是，由于受诸多因素影响，不免会出现客户要等待比较长的时间才能收到货的情况，客户很可能会因此而感到不满对店铺进行投诉。

（二）店铺失误，错发商品

对客户来说，从网店的选择再到购买对象的确定，可能花费了不少时间和精力。所以，当客户好不容易下单选购了商品，结果却发现店铺少发货或发错货，可能会因此而愤怒投诉。

（三）商品实物与预期不符

通常来说，店铺中的商品介绍与真实商品或多或少会有一些出入，这是因为店铺为了让商品更具吸引力，会适当地强化商品的优势，而对于商品的不足则可能会尽量弱化。因此，有时候相同的商品，卖家秀和买家秀之间的差距可能非常大，而部分客户由于无法接受这种差距，就会认为店铺是在欺骗消费者。

（四）运输差错，商品破损

网购商品要送达客户，需要经过一段时间的运输，而在运输的过程中，难免会出现商品被损坏的情况，所以当客户收到被损坏的商品之后，心情肯定非常不愉快。因此，即便客户知道错不在商家，也会以店铺未包装好为由进行投诉。

（五）出现差评

在网店运营中，差评会对店铺商品的销售产生不利影响，所以，处理差评也是售后客服经常遇到的问题之一。客服只能尽力减少这类事件的发生，假如修改不了评价就只能向客户耐心解释，降低因差评给客户带来的不好的购物体验。

（六）返差价问题

退差价是由于客户在购买了商品之后的较短时间内，商家降低了该商品的价格，客户可以和售后客服商量退返差价。当然，对于商品的返差价，淘宝没有具体的规定，客户可以和售后客服进行商量。此时客服可以在合理的范围内解决客户的诉求。

除此之外，还有客户强制退换不可退换类目的商品、恶意评价等问题，客服也应耐心、合理地进行沟通。

二、售后沟通技巧

当客户收到商品后，会基于不同的原因对商品、物流或服务感到不满意。此时，客服需要掌握一定的沟通技巧来安抚客户的情绪。下面，通过售后客服经典案例来探讨售后客服的沟通技巧。

（一）耐心倾听，对症下药

在解决投诉问题的过程中，客服的态度非常关键。所以，客服在与客户沟通时需要耐心倾听客户的抱怨，即便客户的话听上去令人不舒服也应该多一份忍耐。只有耐心倾听，才能找到问题所在，对症下药，让客户撤销投诉。

案例 8：

小张在某网店购买了肇庆特产四会砂糖桔，收货后发现外包装箱严重破损，有将近一半的坏果，情绪激动的小张在平台申请了退款后，还投诉了该商家。几分钟后，商家客服通过电话联系了小张，在耐心倾听小张的诉求后，客服真诚道歉，并表示是由于自己包装疏忽才导致了果箱损坏，最后客服承诺承担小张此次购物的损失，重新安排发货，并免费赠送一斤德庆皇帝柑作为补偿，最后小张被客服的态度打动，撤销投诉，并表示以后还会光顾该店铺。

在上述案例中，客户因为商品包装问题导致坏果，所以直接对店铺进行了投诉。面对这种情况，客服显得很有耐心。先通过致歉，让客户说出了主要的问题，并通过倾听把握了重点，再以赔偿表示了歉意，最终客户被客服耐心的服务所打动。

（二）顺应顾客，帮助退单

一般情况下，当客户对订单不满意给予店铺差评，并表现出强烈的退单愿望时，即使客服给出一些补偿，客户仍可能不会同意追加评论，并要求退款退货。此时，客服应该顺从客户，帮助其完成退单。

案例 9：

小李在某店铺购买了德庆皇帝柑，收货后他发现果子不仅个头小，而且口感很差，并不像详情页里描述的甘甜可口，他果断给了差评，并要求退款退货。售后客服在了解情况后承诺会做出一些补偿，并请求小李追加评价，小李闻言拒绝任何赔偿坚持退货。小李表示只要退单成功，就不会故意为难店铺，最终双方和解并以退货而收尾，小李还在追评中对客服及店铺进行了表扬。

在上述案例中，客户显然对商品非常不满意。所以，即便客服承诺适当做出赔偿，客户也不会做出让步。在这种情况下，客服理解客户并顺应了客户的心意，帮助其完成退单，客户的追评也有利于店铺提分。

（三）给出解释，承诺改进

为了更好地挽回店铺形象，当客服看到客户因产品、服务或物流原因给店铺差评后，客服不仅要给客户一个合理的解释，还需要向客户保证会及时改进，确保下次不会出现同样的问题。通过这种方式打动客户，并给其留下好的印象。

案例 10：

小美在某网店购买了一箱油栗，结果十多天之后才送到，而且收到时已经坏了一大半，愤怒之下小美给了该网店差评。客服第一时间联系小美，首先表示完全理解小美的做法，接下来解释由于“双十一”的优惠活动，商品单量增多，配送速度比平常要慢，车辆在送货的过程中出现了一些故障，结果耽误了时间，才导致油栗部分变坏的情况。随后，客服真诚致歉并重新给小美发一箱油栗作为补偿，还承诺后期一定在物流方面做出改进，来提升客户的满意度。最终小美主动追加了评价并撤回投诉。

在上述案例中，客户因运送速度太慢，导致油栗变坏而在收货后写了不好的评价。对此，客服向客户传达商品损坏的原因，并且表示为客户重新发货，承诺后期会对物流进行改进。而客户最终也因理解店铺经营不易而原谅了工作人员，并给店铺追加了评价。

（四）幽默应答，缓和气氛

通常情况下，客户之所以进行投诉，是因为其对商品本身或者店铺服务非常不满。所以，当客服与客户沟通时，一部分情绪比较激动的客户可能会在沟通过程中显得不太友善。而作为一名客服，需要做的就是积极地对客户的情绪进行调整，缓和气氛，为投诉的处理营造一个相对融洽的氛围。

案例 11：

某店铺售后客服在看到客户因产品没达到预期而对店铺进行投诉后，第一时间联系客户。沟通中，在面对客户不太友善的态度且言辞激动的斥责时，这位客服尽可能地顺着客户的意思，在应答时，选择以幽默、风趣的表达形式来回复客户。慢慢地，客户被客服幽默的言辞所感染，缓和了心中的愤怒。最后，客户在面对客服撤销投诉的请求时欣然答应。

在上述案例中，客户因商品的外观和性能未能达到预期而直接对店铺进行了投诉。面对客户的不如意，客服在顺应客户的同时，通过幽默的应答，慢慢地缓和了客户的怒气，顺势提出让客户撤销投诉的想法。客户由于客服幽默的应对方式心里的怒气也缓和了不少，最终答应了客服的请求。

除了以上介绍的几种沟通技巧之外，作为一名合格的网店客服还应该直面问题，主动担责；了解诉求，个性化对待；及时联系，化解矛盾；积极回访，提高满意度；赞美客户，缓和气氛等。切忌言语相激，口无遮拦；没有诚意，推卸责任；态度消极，放任不管等。

三、客户满意度分析

（一）客户满意度调查

客户满意度，也称为客户满意指数，是客户通过对某种产品或服务可感知的效果与其期望值相比较后得出的指数。一般而言，客户满意度是客户对网店及客服提供的产品和服务的直接性综合评价，是客户对网店、产品、服务和客服的认可，客户可以根据他们的价值判断来评价产品和服务。

企业可以通过以下几个步骤进行客户满意度调查：

1. 确定调查的内容

开展客户满意度调查必须清楚客户的需求结构，明确开展客户满意度调查的内容。不同企业与产品拥有不同的客户群体，其需求结构的侧重点也不相同。例如，有的侧重于价格，有的侧重于服务，有的侧重于性能和功能等。

一般来说，调查的内容主要包括以下几方面：产品内在质量（产品性能、可靠性、可维护性、安全性等）、产品功能需求（使用功能、辅助功能等）、产品服务需求（售前和售后服务等）、产品外延需求（零配件供应、产品介绍、培训支持等）、产品外观、包装、防护需求及产品价格需求等。

2. 量化和权重客户满意度指标

客户满意度调查是一个定量分析的过程，即用数字反映顾客对测量对象属性的态度，因此需要对调查项目指标进行量化。客户满意度调查是客户对产品、服务或企业的态度，即满意状态等级，一般采用七级态度等级：很满意、满意、较满意、一般、不太满意、不满意和很不满意，相应赋值为 7、6、5、4、3、2、1。

需要注意的是，对不同的产品与服务而言，相同的指标对客户满意度的影响程度是不同的。例如，售后服务对耐用消费品行业而言是一个非常重要的因素，但是对于快速消费品行业则恰恰相反。因此，相同的指标在不同指标体系中的权重是完全不同的，只有赋予不同的因素以适当的权重，才能客观真实地反映出客户的满意度。

3. 明确调查的方法

目前，常采用的客户满意度调查方法有问卷调查、资料收集、访谈研究三种。

（1）问卷调查。

问卷调查是一种最常用的客户满意度数据收集方式。通过发放调查问卷，收集客户对网店的评价信息，以此评估他们的满意度。问卷中包含很多问题，需要被调查者根据预设的表格选择该问题的相应答案，客户从自身利益出发来评估企业的服务质量、客户服务工作和客户满意水平。同时也允许被调查者以开放的方式回答问题，从而更详细地了解他们的想法。如表 4–7 所示为淘宝平台某店铺客户满意度调查表。

表 4–7 某店铺客户满意度调查表

一、个人信息					
您的性别	男□ 女□				
您的年龄	20 岁以下□	20~35 岁□	35 岁以上□		
您的职业	学生□	工薪族□	商人及其他□		
您的月收入	1 000 元以下□	1 000~3 000 元□	3 000 元以上□		
您经常来本店购物吗？	几乎没有□	偶尔□	经常□		
二、行为信息					
您对本店商品质量	十分满意□	较满意 □	一般 □	不满意□	很不满意□
您对本店商品价格	十分满意□	较满意 □	一般 □	不满意□	很不满意□
你对本店商品的说明	十分满意□	较满意 □	一般 □	不满意□	很不满意□
你对本店的售前客服	十分满意□	较满意 □	一般 □	不满意□	很不满意□
您对本店的售后客服	十分满意□	较满意 □	一般 □	不满意□	很不满意□
您对本店的购物体验	十分满意□	较满意 □	一般 □	不满意□	很不满意□
您对本店投诉处理情况	十分满意□	较满意 □	一般 □	不满意□	很不满意□
您对本店的支付机制	十分满意□	较满意 □	一般 □	不满意□	很不满意□
您对本店物流配送服务	十分满意□	较满意 □	一般 □	不满意□	很不满意□
三、企业形象满意度					
您对本店铺的装修风格	十分满意□	较满意 □	一般 □	不满意□	很不满意□
您对本店的经营理念	十分满意□	较满意 □	一般 □	不满意□	很不满意□
您在本店购物最看重什么	价格□	品牌形象□	口碑□	商品质量□	服务□
您觉得本店客服需要改进	耐心□	专业度 □	响应度□	热忱□	态度□
您对本店满意吗	十分满意□	较满意 □	一般 □	不满意□	很不满意□
您对本店还有哪些建议					

（2）资料收集。

资料收集是通过收集网店交易数据、客户反馈和评价等来分析客户的购物习惯和满意度，识别出客户群体中的共同特征和关注点，以优化业务流程和产品服务，最终提升客户满意度和在线购物体验。比如，通过分析客户的购买力度和偏好，可以推断出客户购物的心理需求和购物频率，进而制定更具针对性的销售、促销和客户服务策略。

（3）访谈研究。

访谈研究是商家通过各种通信工具（如电话、邮件、旺旺等）与客户进行交流，探讨客户在购物过程中的体验。商家可以针对产品、服务和价格等方面进行调查，以便了解客户的需求和期望，为优化网店的运营策略提供参考。商家需要根据访谈研究的结果，及时分析和整合反馈信息，并制订相应的改进计划。商家需要有较强的判断与决策能力、及时响应客户反馈的能力，才能确保访谈研究的成功，不断提升客户满意度。

4. 选择调查的对象

很多网店在确定调查对象时往往只寻求熟悉的老客户，排斥那些可能对店铺服务不满的客户，但这样的调查结果是不全面的，因此，店铺应该科学地随机抽取服务对象进行调查。

5. 客户满意度数据的收集

客户满意度数据的收集可以是书面或口头的问卷、电话或面对面的访谈。若有网站，也可以在网上进行客户满意度调查。调查中通常包含很多问题或陈述，需要客户根据预设的表格选择问题后面的相应答案，有时调查者让客户以开放的方式回答问题，从而获取更详细的资料，掌握有价值的客户满意度信息。

6. 科学分析

网店进行客户满意度调查后，为了客观地反映客户满意度，需要确定、收集和分析适当的客户满意度数据并运用科学有效的统计分析方法，以证实质量管理体系的适宜性和有效性，并评估在何处可以持续改进。常用的客户满意度调查结果分析方法有方差分析法、休哈特控制图、双样本 T 检验、过程能力直方图和帕累托图等。

7. 改进计划和执行

在对收集的客户满意度信息进行科学分析后，网店应该立刻检查自身的工作流程，在“以客户至上”的原则下开展自查和自纠，找出不符合客户满意度管理的流程，制定网店的改进方案，提高客户的购买体验和满意度。

（二）客户满意度的影响因素与提升技巧

1. 商品因素

一般情况下，商品质量和性能是客户购买商品过程中考虑的因素之一。有的客户在购买之前，对产品的了解甚少，在购买时只能从朋友的推荐、广告的宣传、客服人员的讲解中获悉产品的质量和性能。但是一旦购买了产品，客户就会清楚地知道产品的实际情况，如果发现产品的质量有问题，或产品的性能与客服介绍的出入太大时，客户会产生不满情绪。因此，产品满意是客户满意的前提，需要从以下几方面来提高客户对商品的满意度。

（1）挖掘客户需求。

客户的需求往往是多方面的、不确定的，需要去分析和引导。客服应该通过与客户的长期沟通，挖掘客户购买产品的欲望、用途、功能、款式及要求等，最终将客户心里模糊的认识以精确的方式描述并展示出来。

（2）适应客户需求。

店铺不仅要注意观察正在发生的客户需求变化，并且要先于竞争对手准确掌握变化的情况。

（3）提供满意的产品。

客户对产品质量与品位均高度关注，店铺需确保质量上乘，杜绝次品入市，赢得客户信赖；同时，要强化产品设计与创新，紧贴市场定位，以吸引回头客，树立良好口碑。

2. 店铺形象因素

店铺形象是提高客户满意度的重要因素。客户对店铺和店铺产品的了解，首先来自店铺的形象、品牌和口碑效应。在客户准备购买时，他们非常关心选择哪个品牌的产品以及哪家店铺的产品，这时店铺的形象往往会起到决定性的作用。

3. 服务因素

随着人们购买力水平的提高，客户对服务的要求也越来越高，优质服务是提高客户满意度的保障。客户在购买产品的过程中，开始可能并不了解产品的质量和性能，但是通过和客服的沟通，就会逐渐对产品的质量和性能、品牌和形象有一个认识，可以说客服在很大程度上决定着客户的购买意向。这就需要店铺客服做到以下几点：

（1）售前。

售前客服及时向客户提供关于产品性能、质量、价格、使用方法和效果方面的信息。

（2）售中。

售中客服需要向客户提供准确的商品介绍和咨询服务。

（3）售后。

售后客服需重视信息反馈和追踪调查，及时答复和处理客户的意见，对有问题的产品主动退换，对故障迅速采取措施排除或提供维修服务。

店铺如果能够站在客户的角度，想客户所想，一定能在服务内容、服务质量、服务水平等方面有所提高，从而提升客户的感知价值，提高客户的满意度。

任务实施

步骤 1：总结售后常见问题

自由分组，通过互联网搜索或日常生活经验，分析与总结网店客服在售后服务方面的一些常见问题和解决技巧，最后填写在表 4-8 中。

表 4–8 售后客服常见问题

序号	常见问题	解决技巧
1		
2		
3		
4		
	……	……

步骤 2：梳理售后沟通技巧

步骤 2.1：通过互联网搜索或日常生活经验，罗列出若干个网店售后问题的沟通案例，经过润色与加工后将案例呈现在下面空白处。

案例呈现：

步骤 2.2：自由分组，各小组对步骤 1 中的案例进行分工合作，讨论与分析各案例中售后客服在处理突发事件时与买家之间的沟通技巧及沟通禁忌，最后将各小组的讨论结果进行总结与梳理，将结果呈现在表 4–9 中。

表 4–9 售后客服沟通技巧

沟通技巧	沟通禁忌

步骤 3：客户满意度分析

步骤 3.1：客户满意度调查。

自由分为两个大组，一组以电话回访的形式进行客户满意度调查，另一组以调查问卷的形式进行。

（1）电话回访组的学生自选商家与买家身份，现场进行 3~5 分钟的模拟对话，客服的沟通话术要能体现出客服的基本礼仪与规范，最后进行组内评分，对不恰当的话术进行修改，将对话进行展示，并将内容梳理在下面空白处。

某网店客户满意度调查

客服：__________

顾客：__________

客服：__________

顾客：__________

（2）电子调查问卷的学生以小组为单位进行讨论，确定问卷所要面对的用户群，然后设计出一份客户满意度调查问卷，将结果呈现在下面空白处。

步骤 3.2：客户满意度分析。

（1）针对以上客户满意度调查情况进行自由讨论，分析影响客户满意度的因素，最后将讨论结果呈现在下面横线处。

____

____

____

（2）根据以上得出的结果，讨论提升客服满意度的技巧。以小组为单位，结合具体的案例进行分析，最后将各小组的讨论结果进行总结梳理，将结果呈现在下面空白处。

合作探究

请扫描右方二维码，获取项目四中合作探究的背景资料，根据情境，并参考以下步骤完成客服售后服务。

步骤 1：总结售后服务中常见的问题

通过互联网搜索或日常生活经验，分析与总结网店客服在售后服务方面的一些常见问题和解决技巧。

步骤 2：梳理客服售后工作技巧

分析各案例中售后客服在处理突发事件时与买家之间的沟通技巧及沟通禁忌，最后将各小组的讨论结果进行总结与梳理。

步骤 3：客户复购率分析及提升

设计一份客户满意度调查问卷，分析影响客户满意度的因素及提升客户满意度的技巧。

任务评价

本任务完成后，请从知识目标、技能目标和素养目标等维度进行评价。

<table>
<tr><th>评价项目</th><th colspan="2">评价标准</th><th>分值</th><th>自我评分</th></tr>
<tr><td rowspan="3">知识目标</td><td colspan="2">阐述网店客服在售后服务中常见的问题</td><td>10</td><td></td></tr>
<tr><td colspan="2">熟知客服在商品售后的沟通技巧</td><td>10</td><td></td></tr>
<tr><td colspan="2">了解客户满意度及提升技巧</td><td>10</td><td></td></tr>
<tr><td rowspan="4">技能目标</td><td colspan="2">能够独立应对售后服务中常见的突发问题</td><td>10</td><td></td></tr>
<tr><td colspan="2">能够掌握客服在商品售后中的沟通技巧，并能以具体案例进行说明</td><td>10</td><td></td></tr>
<tr><td colspan="2">能够独自进行客户满意度调查</td><td>10</td><td></td></tr>
<tr><td colspan="2">掌握提升客户满意度的技巧，并能以具体案例进行说明</td><td>10</td><td></td></tr>
<tr><td rowspan="5">素养目标</td><td>工作态度</td><td>态度端正，无无故缺勤、迟到、早退的现象</td><td>6</td><td></td></tr>
<tr><td>工作规范</td><td>能正确理解并按照项目要求开展任务</td><td>6</td><td></td></tr>
<tr><td>协调能力</td><td>与同学之间能够合作交流、互相帮助、协调工作</td><td>6</td><td></td></tr>
<tr><td>职业素质</td><td>任务实施中认真、细致、严谨地对待每个细节</td><td>6</td><td></td></tr>
<tr><td>创新意识</td><td>对规范或要求深入理解，不拘泥于给定的样式，能够进行创新设计</td><td>6</td><td></td></tr>
<tr><td colspan="3">综合评价</td><td>100</td><td></td></tr>
</table>

品行合一

浙江临海查处首例“二类电商”网络违法案

近期，临海市市场监督管理局接到一起“二类电商”投诉。投诉人称，其父母在某平台看到一则羊绒外套的广告弹窗，被页面宣称的“羊绒外套”“买一送一”“七天无理由退换货”等广告所吸引，订购了低价“羊绒外套”。收货后，投诉人发现实物与产品描述大相径庭，不但没有所谓的“买一送一”，且该款商品的材质为抓绒（聚酯纤维构成），并非羊绒。并且此“二类电商”无客服，无法进行退货退款操作，电话联系商家被拒接拉黑，最终选择将相关情况投诉至市场监管部门。

接到投诉后，执法人员第一时间对该网页进行取证，并找到当事人。经调查，当事人在某互联网广告平台投放商品广告，销售抓绒材质商品，但在其商品销售页面宣传“羊绒外套 买一送一”“本来出口国外的羊绒外套转内销”等字样，对商品性能、成分进行了引人误解的宣传，违反了《中华人民共和国广告法》《中华人民共和国电子商务法》等相关规定。临海市市场监督管理局依据相关法律，责令当事人停止违法行为，并对当事人的违法行为做出1.3万元的行政处罚。

因此，为了能够创造一个良好的网络购物环境，电商经营者不仅要遵守相应的平台规则，还需要遵循相关的法律法规要求，根据《中华人民共和国电子商务法》的相关规定：

（1）电子商务经营者销售的商品或者服务应当符合保障人身、财产安全的要求和环境保护要求，不得销售或者提供法律、行政法规禁止交易的商品或者服务。

（2）电子商务经营者应当全面、真实、准确、及时披露商品或者服务信息，保障消费者的知情权和选择权。电子商务经营者不得以虚假交易、编造用户评价等方式进行虚假或者引人误解的商业宣传，欺骗、误导消费者。

（3）电子商务经营者根据消费者的兴趣爱好、消费习惯等特征向其提供商品或者服务的搜索结果的，应当同时向该消费者提供不针对其个人特征的选项，尊重和平等保护消费者合法权益。

（4）电子商务经营者应当按照承诺或者与消费者约定的方式、时限向消费者交付商品或者服务，并承担商品运输中的风险和责任。但是，消费者另行选择快递物流服务提供者的除外。

（来源：人民网）

项目五 店铺运营分析

案例导入

大农良食品有限公司通过电商销售取得了不错的成绩，为了使公司产品多元化，公司领导一致决定为公司添加新的产品——新岗红茶，并根据市场分析确定该产品的在销售中的定位及目标人群。

首先公司通过百度指数对搜索产品市场及人群进行了初步了解，如图 5–1 所示，近半年该产品在互联网市场的搜索情况有所提升，且 3 月为最高峰。

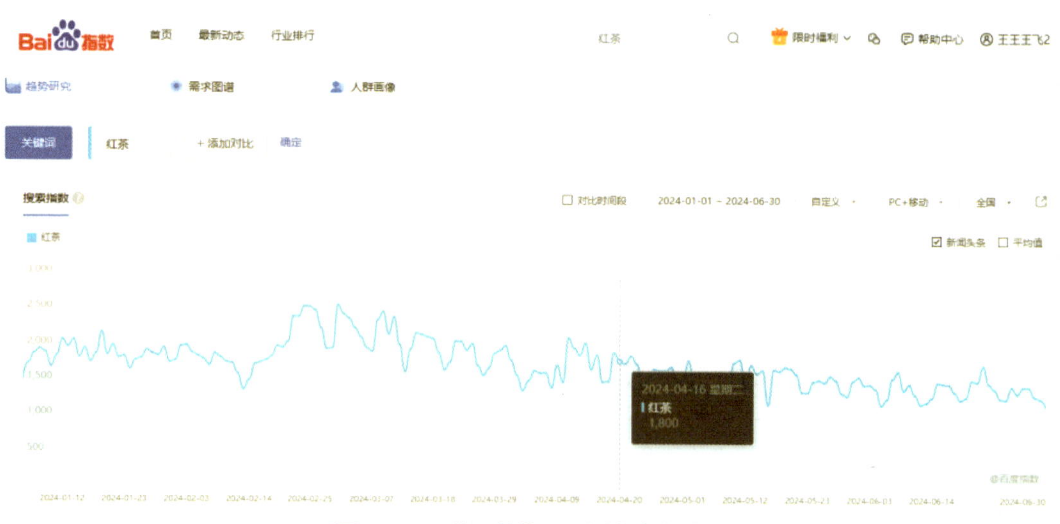

图 5–1 “红茶”百度搜索指数

如图 5–2 所示，搜索“红茶”的主要地区分布前五的为广东、山东、江苏、浙江以及河南，说明在后期推广时可重点在这些区域投放广告。

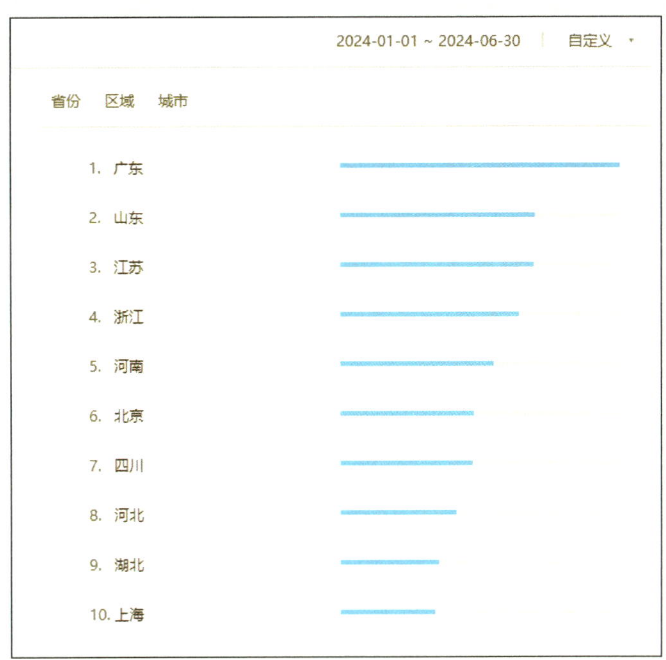

图 5-2　“红茶”地区分布

目标人群方面，搜索结果如图 5-3 所示，搜索“红茶”的主要人群年龄在 20~39 岁，男女占比持平，综上所述，该产品的目标人群男女不限并且是在广东、山东、江苏等地工作的 20~39 岁的年轻人，且根据市场搜索结果来看，搜索高峰期在每年的 1~3 月，3 月为高峰期，4 月底开始下降。

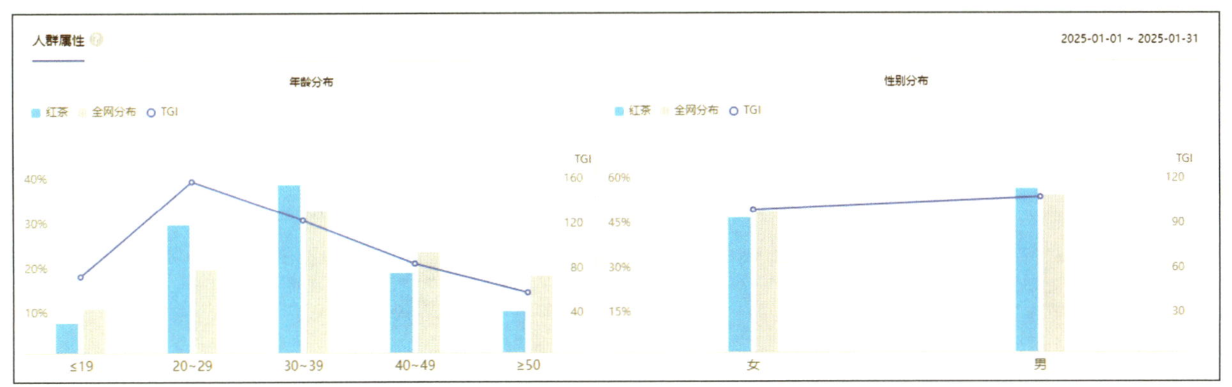

图 5-3　“红茶”人群属性

该公司将以上数据做了统计整理以及分析，初步得出该产品的人群、地区以及销售时间段，为产品的销售做前期数据准备。

（来源：百度指数）

【想一想】

1. 该公司分别统计了哪些数据？
2. 在确定产品后，除以上数据外公司还需要搜索哪些数据？

学习目标

知识目标

1. 了解不同数据分析工具，包括其功能、费用等；
2. 认识不同运营数据的采集指标；
3. 了解运营数据的采集方法；
4. 熟悉供应链数据、销售数据、客户数据以及财务数据分析维度。

技能目标

1. 能够使用采集工具进行部分数据采集；
2. 能够采集与处理市场数据、运营数据、产品数据、客户数据；
3. 能够分析市场数据、运营数据、产品数据、客户数据。

素养目标

1. 熟悉《中华人民共和国反不正当竞争法》，在进行市场分析时不逾法规；
2. 遵守职业道德，在进行数据分析时不弄虚作假。

知识树

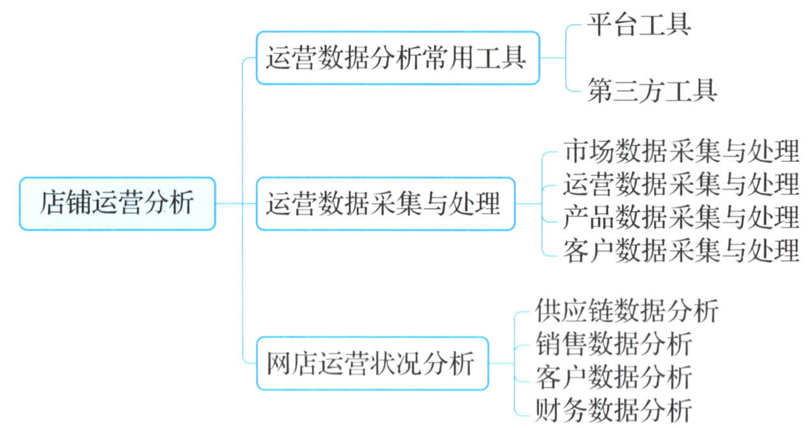

任务一 运营数据分析常用工具

任务情景

党的二十大报告中提出了要“加快发展数字经济，促进数字经济与实体经济深度融合”，如今电商发展也已步入数字经济的轨道，数据已成为电商企业营销、推广、策略制定等的重要依据。数据分析对于电商企业越来越重要，为了能够及时了解网店销售及运营情况，运营者需要每天对数据进行统计与分析。小周作为大农良公司的运营总监，根据公司业务发展的需要，近期招聘了几名负责数据分析的员工，并要求员工在最短的时间内了解电商运营数据分析中的常用工具。

任务分析

小陈根据要求对数据分析平台进行了分类，包括电商平台自带工具以及第三方工具，分别从产品介绍、功能介绍、费用以及数据类型的角度对阿里的生意参谋、京东的京东商智、拼多多的多多大师，以及第三方提供的数据分析工具店侦探、店透视、飞瓜数据等进行了详细了解。

一、平台工具

（一）生意参谋

生意参谋最早诞生于 2011 年，是阿里巴巴应用在 B2B 市场的数据工具，后期经过多次改版整合，最终升级为阿里巴巴商家端统一数据产品平台，整合的部分包括量子恒道和数据魔方。该平台基于全渠道数据融合、全链路数据产品集成，为商家提供数据披露、分析、诊断、建议、优化、预测等一站式数据产品服务。

在生意参谋首页，可直接看到网店近期的宏观数据，包括支付金额、访客数、支付买家数、浏览量以及支付子订单数，也可以通过左边的折线图快速看到近期交易数据和数据对比。如图 5-4 所示，商家可通过生意参谋查看店铺流量情况、交易情况等信息，也可根据平台提供的数据对店铺进行整体分析和经营预测。

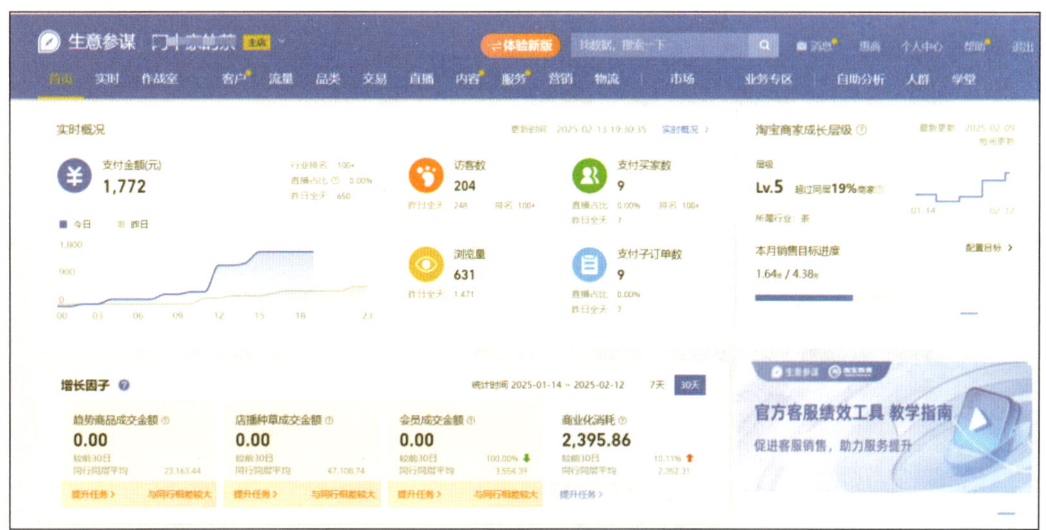

图 5-4　生意参谋

商家可以通过生意参谋各个细分的功能来全面准确地查看自己的数据和行业的数据。功能中包含首页、实时、流量、品类、交易、内容、服务、营销、物流和市场。生意参谋部分功能收费情况如图 5–5 所示。

图 5–5 生意参谋部分功能收费情况

（二）京东商智

京东商智是一款京东平台商家数据分析工具，为商家提供基础运营、决策建议、精准营销等专业服务，如图 5–6 所示。该工具的版本分为免费版、标准版和高级版，不同版本所提供的功能不同，例如免费版提供的数据有流量分析、交易分析、服务分析、商品分析和供应链分析；标准版则在免费版的基础上添加关键词分析、订单特征客户分析等功能；高级版在前两者的基础上添加实时单品监控、单品分析行业分析等功能，为商家提供更加详细的数据分析内容。

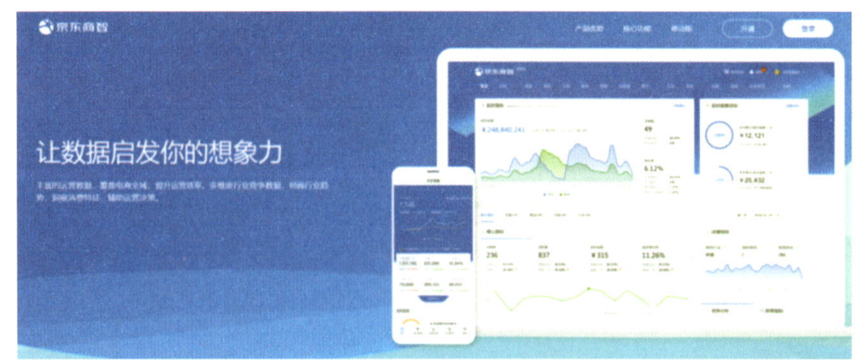

图 5–6 京东商智

京东商智所呈现的数据指标有很多种。例如，在首页可查看店铺运营的数据概况，包括销售额、销售任务进度、店铺级别、流量、商品、订单、行业、竞争等数据。

除此之外，数据指标还包括访客数、浏览量、停留时长、跳失率等流量指标，成交客户数、成交金额、成交转化率等成交指标，店铺关注人数、商品加购人数等用户兴趣指标，返修退换单量、返修退换金额、工商投诉量等售后指标等。另外，京东商智还添加了成交客户画像、搜索降权商品、点击热力图等特色数据。总体来看，京东商智是京东对外数据指标最为丰富的数据产品。京东商智的功能包括首页、实时总览、流量概览、商品分析、交易分析、客户总览、客户分析以及业务专区。

（三）多多大师

这里的多多大师指的是多多大师工具箱（图 5–7），是拼多多的一款数据统计分析工具，相当于淘宝的生意参谋，主要为拼多多商家提供行业数据化分析，解决开店过程中遇到的各种问题，帮助商家更好地运营店铺，提升店铺销量。

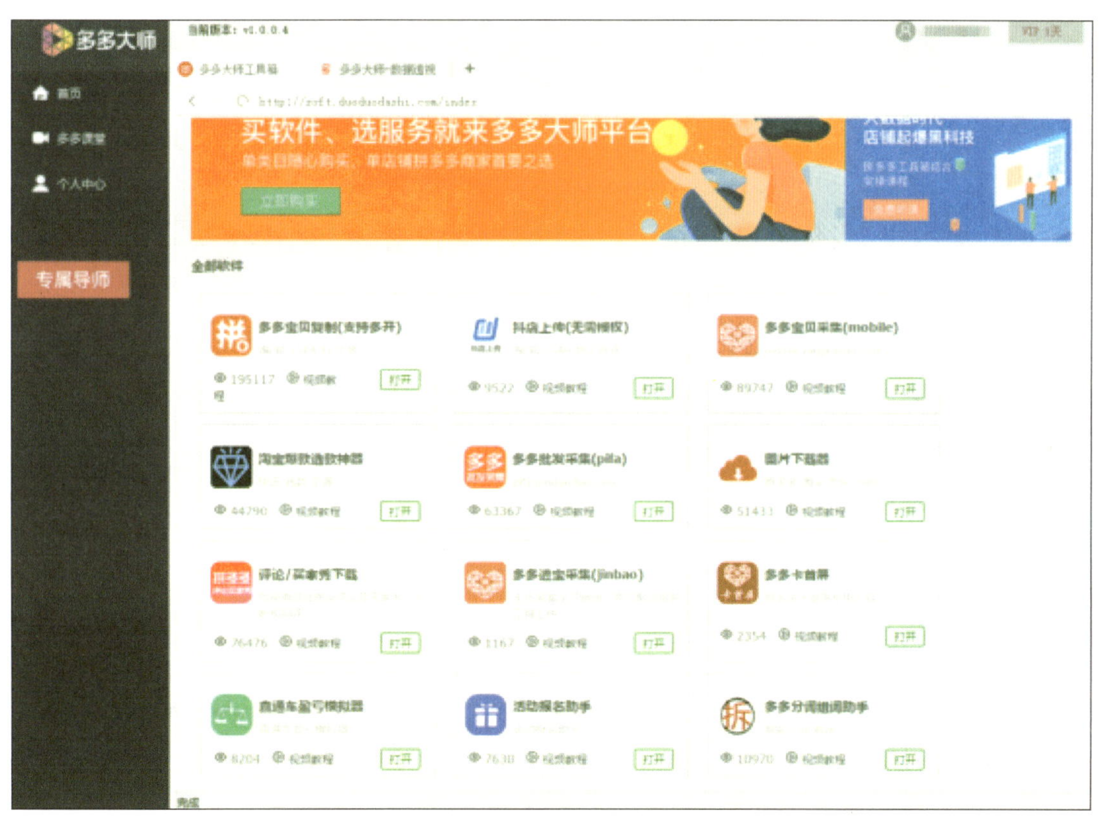

图 5–7　多多大师工具箱

多多大师的功能包括多多宝贝复制、多多宝贝采集、抖音上传、多多批发采集、多多进宝采集、多多分词组词助手、淘宝爆款选款神器、图片下载器、多多卡首屏等。

其中多多宝贝复制是最为常用的一款功能，可一键上传商品进行铺货。工具采集的数据来源于淘宝 / 天猫 / 天猫国际 / 拼多多等平台，同时可帮助商家精准地进行选品、选词以及组合标题等。

如图 5–8 所示，多多大师工具箱分为基础版 VIP、升级版 VIP1、升级版 VIP2、尊享版 SVIP，版本不同，收费标准也不同。

图 5-8　多多大师工具箱收费标准

二、第三方工具

（一）店透视

店透视是一款用于分析卖家竞争对手数据的浏览器插件，可以查询和分析的数据包括淘宝、拼多多、京东、抖音等平台的竞店数据，如图 5-9 所示。

打开店透视插件，搜索相关产品时，会显示该产品的上架时间、总销量、总收藏人数、月销量等数据，如图 5-10 所示。

图 5-9　店透视

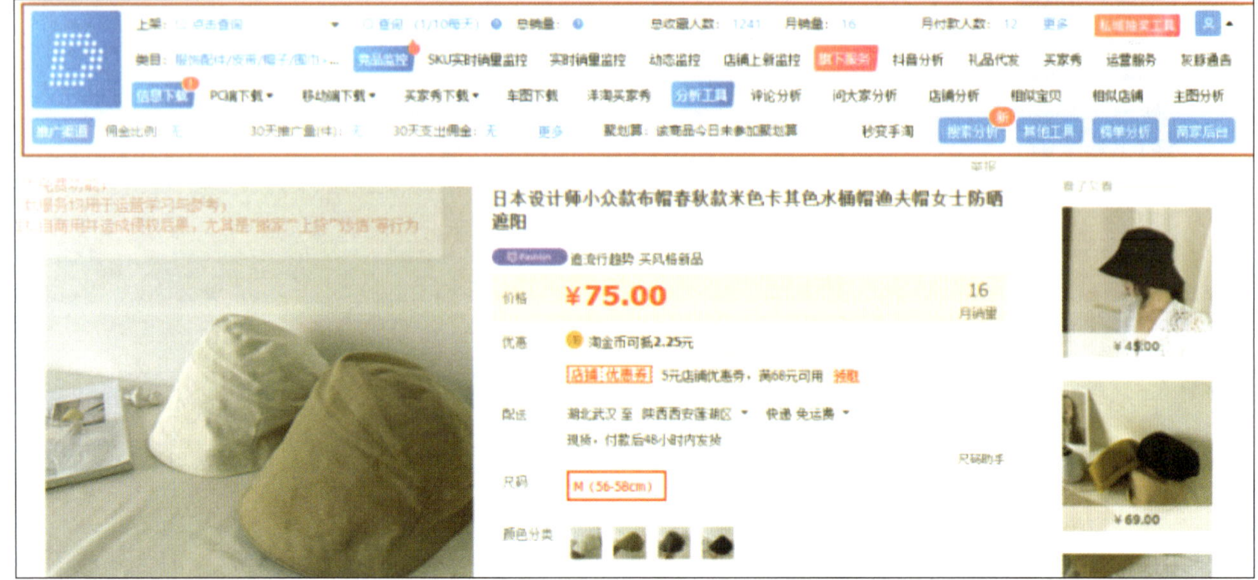

图 5-10　店透视产品数据

（二）飞瓜数据

飞瓜数据，是一款短视频及直播数据查询、运营及广告投放效果监控的专业工具，提供多维度的抖音、快手达人榜单排名、电商数据、直播推广等实用功能，如图 5-11 所示。

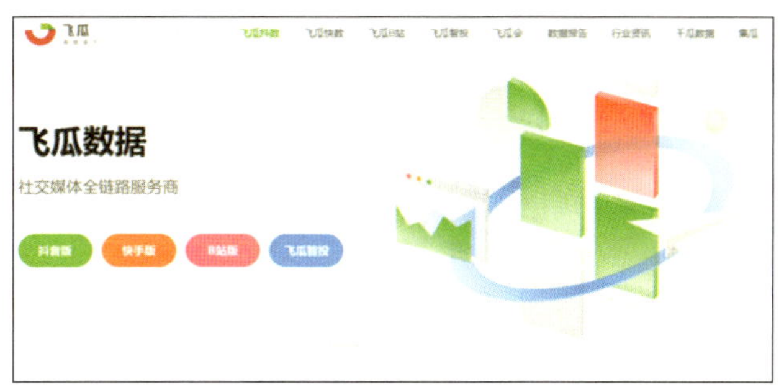

图 5-11　飞瓜数据

（三）八爪鱼采集器

八爪鱼采集器是一种用于抓取网页数据的网络爬虫工具，可简单快速地将网页数据转化为结构化数据，存储为 Excel 或数据库等多种形式，并且提供基于云计算的大数据云采集解决方案，实现精准、高效、大规模的数据采集。八爪鱼采集器通常用于数据挖掘、竞争情报、市场研究、数据分析和各种其他用途。

除了以上几种工具外，还可以使用 Python、R 语言等工具进行数据采集，但需要采集人员具备编程基础，使用难度较大。

任务实施

步骤 1：认识运营数据分析常用工具

通过互联网搜索或日常生活经验，列举出运营数据分析常用工具，将结果填写在表 5-1 中。

表 5-1　运营数据分析常用工具

序号	运营数据分析常用工具
1	
2	
3	
4	
	……

步骤 2：安装运营数据分析常用工具

步骤 2.1：安装店透视工具。

通过百度搜索“店透视”插件，并根据官方提示安装该插件，如图 5-12 所示。

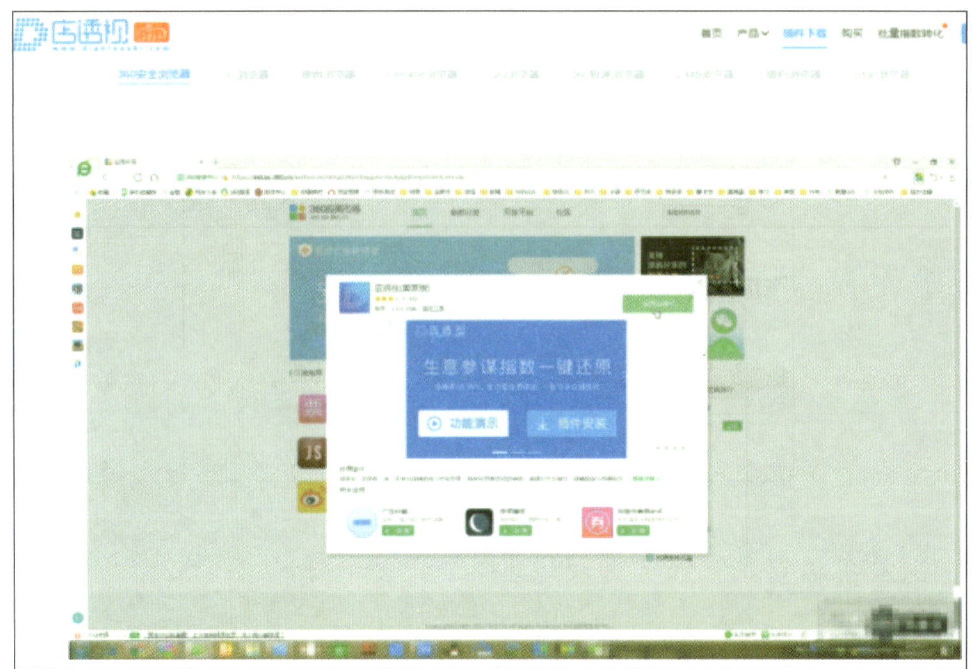

图 5-12 “店透视”插件安装

步骤 2.2：熟悉运营数据分析工具的功能。

通过百度搜索登录飞瓜数据，通过界面简单了解该工具提供的服务内容，如图 5-13 所示，为该平台能为用户提供的服务内容。

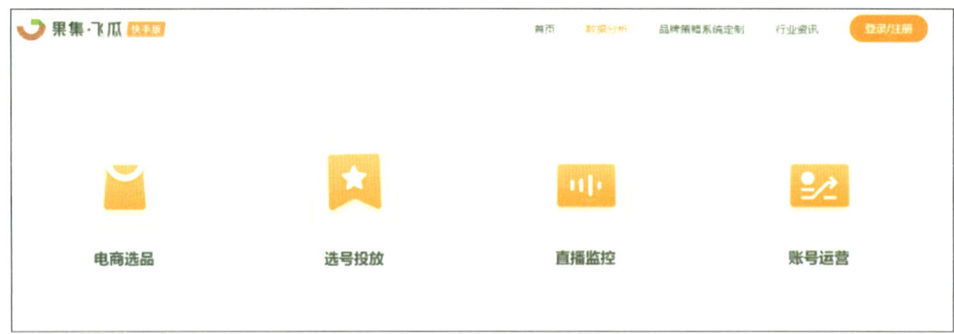

图 5-13 “飞瓜”服务内容

合作探究

请扫描右方二维码，获取项目五中合作探究的背景资料，根据情境，并参考以下步骤完成运营数据分析常用工具的梳理。

步骤 1：认识运营数据分析常用工具

通过互联网搜索或日常生活经验，列举出运营数据分析常用工具。

步骤 2：安装运营数据分析常用工具

通过百度搜索“店查查”插件，并根据官方提示安装该插件。

任务评价

本任务完成后，请从知识目标、技能目标和素养目标等维度进行评价。

评价项目	具体要求		分值	自我评分
知识目标	了解生意参谋、京东商智、多多大师的功能、费用以及数据类型		20	
	梳理出生意参谋、京东商智、多多大师所提供的数据指标		20	
技能目标	能够通过查看飞瓜数据网站了解该网站的服务内容		20	
	能够通过互联网安装店透视工具		20	
素养目标	工作态度	遵守纪律，无无故缺勤、迟到、早退现象	5	
	工作规范	能正确理解并按照项目要求开展任务	5	
	协调能力	小组成员间合作紧密，能互帮互助	5	
	职业素质	操作规范，不违背平台规则、要求	5	
综合评价			100	

任务二　运营数据采集与处理

任务情景

在店铺运营过程中，数据采集与处理已经成为每位电商人的必修课，小周需要查看每日店铺的销售额、浏览量变化、产品收藏量等，以此来了解店铺的经营状况。某天，大农良公司发现一款商品的销售额出现下跌，页面点击率和产品收藏量也有所下降，为此运营人员需要对该商品的相关数据进行采集，找出问题所在。

任务分析

在采集运营数据之前，首先需要了解不同的数据指标，不同数据维度下所对应的指标也不同。例如，行业数据包括市场规模、搜索指数、用户基础数据指标、竞争对手数据指标等，运营数据包括推广数据、销售数据、供应链数据等，不同数据的采集和处理步骤根据采集目标而定。

一、市场数据采集与处理

（一）认识市场数据

市场数据是企业在运营过程中，为了了解市场状况、制定市场策略、评估市场效果等目的而收集、整理和分析的各类信息的总称。这些数据反映了市场的动态、趋势和特征，是企业决策的重要依据。市场数据具有多样性、动态性和复杂性等特点，因此，有效地采集和处理市场数据对于企业的市场竞争力和经营效率至关重要。

市场数据主要来源于以下几个方面：一是市场研究机构和咨询公司发布的行业报告和市场分析报告；二是政府统计部门和相关行业协会发布的行业数据和统计数据；三是电商平台和社交媒体等互联网平台上的用户行为数据和交易数据；四是网店自身通过市场调研收集的客户反馈和数据。

（二）市场数据采集的指标

市场数据采集的指标可分为四个方面，分别是行业发展数据指标、市场需求数据指标、目标客户基础数据指标以及竞争数据指标，具体的数据指标及指标说明如表 5-2 所示。

表 5-2 市场数据采集的指标

数据类型	具体指标	指标说明
行业发展数据指标	市场规模	市场规模主要是研究目标产品或行业的整体规模，可能包括目标产品或行业在指定时间内的产量、产值等。例如2011—2021 年中国绿色食品行业国内市场规模，2021 年国内销售额达到 5 218.6 亿元，较 2020 年增加了 142.9 亿元，同比增长 2.82%
	行业发展预测	是指未来几年市场发展预测，例如某产品在未来一年市场渗透率预测超千亿，提升 5 个百分点
市场需求数据指标	搜索指数	针对电子商务而言，用户的搜索指数可以作为市场需求分析指标，如百度指数
目标客户基础数据指标	用户地域分布、性别占比、年龄结构占比、职业领域占比等数据指标	通过数据分析工具了解和搜集目标客户的基本数据指标，如地域分布、性别占比、年龄结构占比、职业领域占比等指标，能够清晰地了解客户基本画像
竞争数据指标	商品结构、客单价、活动内容、商品评价、推广渠道等数据	通过数据分析工具搜索竞争对手的商品结构、客单价、活动内容、商品评价、推广渠道等数据

二、运营数据采集与处理

（一）认识运营数据

网店运营数据是指在网店运营过程中产生的各类数据，这些数据涵盖了网店推广、销售、供应链等各个环节，是评估网店运营状况、优化运营策略的重要依据。网店运营数据具有实时性、多样性和复杂性等特点，因此，有效的数据采集与处理对于提高网店运营效率、提升市场竞争力至关重要。

网店运营数据主要来源于网店后台管理系统、第三方数据平台以及用户行为记录等。这些数据包括但不限于访问量、转化率、销售额、订单量、用户评价等，反映了网店的流量、销售情况以及用户体验等多个方面。通过对这些数据的分析，网店运营者可以了解网店的运营状况，找出问题所在，制定有针对性的优化策略。

（二）运营数据采集的指标

运营数据采集的指标通常包括推广数据指标、销售数据指标、供应链数据指标等，具体指标说明如下：

（1）推广数据指标通常包括展现量、点击量、花费、点击率、平均点击花费、直接成交金额、直接成交笔数、间接成交金额、间接成交笔数、收藏宝贝数、收藏店铺数、投入产出比、总成交金额、总成交笔数、总收藏数、点击转化率、直接购物车数、间接购物车数、总购物车数等。

（2）销售数据指标通常包括订单量、销售额、成交量、支付件数和响应时长、咨询客户数、询单转化率、商品单价、优惠券金额、销售额及销售成本等。采集销售数据的主要目的是监控和分析运营的最终效果。

（3）供应链数据指标包括采购数据、库存数据以及物流数据。采购数据分为品牌供应商、产品名称、产品规格、采购数量、采购单价、产品生产周期、产品周期内供货量等。库存数据分为产品库存数、发货量、库存周转率、残次库存比等指标。采集这些数据可以通过监控商品出入库的数据来获取。物流数据分为物流时效、物流异常量、物流服务满意度等指标，可通过电商后台获取。

三、产品数据采集与处理

（一）认识产品数据

网店产品数据是指与网店销售的产品直接相关的数据，这些数据涵盖了产品的各个方面，从产品的设计、生产、销售到售后服务等各个环节。对于网店运营者来说，了解和掌握产品数据是制定有效的营销策略、提升产品竞争力、优化供应链管理的基础。

网店产品数据的来源主要包括以下几个方面：一是产品供应商提供的产品信息和数据；二是电商平台和社交媒体等互联网平台上的用户行为数据和交易数据；三是网店自身通过市

场调研、客户反馈等方式收集的数据。通过对这些数据的收集、整理和分析，网店运营者可以全面了解产品的市场表现、消费者需求以及市场趋势等信息。

（二）产品数据采集指标

产品数据采集指标包括产品行业数据指标和产品运营数据指标。

1. 产品行业数据指标

产品行业数据指标分为产品搜索指数和产品交易指数，其中产品搜索指数是用户在搜索相关产品关键词热度的数据化体现，从侧面反映出用户对产品的关注度和兴趣度。运营者通过对同一产品不同关键词的搜索指数趋势的变化，分析用户对于产品需求和喜好的变化。产品交易指数是产品在平台交易热度的体现，是衡量店铺、产品受欢迎程度的一个重要指标，即交易指数越高，该产品越受消费者欢迎。

2. 产品运营数据指标

产品运营数据指标主要有产品销售数据和产品能力数据。产品销售数据主要是围绕产品 SKU 的数据，通过 SKU 数据，企业可以了解产品的库存和销售状况；产品能力数据包括产品获客能力数据和产品盈利能力数据，能够反映产品是否畅销，是否能够为企业创造利润等。

四、客户数据采集与处理

（一）认识客户数据

网店客户数据是指与网店客户相关的信息和数据，这些数据对于网店运营至关重要，因为它们直接关系到网店的销售额、客户满意度和忠诚度。网店客户数据不仅涵盖了客户的基本信息，如姓名、联系方式、地址等，还包括了客户的购买历史、浏览行为、偏好设置等深层次信息。通过对这些数据的采集、整理和分析，网店运营者可以深入了解客户的需求和期望，从而制定出更加精准、有效的营销策略。

（二）客户数据采集指标

与客户相关的数据指标多种多样，常用于分析的数据指标大致可分为客户行为数据和客户画像数据两大类。

1. 客户行为数据

客户行为数据通常指客户的商品消费记录下的数据，如购买商品名称、购买数量、购买次数、购买时间、支付金额、评价、浏览量、收藏量等。

2. 客户画像数据

客户画像数据是指与客户购买行为相关的，能够反映或影响客户行为的相关信息数据。比如客户的性别、年龄、地址、品牌偏好、购物时间偏好、位置偏好、商品评价偏好等客户画像指标。

任务实施

步骤 1：市场数据采集与处理

以“砂糖桔”为例，具体步骤如下：

步骤 1.1：确定市场数据分析目标。

例如大农良公司需要了解砂糖桔目前的市场概况，通过采集市场规模、商品用户基数以及用户关注度等数据来实现。

步骤 1.2：确定具体数据指标。

确定具体数据指标是根据确定的商品，查找相对应的市场需求以及目标客户基本情况等数据。例如需要了解砂糖桔近一年来全国销售额的涨幅情况，通过百度搜索指数工具，确定用户目前对砂糖桔的关注度，包括目标用户地域分布、年龄分布、职业分布等指标。

步骤 1.3：确定数据采集渠道及工具。

商家可以通过电商平台自有的数据分析工具获取数据，如通过淘宝的生意参谋中的“市场”功能获取行业趋势、浏览热度等数据。除此之外，还可以通过搜集第三方平台的数据报告来获取市场数据，如中国互联网络信息中心、艾瑞资讯等平台。

步骤 1.4：具体数据采集。

（1）行业数据。

以砂糖桔为例，在百度中搜索砂糖桔市场报告等关键词，如图 5–14 所示，通过阅读，可以收集符合要求的数据。

图 5–14　中国砂糖桔行业市场前景分析预测报告

（2）市场需求数据采集。

如图 5–15 所示，通过百度指数的变化趋势分析，了解砂糖桔市场消费群体的需求变化和品牌偏好。

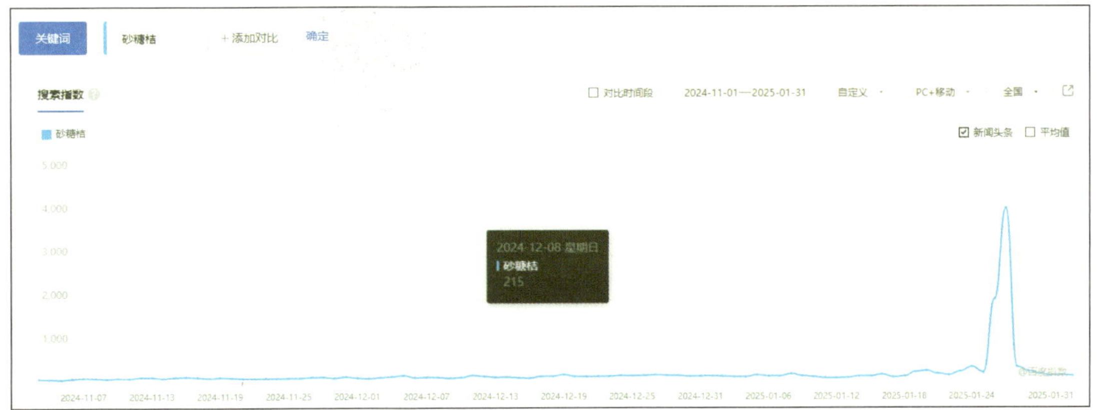

图 5–15　查看砂糖桔用户偏好的百度搜索指数

（3）目标客户基础数据采集。

在百度指数工具的“用户画像”板块采集目标用户的性别、年龄、地域分布、职业特征等数据，如图 5-16～图 5-18 所示。

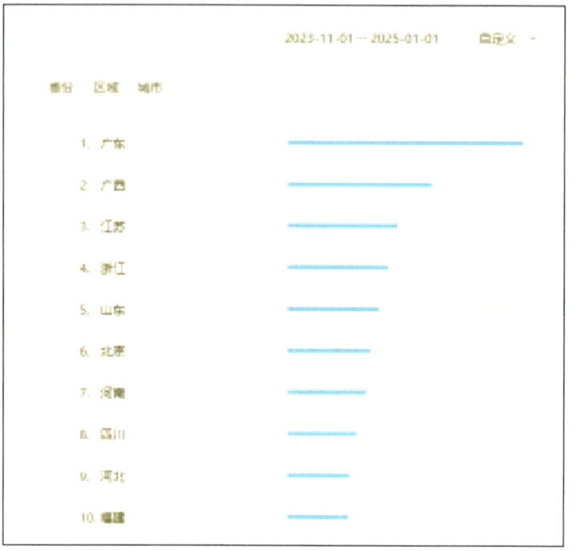

图 5-16 搜索砂糖桔用户的地域分布

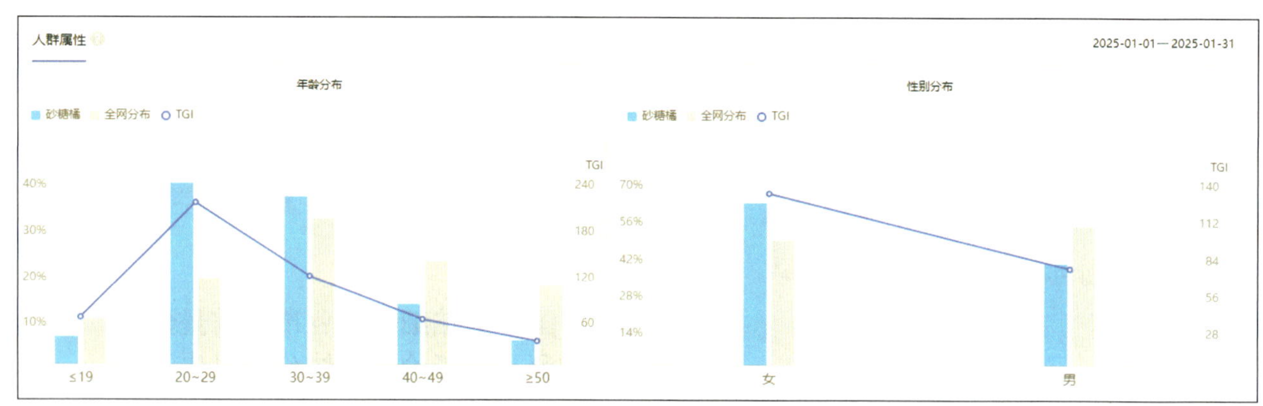

图 5-17 搜索砂糖桔用户的年龄、性别分布

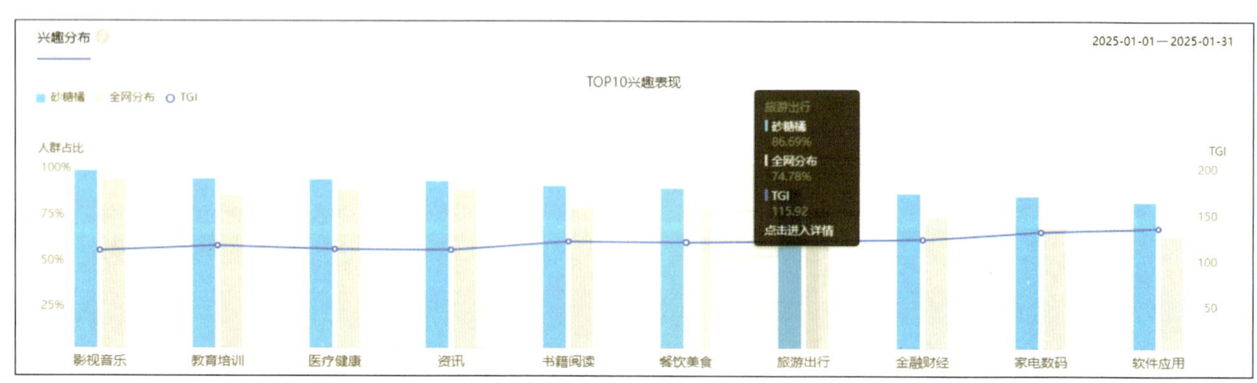

图 5-18 搜索砂糖桔用户的兴趣分布

（4）竞争数据采集。

竞争数据采集有助于了解竞争对手的动态变化，以此优化店铺。采集的主要内容包括竞争店铺整体销售情况，商品结构、客单价、活动内容、商品评价、推广渠道等数据，通过对

数据的分析掌握竞争对手的经营习惯、营销策略，从而帮助店铺制定更有效的营销方案。

商家可通过平台的数据采集功能或第三方平台进行竞争数据的采集工作，例如使用淘宝的生意参谋采集某竞争对手的访客数、支付买家数、支付转化率、流量来源分析、客群分析等，如图 5–19 所示。

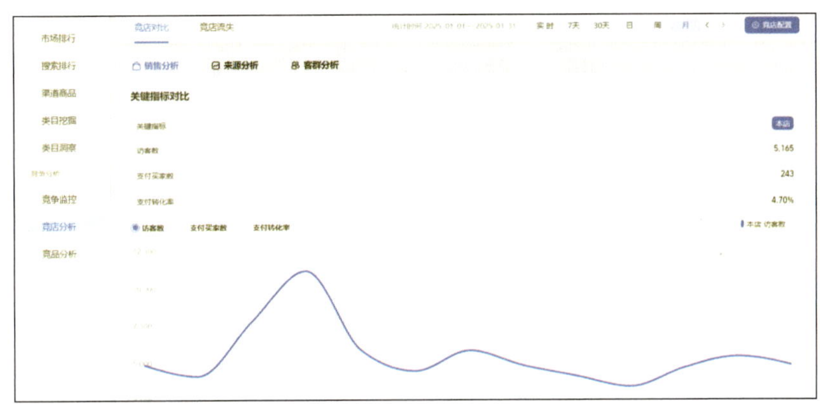

图 5–19　某竞店数据

为方便后期统一采集，可制作竞争对手数据采集表，如表 5–3 所示。

表 5–3　竞争对手数据采集

序号	店铺名称（链接）	产品分类	店铺类别	热销产品（链接）	累计评价	成交量	售价	评价特色	评价缺陷	促销方式（活动）	备注

（5）数据处理。将步骤 4 中搜索到的数据使用 Excel 进行汇总处理，如图 5–20 和图 5–21 所示。

日期	平台	终端	访客数	浏览量	搜索人数	搜索次数	收藏人数	收藏次数	加购人数	加购次数	成交买家数	交易金额	卖家数	被支付卖家数	月份
2024/1/1	全网	所有终端	587473	2479585	113909	620132	29527	36864	74171	134800	66484	2603496	1266698	5040	1
2024/1/1	淘宝	所有终端	239368	690478	43156	160701	9403	11138	24406	37565	20147	827630	1247609	2938	1
2024/1/1	天猫	所有终端	431288	2161833	95185	458744	21690	24334	64497	101494	47711	1734630	19089	2102	1
2024/12/1	全网	所有终端	769749	2855942	152695	766402	37976	46207	112167	251277	73754	3926979	1165931	16407	12
2024/12/1	淘宝	所有终端	312085	929373	64724	242163	13133	15557	41309	136446	30453	1844362	1146219	14186	12
2024/12/1	天猫	所有终端	559862	2333141	114742	534941	26202	32191	71956	113455	52816	1772174	19712	2221	12
2024/11/1	全网	所有终端	1184592	4149224	235842	1704079	54728	62606	235927	448567	264333	9879456	1028052	15916	11
2024/11/1	淘宝	所有终端	432142	1862670	74057	306996	17041	21236	68188	157555	66409	3338196	1008612	12472	11
2024/11/1	天猫	所有终端	885650	3132809	203008	968879	38268	45138	174744	304466	204053	7484034	19440	3444	11
2024/10/1	全网	所有终端	555345	2521440	153731	818566	29990	39165	107623	181988	87896	3077426	1039077	10400	10
2024/10/1	淘宝	所有终端	230978	732374	59442	224467	10473	12209	33052	62637	25733	972923	1018280	7936	10
2024/10/1	天猫	所有终端	386872	2273156	117422	593462	21739	25566	72069	120752	64516	1818814	20797	2464	10
2024/9/1	全网	所有终端	870628	3427308	240887	1842045	47046	59631	156804	251666	115101	4104347	982125	7182	9
2024/9/1	淘宝	所有终端	327366	1102239	93576	357526	15109	17295	52872	77724	32262	1502168	961604	4330	9
2024/9/1	天猫	所有终端	658333	2827203	204092	986508	34646	42537	113530	166207	89411	2757337	20521	2852	9
2024/8/1	全网	所有终端	837513	3290044	257532	1819386	39580	53620	149400	250616	128050	4425287	896910	12790	8
2024/8/1	淘宝	所有终端	292576	918480	92875	305861	12655	14175	44286	85435	31443	1444560	877468	10064	8
2024/8/1	天猫	所有终端	657661	2848191	218419	1025371	29612	36735	111656	162109	99104	3173634	19442	2726	8
2024/7/1	全网	所有终端	875782	3426666	248365	1138316	39319	53681	152159	292434	127841	5019622	873524	15470	7
2024/7/1	淘宝	所有终端	295714	947078	88067	259428	11438	13373	44992	102041	32960	1595738	852909	11556	7

图 5–20　数据汇总

1	类目名	日期	店铺名称	店铺ID	类别	流量来源	访客人数	交易金额	支付转化率	买家数	UV价值	客单价
296	砂糖桔/水	2024-11-(	GIORGIO /	3527212490	竞店1	超级推荐	889984	2,037,876	0.45%	4009	2.29	508.33
297	砂糖桔/水	2024-11-(	GIORGIO /	3527212490	竞店1	品销宝- 明	30083	184,135	1.61%	484	6.12	380.44
298	砂糖桔/水	2024-11-(	GIORGIO /	3527212490	竞店1	淘宝客	979176	7,621,175	1.51%	14796	7.78	515.08
299	砂糖桔/水	2024-11-(	GIORGIO /	3527212490	竞店1	智钻	236669	881,610	0.89%	2109	3.73	418.02
300	砂糖桔/水	2024-11-(	GIORGIO /	3527212490	竞店1	聚划算	227907	415,401	0.41%	936	1.82	443.8
301	砂糖桔/水	2024-11-(	GIORGIO /	3527212490	竞店1	超级直播	24195	0	0.00%	0	0	
302	砂糖桔/水	2024-11-(	GIORGIO /	3527212490	竞店1	品销宝- 品	2529563	18,458,181	1.63%	41339	7.3	446.51
303	砂糖桔/水	2024-11-(	GIORGIO /	3527212490	竞店1	红包省钱卡	2525	12,100	1.07%	27	4.79	448.15
304	砂糖桔/水	2024-11-(	GIORGIO /	3527212490	竞店1	红包签到	1599	2,530	0.44%	7	1.58	361.43
305	砂糖桔/水	2024-11-(	GIORGIO /	3527212490	竞店1	超级海景房	32819	0	0.00%	0	0	
306	砂糖桔/水	2024-11-(	GIORGIO /	3527212490	竞店1	购物车	909532	88,659,152	18.67%	169835	97.48	522.03
307	砂糖桔/水	2024-11-(	GIORGIO /	3527212490	竞店1	我的淘宝	1004324	49,327,234	9.25%	92905	49.11	530.94
308	砂糖桔/水	2024-11-(	GIORGIO /	3527212490	竞店1	直接访问	32694	98,539	0.64%	210	3.01	469.23
309	砂糖桔/水	2024-11-(	GIORGIO /	3527212490	竞店1	大促会场	812186	1,853,874	0.48%	3881	2.28	477.68
310	砂糖桔/水	2024-11-(	GIORGIO /	3527212490	竞店1	流量宝	2158359	286,132	0.03%	467	0.13	612.7
311	砂糖桔/水	2024-11-(	GIORGIO /	3527212490	竞店1	淘外网站其	1288	6,880	1.24%	16	5.34	430
312	砂糖桔/水	2024-11-(	GIORGIO /	3527212490	竞店1	新浪微博	2	0	0.00%	0	0	
313	砂糖桔/水	2024-11-(	GIORGIO /	3527212490	竞店1	百度	1993	310	0.05%	1	0.16	310
314	砂糖桔/水	2024-11-(	GIORGIO /	3527212490	竞店1	360搜索	7	0	0.00%	0	0	
315	砂糖桔/水	2024-11-(	GIORGIO /	3527212490	竞店1	搜狗	2	0	0.00%	0	0	
316	砂糖桔/水	2024-11-(	GIORGIO /	3527212490	竞店1	其它来源	20682	0	0.00%	0	0	
317												

图 5-21　竞店汇总

步骤 2：运营数据采集与处理

以“砂糖桔”为例，进行运营数据采集与处理任务，具体步骤如下：

步骤 2.1：确定采集指标。

采集指标需要根据需求而定，例如某店铺的商品砂糖桔在经过为期 2 周的推广后，需要查看最终的推广效果，这时推广数据、销售数据以及供应链数据各有不同，推广数据需要采集的指标包括该商品的点击量、展现量、收藏宝贝数、收藏店铺数、总收藏数、直接购物车数、间接购物车数、间接成交笔数、总成交金额；销售数据采集的指标包括该商品订单量、成交量、推广成本、销售额等，供应链数据采集的指标则包括产品规格、供应商、采购数量、采购单价、产品周期、发货量、库存数等。

步骤 2.2：确定数据来源。

以淘宝平台为例，运营者可以在生意参谋页面查看相关指标，如图 5-22 所示。

图 5-22　生意参谋

也可以使用第三方平台进行采集，使用八爪鱼工具采集京东某单品的详情页数据如图5–23所示。

京东商品详情采集　电子商务

模板介绍　采集字段预览　采集参数预览　推荐

采集数据预览

属性1	属性2	属性3	标题	价格	促销_赠品	店铺名称	详情HTML	评论数
精英版 8GB+1...	精英版8GB+12...	炫酷白	华硕手机ROG2...	3399.00	OLOEY 兰士顿...	顺电手机旗舰店	<div class="de...	400+
【官方标配】	精英版8GB+12...	蔷薇粉	华硕ROG游戏...	3399.00	纳米集线随手...	佳沪手机旗舰店	<div class="de...	1300+
【30w充电套...	精英版8GB+12...	千年之狐蓝	华硕ROG游戏...	3629.00	ROG游戏手机2...	佳沪手机旗舰店	<div class="de...	1200+
【孙尚香定制...	精英版8GB+12...	千年之狐黑色	华硕ROG游戏...	3579.00	ROG游戏手机2...	佳沪手机旗舰店	<div class="de...	1300+
【李白定制炫...	精英版8GB+12...	千年之狐白色	华硕ROG游戏...	3579.00	纳米集线随手...	佳沪手机旗舰店	<div class="de...	1200+
【李白定制炫...	经典版12GB+5...	李白炫光	华硕ROG游戏...	6399.00	纳米集线随手...	佳沪手机旗舰店	<div class="de...	1200+
【李白定制炫...	至尊版12GB+1T	李白炫光	华硕ROG游戏...	8099.00	纳米集线随手...	佳沪手机旗舰店	<div class="de...	1200+
【李白定制炫...	精英版8GB+12...	李白炫光	华硕ROG游戏...	3579.00	纳米集线随手...	佳沪手机旗舰店	<div class="de...	1200+

图 5–23　京东商品详情页采集

步骤2.3：数据采集与处理。

（1）推广数据采集与处理。

根据采集指标采集推广数据，例如该商品采集的指标为点击量、展现量、收藏宝贝数、收藏店铺数、总收藏数、直接购物车数、间接购物车数、间接成交笔数、总成交金额，制作推广数据采集表，如表5–4所示。

表 5–4　推广数据采集指标

点击量	展现量	收藏宝贝数	收藏店铺数	总收藏数	直接购物车数	间接购物车数	间接成交笔数	总成交金额

在关键词推广单元以及报表中，查看计划内该商品目前的数据指标，并对数据进行采集，如图5–24和图5–25所示。

图 5–24　单个商品推广数据

图 5-25　计划报表

（2）销售数据采集与处理。

根据数据采集需求指标制作网店销售数据采集表，如表 5-5 所示，包括订单量、成交量、推广成本、销售额等指标。

表 5-5　销售数据采集指标

订单量	成交量	推广成本	销售额

在网店后台交易管理板块，可以查看网店的销售数据。以淘宝网店为例，进入网店后台单击“交易管理”中的“已卖出宝贝”，即可查看网店的订单数据，如图 5-26 所示。数据采集人员可以通过筛选功能筛选出所需订单，如“等待买家付款”订单，或者具体某个时间段的订单信息。

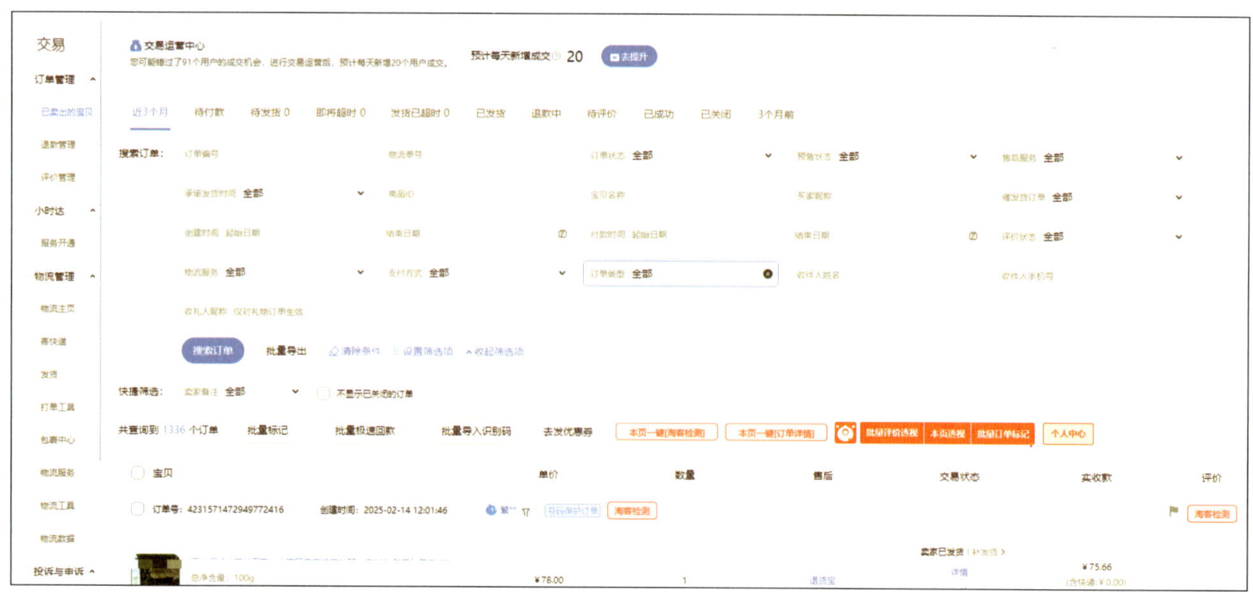

图 5-26　已卖出的宝贝

（3）供应链数据采集与处理。

根据采集需求制作采集指标数据表，如表 5–6 所示，包括产品规格、供应商、采购数量、采购单价、产品周期、发货量、库存量等指标。可通过查看采购合同、采购记录、库存系统获取数据。

表 5–6　销售数据采集指标

产品规格	供应商	采购数量	采购单价	产品周期	发货量	库存量

步骤 3：产品数据采集与处理

产品指数数据采集的操作步骤和关键节点如下：

步骤 3.1：确定采集指标。

在市场数据采集与处理中对于产品指数采集有具体步骤，这里以交易指数以及产品能力为例进行介绍。

步骤 3.2：确定数据来源。

交易指数和产品能力数据的采集可依托于所在平台，如淘宝平台，可以使用生意参谋，在市场行情板块中，选择“市场”栏目下的“市场大盘”，可获取交易指数。若是在京东平台经营店铺，则可以通过“京东商智”获取。

步骤 3.3：数据采集与处理。

（1）交易指数采集与处理。

以生意参谋为例，进入生意参谋平台，在市场栏目下，单击“市场排行”选项，在统计时间区域内分别选择各个月份，将所获取的数据填入数据采集表中，如图 5–27 所示。

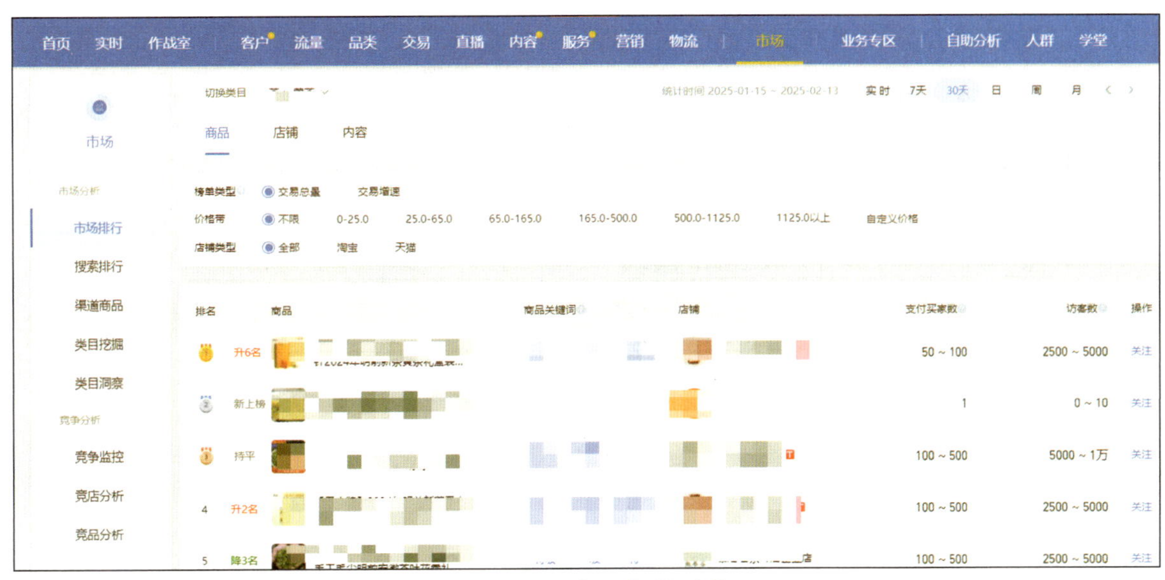

图 5–27　商品指数采集

（2）产品能力数据采集与处理。

根据需求制作采集数据指标表，如表 5–7 所示，包括客户关注量、收藏量、客户注册量、新客点击量和重复购买率等指标。

表 5–7 产品能力数据指标采集表

客户关注量	收藏量	客户注册量	新客点击量	重复购买率

进入生意参谋，在上方选项栏中选择“品类”，单击左侧选项栏中的“商品 360”选项，查看该商品目前的数据指标，并对数据进行采集，如图 5–28 所示。

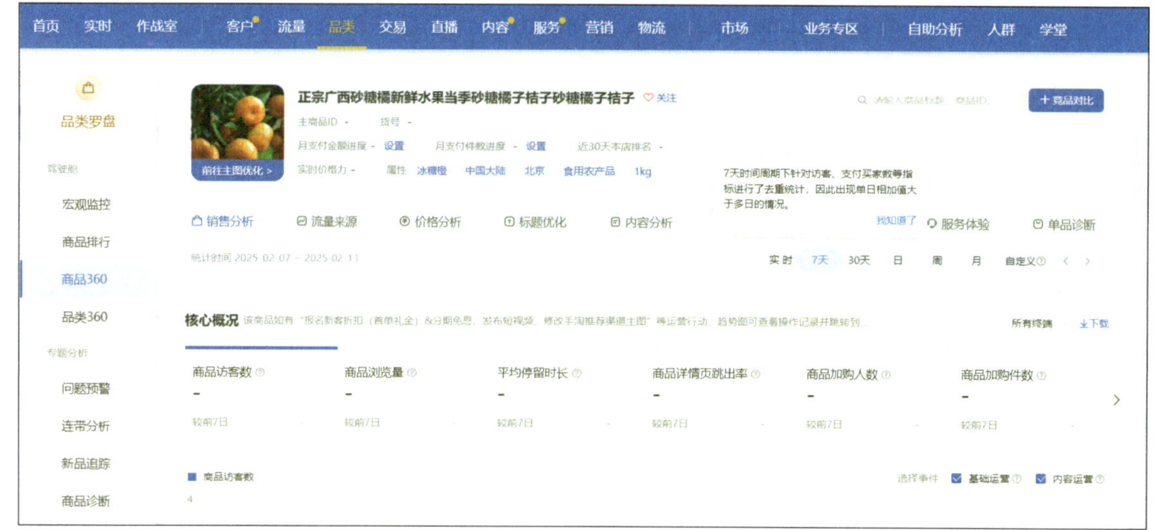

图 5–28 单个商品数据

在获取产品数据后，根据公式计算出客单价、毛利率、成本费用、利润率等。如图 5–29 所示，通过平台获取产品销售数据表，根据提供的数据计算出客单价、毛利率。

*B列~G列内容须手动修改					合计						5/24			
商品id	商品名称	售价	到手价	定金	访客人数	访客占比	预售件数	预售金额	金额占比	件数CR	访客人数	销售件数	销售金额	件数CR
CCC官方旗舰店					235,440	100%	1,498	98,868	100%	0.64%	50,430	309	20,394	0.61%
3217344413	【618预售】...	99	66	20	23,904	10.15%	893	58,938	59.61%	3.74%	5,088	164	10,824	3.22%
3217344414	【618预售】...	99	66	20	23,824	10.12%	19	1,254	1.27%	0.08%	5,078	11	726	0.22%
3217344415	【618预售】...	99	66	20	23,744	10.08%	252	16,632	16.82%	1.06%	5,068	80	5,280	1.58%
3217344416	【618预售】...	99	66	20	23,664	10.05%	0	0	0.00%	0.00%	5,058	0	0	0.00%
3217344417	【618预售】...	99	66	20	23,584	10.02%	67	4,422	4.47%	0.28%	5,048	19	1,254	0.38%
3217344418	【618预售】...	99	66	20	23,504	9.98%	36	2,376	2.40%	0.15%	5,038	3	198	0.06%
3217344419	【618预售】...	99	66	20	23,424	9.95%	46	3,036	3.07%	0.20%	5,028	7	462	0.14%
3217344420	【618预售】...	99	66	20	23,344	9.92%	182	12,012	12.15%	0.78%	5,018	24	1,584	0.48%
3217344421	【618预售】...	99	66	20	23,264	9.88%	2	132	0.13%	0.01%	5,008	1	66	0.02%
3217344422	【618预售】...	99	66	20	23,184	9.85%	1	66	0.07%	0.00%	4,998	0	0	0.00%

图 5–29 某网店日销售数据

商品 1 单日客单价 = 销售总额 ÷ 成交总笔数，即 10 824 ÷ 164=66（元）。

步骤 4：客户数据采集与处理

客户数据采集与处理的具体步骤如下：

步骤 4.1：确定采集目标。

例如某店铺为了进一步了解自己店铺的客户群特点，需要对店铺已成交客户信息以及客户画像进行采集处理。

步骤 4.2：确定数据来源。

电商客户数据的采集主要通过平台，如官方网站，品牌知名度较高的企业会有自己的官方网站，客户也可从网站完成产品购买；第三方电商平台是大多数中小型企业主要的销售途径，客户信息可在平台上获取。

步骤 4.3：数据采集与处理。

以淘宝网为例，可在生意参谋“品类”栏目下“品类 360”板块的数据中查看商品的浏览量、加购人数、加购件数等客户行为数据，如图 5–30 所示。滑动指标还可以看到商品收藏量、支付买家数等其他客户行为数据。

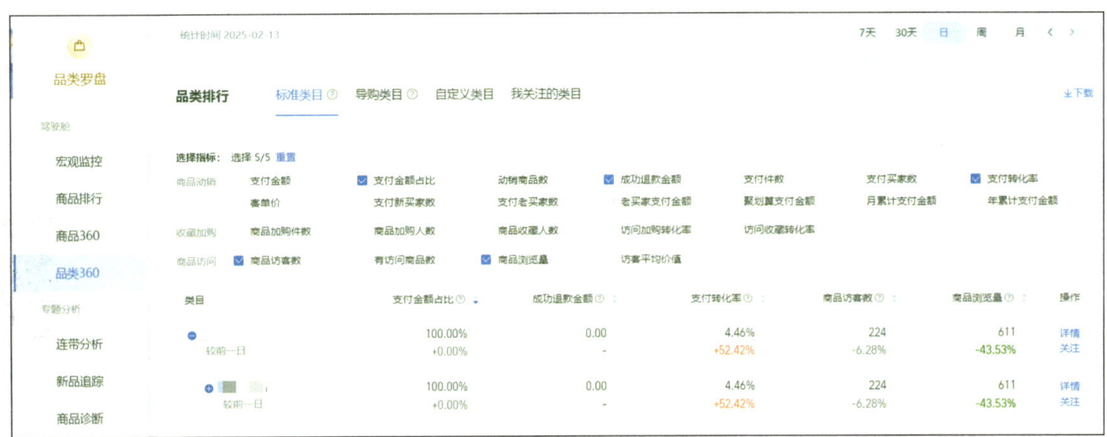

图 5–30　客户行为数据

同样地，在生意参谋“品类 360”板块的“客群洞察”中可以查看客户画像数据，还包括搜索人群、访问人群、支付人群画像，涵盖数据指标包括新老客户、年龄、性别、偏好、地域等，如图 5–31 所示。

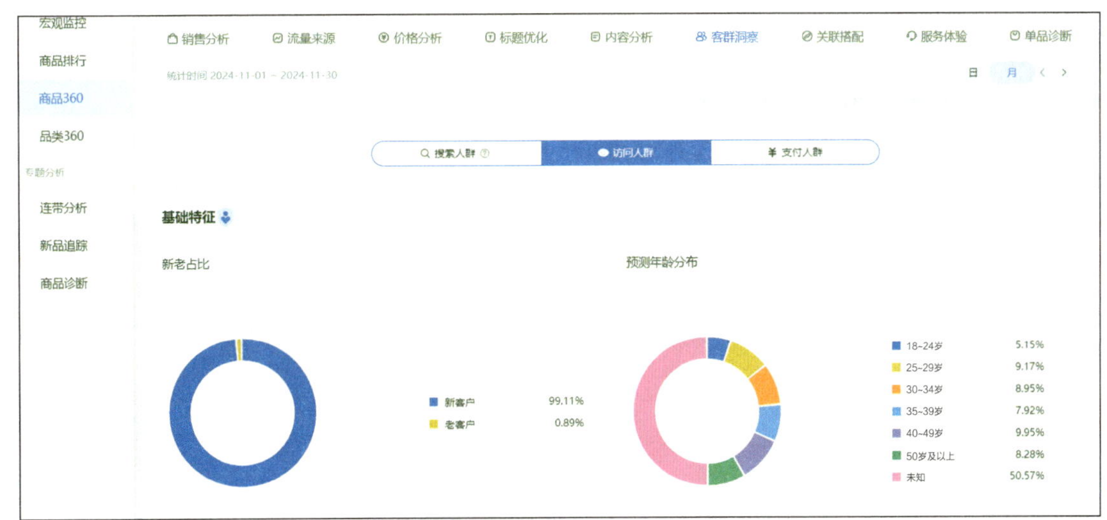

图 5–31　客户画像数据

最后将采集到的数据根据需求填写至数据采集表中，如表 5-8 所示。

表 5-8　客户数据

<table>
<tr><th colspan="9">成交客户信息</th></tr>
<tr><td>客户 ID</td><td>购买商品名称</td><td>购买数量</td><td>购买次数</td><td>购买时间</td><td>支付金额</td><td>评价</td><td>浏览量</td><td>收藏量</td></tr>
<tr><td>客户 1</td><td></td><td></td><td></td><td></td><td></td><td></td><td></td><td></td></tr>
<tr><td>客户 2</td><td></td><td></td><td></td><td></td><td></td><td></td><td></td><td></td></tr>
<tr><td>客户 3</td><td></td><td></td><td></td><td></td><td></td><td></td><td></td><td></td></tr>
<tr><td>……</td><td></td><td></td><td></td><td></td><td></td><td></td><td></td><td></td></tr>
<tr><th colspan="9">客户画像数据</th></tr>
<tr><td>新客户占比</td><td>老客户占比</td><td>年龄分布</td><td>性别占比</td><td>偏好特征</td><td>地域分布</td><td>消费特征</td></tr>
<tr><td></td><td></td><td></td><td></td><td></td><td></td><td></td></tr>
</table>

合作探究

请扫描右方二维码，获取项目五中合作探究的背景资料，根据情境，并参考以下步骤完成运营数据的采集与处理。

步骤 1：市场数据采集与处理

根据所学内容，尝试总结市场数据采集的指标，使用百度指数工具，搜索“绿萝”近 3 个月的相关市场数据；然后使用生意参谋工具，通过搜索“绿萝”查看其竞争店铺相关数据，并进行记录。

步骤 2：运营数据采集与处理

根据所学内容，尝试总结运营数据采集的主要指标，针对情境中的网店数据筛选出运营数据。

步骤 3：产品数据采集与处理

根据所学内容，尝试总结运营数据采集的主要指标，针对情境中的网店数据筛选出产品数据。

步骤 4：客户数据采集与处理

根据所学内容，尝试总结运营数据采集的主要指标，针对情境中的网店数据筛选出客户数据。

任务评价

本任务完成后，请从知识目标、技能目标和素养目标等维度进行评价。

评价项目	具体要求		分值	自我评分
知识目标	阐述市场、运营、产品、客户数据采集的指标		20	
技能目标	掌握市场、运营、产品、客户数据采集与处理的步骤		60	
素养目标	工作态度	遵守纪律，无无故缺勤、迟到、早退现象	5	
	工作规范	能正确理解并按项目要求开展任务	5	
	协调能力	小组成员间合作紧密，能互帮互助	5	
	职业素质	操作合规，不违背平台规则、要求	5	
综合评价			100	

任务三 网店运营状况分析

任务情景

网店运营状况分析是淘宝店铺运营和管理的重要环节。大农良公司经过长期的发展，销售额一直处于行业领先位置，但随着市场的变化，网店的状况有所变化，销售额虽然稳定但并没有明显的上涨趋势，于是要对网店的各项数据进行分析。

任务分析

网店销售额的高低直接影响着企业收益，为此小周需要对网店的供应链数据、销售数据、客户数据以及财务数据进行系统分析。通过确定不同数据类型的指标，按照数据分析的步骤完成整个数据分析。

知识探索

一、供应链数据分析

供应链作为企业经营的核心网链，包含产品原料的采购、交易到后期服务，整个过程直接影响消费者最终体验，供应链数据分析能够帮助企业更加高效地服务用户，确保企业供应满足用户需求，促进整个供应链过程更加完善顺畅。供应链数据分析可分为采购数据分析、仓储数据分析以及物流数据分析。

（一）采购数据分析

采购数据分析是优化供应链和采购决策的核心，具有极其重要的战略意义。通过采购数据分析，可以解决以下问题：

（1）供应商选择是否存在变动，这涉及供应商的稳定性和竞争力。

（2）采购价格是否合理，是否有异常变动，这涉及产品的采购成本。

（3）退货比例是否合适，这涉及产品的质量和结构。

（4）采购时间是否合适，这涉及资金的使用效率。

（二）仓储数据分析

供应链中库存的存在是为了解决供给与需求之间的不匹配，库存影响供应链持有的资产、所发生的成本以及提供的响应性。高水平的库存会降低运输成本，但是会增加库存成本；低水平的库存会提高库存周转率，但供不应求会降低响应性。因此，管理者应做好相关数据分析，制定行之有效的库存决策。

仓储数据分析的意义不仅在于核对产品数量的对错，而且在于通过数据分析了解产品库存的情况，从而判断库存产品结构是否完整，产品数量是否适中，以及库存是否处于健康水平，是否存在经济损失的风险。

（三）物流数据分析

一个店铺的物流水平直接影响着店铺 DSR（Detail Seller Rating，卖家服务评级）中的物流服务分数，物流服务的优劣也是用户选择下单与否的重要参考依据。通过物流数据分析，可以帮助电商企业完成实时物流订单追踪、订单时效监控以及异常物流诊断等，避免因为物流原因造成用户投诉和用户流失等。

二、销售数据分析

（一）销售数据分析维度

电商运营的最终目的是提升销售额，销售数据的呈现反映了整个店铺目前运营的状况。通过销售数据分析，找出销售问题所在，根据分析结果调整营销策略。

销售数据分析可从两方面进行，分别是交易数据分析和服务数据分析。

1. 交易数据分析

从店铺销售额的计算公式来看，分析的主要数据有展现量、点击率、转化率和客单价。其计算公式是：

销售额 = 展现量 × 点击率 × 转化率 × 客单价 = 访客数 × 转化率 × 客单价

总销售额是指销售产品的总收入及主营业务的收入总和。在电商平台中店铺销售额越高，交易勋章等级越高，店铺的权重流量越大，排名越靠前。店铺的销售额会直接影响产品排名。

客单价与商品定价、促销活动等有重大关系，反映平均每个客户（订单）的购买金额。在订单数量基本稳定的情况下，提高客单价就可以提高网店的销售额；反之，销售额下降。转化率是电商运营中的核心指标之一，它与商品主图、店铺首页、商品详情页设计、促销活动、客户评价等有重大关系，反映网店商品对每一个访客的吸引力。在访客数稳定的情况下，提高转化率就能提高网店的销售额；反之，销售额下降。

展现量是指统计日期内通过搜索关键词展现店铺或店铺商品的次数。在网民搜索查询时，如果账户内符合网民搜索需求的关键词被触发，该关键词所对应的创意将出现在搜索结果页，称为关键词和创意的一次展现，一段时间内获得的展现次数称为展现量。

网店商品的点击率与商品价格、主图设计等有重大关系。点击量是指某一段时间内某个或者某些关键词广告被点击的次数。与点击量相关的指标是点击率，点击率体现了创意的吸引力。其计算公式是:

点击率 =（点击量 ÷ 展现量）× 100%

订单转化率是指把访问网站的客户转化为网站的常驻客户，进而再转化为网站的消费客户，由此产生的转化率。其计算公式是:

订单转化率 =（有效订单数 ÷ 访客数）× 100%

2. 服务数据分析

服务数据包括服务评价数据和客户服务数据，其中服务评价数据主要是指 DSR（卖家服务评级），DSR 三个评分维度分别是: 宝贝描述相符度、卖家服务态度和物流服务，满分 5 分，平台会给出店铺各项得分和其与同行业平均分数的对比，计算规则为:

（同行业平均分 – 店铺得分）÷（同行业平均分—同行业店铺最低得分）

客户服务数据分析具体的指标有咨询转化率、支付率、落实客单价、响应时间。咨询转化率是指所有咨询客服并产生购买行为的人数与所有咨询客服总人数的比值，即:

咨询转化率 = 咨询成交人数 ÷ 咨询总人数

支付率是指成交总笔数与下单总笔数的比值，即:

支付率 = 成交总笔数 ÷ 下单总笔数

支付率直接影响着店铺的利润；落实客单价是指在一定周期内，客服个人的客单价与店铺客单价的比值，即:

落实客单价 = 客服客单价 ÷ 店铺客单价

响应时间是指当买家咨询后，客服回复买家的时间间隔。响应时间又分为首次响应时间和平均响应时间。

客户服务数据往往与客服人员的 KPI 联系在一起，表 5-9 为某电商公司客服人员 KPI 考核表。

表 5–9 某电商公司客服人员 KPI 考核表

KPI 考核指标	计算公式	评分标准	分值	权重
咨询转化率（X）	咨询转化率 = 成交人数 ÷ 咨询总人数	$X \geqslant 41\%$ $38\% \leqslant X < 41\%$ $35\% \leqslant X < 38\%$ $31\% \leqslant X < 35\%$ $28\% \leqslant X < 31\%$ $25\% \leqslant X < 28\%$ $X < 25\%$	100 90 80 70 60 50 0	30%
支付率（F）	支付率 = 成交笔数 ÷ 下单总笔数	$F \geqslant 90\%$ $80\% \leqslant F < 90\%$ $70\% \leqslant F < 80\%$ $60\% \leqslant F < 70\%$ $50\% \leqslant F < 60\%$ $F < 50\%$	100 90 80 70 60 0	25%
落实客单价（Y）	落实客单价 = 客服客单价 ÷ 店铺客单价	$Y \geqslant 1.23$ $1.21 \leqslant Y < 1.23$ $1.19 \leqslant Y < 1.21$ $1.17 \leqslant Y < 1.19$ $1.15 \leqslant Y < 1.17$ $Y < 1.15$	100 90 80 70 60 0	20%
首次响应时间（ST）	—	$ST \leqslant 10$ $10 < ST \leqslant 15$ $15 < ST \leqslant 20$ $20 < ST \leqslant 25$ $25 < ST \leqslant 30$ $ST > 30$	100 90 80 70 60 0	10%
平均响应时间（PT）	—	$PT \leqslant 20$ $20 < PT \leqslant 25$ $25 < PT \leqslant 30$ $30 < PT \leqslant 35$ $35 < PT \leqslant 40$ $PT > 40$	100 90 80 70 60 0	5%
月退货量（T）	—	$T < 3$ $3 \leqslant T < 10$ $10 \leqslant T < 20$ $T \geqslant 20$	100 80 60 0	5%

（二）销售数据分析的步骤

交易数据分析的操作步骤及关键节点如下：

1. 采集数据

通过电商平台采集店铺销售的相关数据，包括日期、销售额、客单价、订单量、转化率、访客量，如图 5-32 所示。

日期	类目名	销售金额	访客量	加购人数	转化率	买家数	客单价	加购率	订单量
2024/6/1	羽绒服/服	2,902,834	352333	25413	1.68%	5922	490.18	7.21%	445
2024/6/2	羽绒服/服	2,507,321	296452	21222	1.42%	4213	595.14	7.16%	351
2024/6/3	羽绒服/服	2,348,371	291793	19615	1.55%	4535	517.83	6.72%	345
2024/6/4	羽绒服/服	2,156,661	270026	18148	1.65%	4451	484.53	6.72%	342
2024/6/5	羽绒服/服	2,422,916	269033	17397	1.85%	4974	487.12	6.47%	389
2024/6/6	羽绒服/服	1,975,400	293787	17864	1.12%	3281	602.07	6.08%	285
2024/6/7	羽绒服/服	2,072,921	312857	19234	1.10%	3441	602.42	6.15%	339
2024/6/8	羽绒服/服	2,265,921	316497	20372	1.21%	3845	589.32	6.44%	334
2024/6/9	羽绒服/服	2,384,026	326138	20597	1.25%	4080	584.32	6.32%	351
2024/6/10	羽绒服/服	2,603,301	336657	21217	1.33%	4480	581.09	6.30%	355
2024/6/11	羽绒服/服	2,670,105	393173	21619	1.17%	4597	580.84	5.50%	321
2024/6/12	羽绒服/服	2,590,206	377312	22048	1.18%	4449	582.2	5.84%	335
2024/6/13	羽绒服/服	2,534,571	365315	21121	1.17%	4273	593.16	5.78%	321
2024/6/14	羽绒服/服	2,727,175	420781	23671	1.11%	4657	585.61	5.63%	320
2024/6/15	羽绒服/服	2,757,220	411575	23467	1.16%	4770	578.03	5.70%	302
2024/6/16	羽绒服/服	2,796,880	410449	22234	1.15%	4703	594.7	5.42%	351
2024/6/17	羽绒服/服	2,601,151	439773	22469	1.02%	4504	577.52	5.11%	345
2024/6/18	羽绒服/服	2,578,346	479656	22962	0.92%	4412	584.39	4.79%	341
2024/6/19	羽绒服/服	2,609,891	480304	22653	0.93%	4464	584.65	4.72%	348
2024/6/20	羽绒服/服	2,661,310	455170	23170	1.02%	4623	575.67	5.09%	351

图 5-32　某网店近 3 周的销售数据

2. 销售趋势分析

对采集到的数据进行处理，并对其进行可视化展现，得到销售趋势图，如图 5-33 所示。

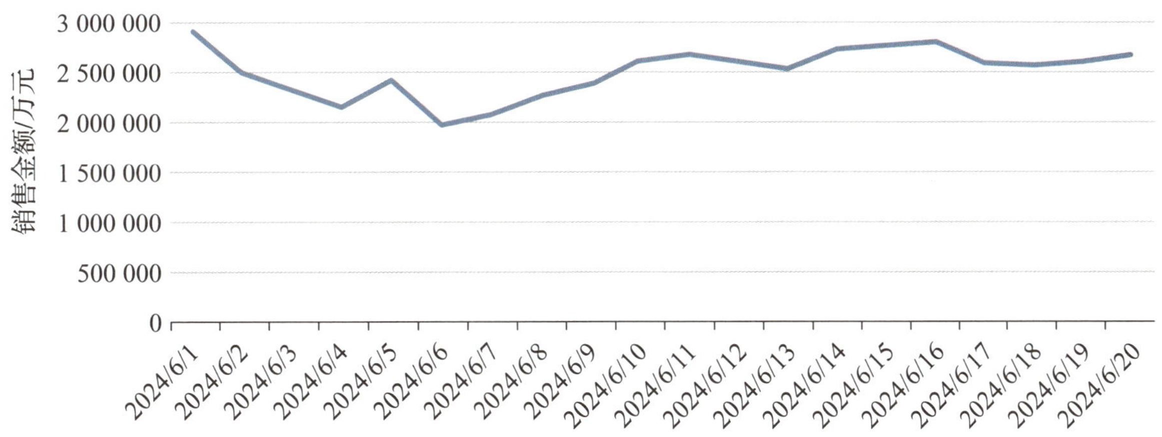

图 5-33　销售额趋势

3. 客单价数据分析

根据表格提供的数据，对客单价进行可视化图表制作，如图 5-34 所示，从整理出来的客单价数据中可以看到，除 2024 年 6 月 2—6 日波动较大外，其余几周客单价基本稳定在 602~575 元的范围内，对比图 5-33 的销售额趋势，可以发现 2024 年 6 月 2—6 日数据异常。

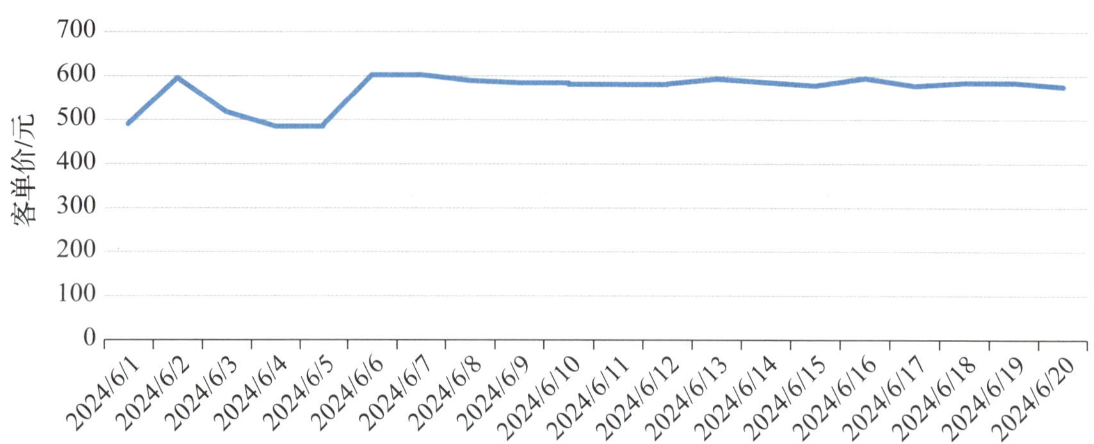

图 5–34　某产品客单价趋势

4. 订单量数据分析

整理大致的订单量数据如图 5–35 所示，发现订单量有所下降。对比图 5–33 的销售额趋势，在客单价基本稳定的情况下，订单量呈下降趋势，因此，应在展现量、点击率、转化率三个数据中找到订单量下降的原因。

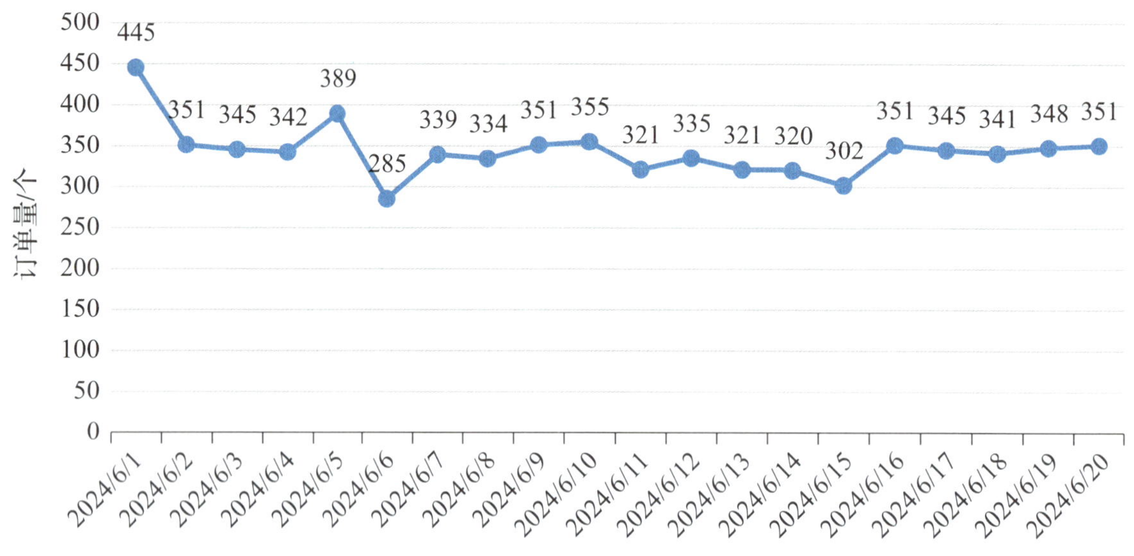

图 5–35　订单量趋势

5. 转化率数据分析

整理店铺的转化率数据，绘制店铺转化率折线图，如图 5–36 所示。店铺转化率最高为 1.85%，最低为 1.02%，且数据有所下降。对比销售额趋势，转化率的波动对销售额影响不大，但根据转化率公式推出需要进一步观察有效订单数。

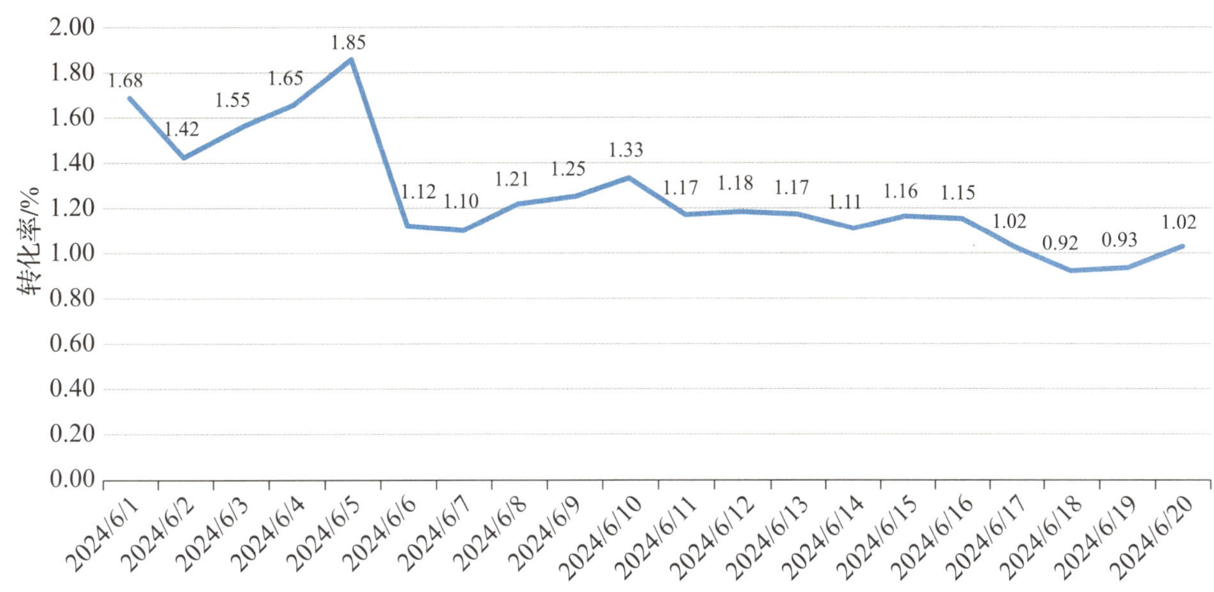

图 5-36　转化率趋势

6. 访客量数据分析

绘制访客量数据折线图，如图 5-37 所示。对比销售额趋势、订单量趋势和访客量趋势，可以明显发现，这三个数据的变化趋势非常相近。由此可以推断出，由于访客量下降，导致销售额下降。

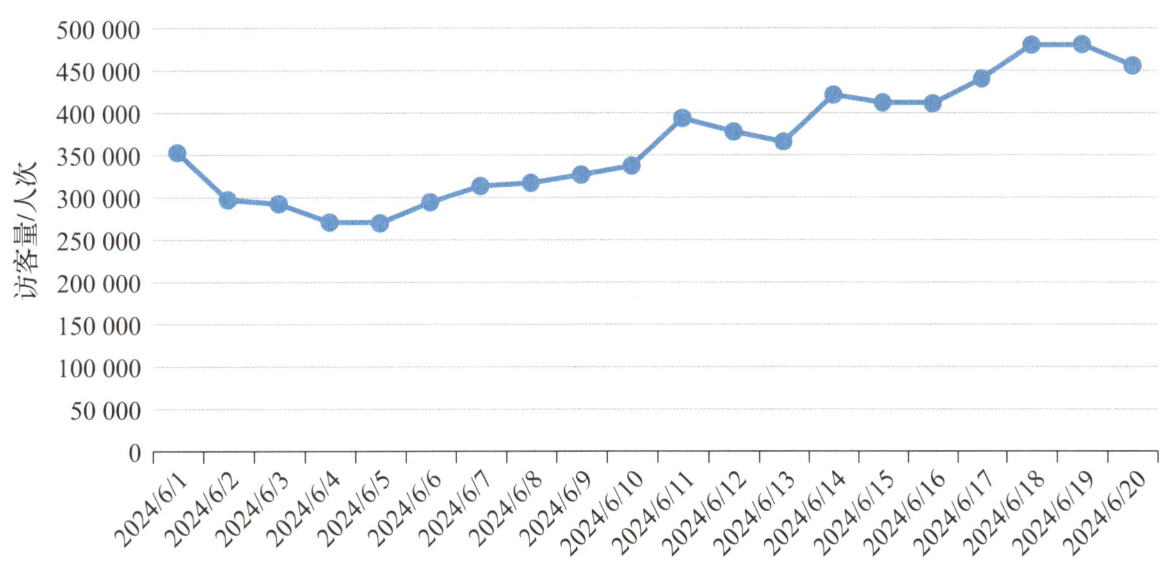

图 5-37　访客数趋势

7. 分析数据变动的原因

在整理和分析了各目标数据后，可以大致得出导致销售额下降的主要指标是访客量。影响访客量的指标有两个，一个是展现量，一个是点击率。在网店运营过程中展现量大都比较稳定，所以重点就是提升点击率，点击率高则访客量高，点击率低则访客量低。要提升点击率就要优化店铺的商品详情页、商品主图、购物路径等，这些有助于提升店铺的访客量。

三、客户数据分析

客户数据分析维度包括客户基本信息分析、客户消费信息分析。

（一）客户基本信息分析

客户基本信息包括客户的地域、年龄、性别、偏好等。

1. 客户地域分析

客户地域分析是从空间角度分析客户的来源，比如客户来自哪个国家、哪个地区、哪个省份、哪个城市等。通过客户地域分析，企业可以明确客户的主要来源地，便于其有针对性地分配产品。

2. 客户年龄分析

客户年龄分析是针对客户群的年龄段进行分析，不同年龄的客户在性格、爱好、财务状况等方面有很大区别。通过客户年龄分析，企业可以明确客户的年龄群，便于其开展营销。

3. 客户性别分析

性别不同，客户的商品偏好、行为偏好、购买动机等往往不同。男性在购物时更加冷静和理智，选择的商品多为高质量的功能性商品，较少考虑价格因素；女性在购物时更加冲动和随机，影响商品选择的因素很多，较多考虑价格因素、商品外观因素和商品质量因素。

4. 客户偏好分析

客户偏好分析是对客户的产品偏好、营销偏好、邮寄方式偏好、包装偏好等进行分析，根据分析结果优化对应的内容。例如，在进行企业网店流量来源分析时，通过分析得知某企业客户大部分从聚划算而来，则该企业客户的营销偏好是聚划算，企业可以在后续营销时，重点选择参加聚划算。

（二）客户消费信息分析

客户消费信息分析可从客户消费层级、客户忠诚度、客户购买偏好几个方面来进行。

1. 客户消费层级分析

客户消费层级是对客户某一时间单位内的花费金额进行分析。通过分析，企业能够了解该时间段内客户的普遍消费能力，并根据客户能力调整产品结构。

2. 客户忠诚度分析

一个企业如果客户忠诚度较高，说明客户对企业产品已经有了一定认可，并且有可能产生复购行为。企业对于客户忠诚度的分析可从客户复购率、客户购买频次两方面入手。重复购买率越高，客户对企业的忠诚度越高，客户的购买次数越多，忠诚度越高。

3. 客户购买偏好分析

客户购买偏好分析包括客户对产品的偏好、价格偏好、时间偏好等。企业可通过对不同产品的成交订单总数进行比较分析，得出客户偏好购买的产品。客户购物时间偏好，需要调取企业较长时间段内各产品的销售数据，通过数据对比可得出；价格偏好则需要企业对同类商品不同价位的销售数据进行统计分析。

四、财务数据分析

一个电商企业的财务状况决定着店铺的未来发展，财务数据包括两部分，分别是运营成本和企业利润。

（一）运营成本

运营成本包含五个大类，分别是平台成本、硬运营成本、软运营成本、物流成本、产品成本。

（1）平台成本：电商平台基础费用，保证金 + 技术年费 + 销售扣点，如果客户要求开发票还会产生税收情况；

（2）硬运营成本：房租、电脑设备、家具、拍摄、耗材、软件、水电等；

（3）软运营成本，即推广成本：直通车、钻展、淘宝客、淘外、淘宝活动（聚划算和淘抢购）等；人员工资和奖金、五险、差旅、公关、培训等；

（4）物流成本：快递费、包装费等；

（5）产品的成本：新品和库存产品的成本。

（二）企业利润

企业利润是收入与成本的差额，以及其他直接计入损益的利得和损失。如果用 P 代表利润，K 代表成本，W 代表收入，那么利润的计算公式为：

$$P = W - K$$

利润率是指利润值的转化形式，是同一剩余价值量的不同计算方法。如果用 P' 代表利润率，K 代表成本，W 代表收入，那么利润率的计算公式为：

$$P' = (W - K) / K \times 100\%$$

利润率分为成本利润率、销售利润率和产值利润率，本任务主要讨论成本利润率。

任务实施

步骤 1：供应链数据分析

这里以大农良公司网店为例，对供应链中物流环节的数据进行分析，主要内容及步骤如下：

步骤 1.1：订单时效分析。

订单时效是指用户从完成订单支付开始，到完成商品签收的时间跨度，即支付—签收时长。订单时效分析的主要目的是通过数据分析找出影响订单时效的因素及不同物流公司之间的差距，从而有针对性地进行流程优化，以达到更优的效率。订单时效分析的具体步骤如下：

（1）数据查看。

进入生意参谋，在上方选项栏中选择“物流”板块，单击左边选项栏中的“物流洞察”选项，查看时效管理、退货物流总览、物流诊断、发货地数据，如图 5–38 所示。单击“时效管理”按钮，查看时效表达情况，如图 5–39 和图 5–40 所示，搜集不同节点以及快递公司的线路单量、到货时长、支付—发货时长等数据。

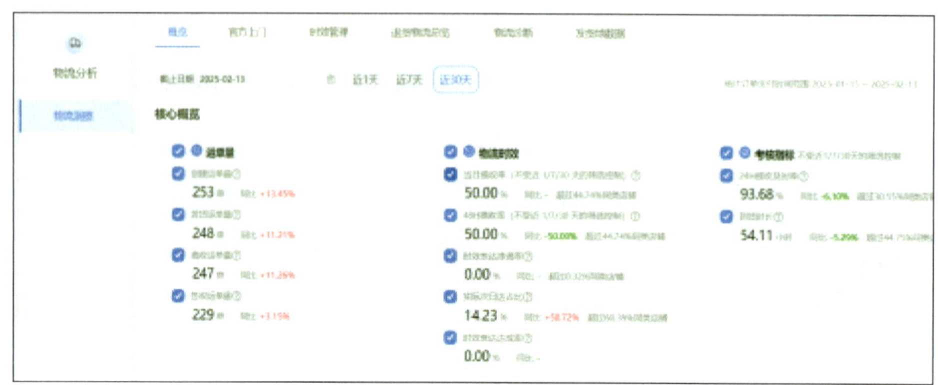

图 5–38　物流指标监控图

图 5–39　时效表达情况

图 5–40　物流线路

观察以上数据，可看出该店物流差评的主要原因是包裹破损，退货退款的主要原因为商品未送达。除此之外，商家需要进一步查看快递异常的原因，如分析哪条线路或哪个物流公司出了问题。

如图 5–41 所示，可以看出该店铺单量最多的快递公司为圆通速递，它的发货—揽收时长为 0.19 小时，在时效上相对比较快。

快递公司	收货地	线路单量	到货时长（h）	24小时揽收及时率	支付-发货时长（h）	发货-揽收时长（h）	揽收-派送时长（h）
圆通速递	山西省	5521	98.58	79.75%	34.5	0.19	61.23
中通快递	山西省	652	85.92	87.95%	25.46	1.54	56.32
百世快递	山西省	382	103.31	84.98%	33.33	1.92	66.21
EMS	山西省	125	107.95	96.21%	21.35	2.59	82.36
邮政快递包裹	山西省	125	104.39	81.94%	36.01	0.08	64.25

图 5–41　数据下载

（2）数据可视化处理。

为了更直观地观察图 5–41 所示的几家快递公司之间的差距，可对数据进行进一步处理，首先插入数据透视图和数据透视表，选择要分析的数据及放置数据透视表的位置，在右侧“数据透视图字段”编辑区添加字段，修改字段设置为平均值，汇总依据为求平均值，结果如图 5–42 所示。

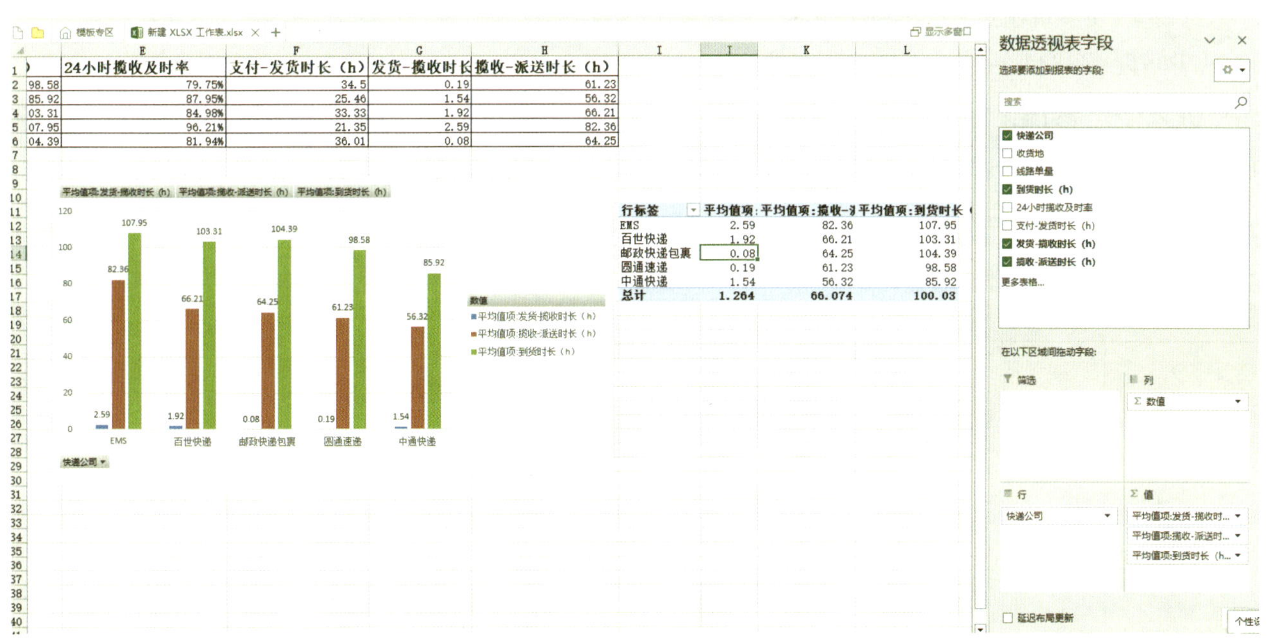

图 5–42　数据可视化

（3）订单时效分析。

通过图 5–42 中的数据透视图和数据透视表，可看出该店铺合作的物流公司有 5 个，其中圆通速递订单时效性较好，其他数据表现均为中等水平，综合比较其是最佳的快递合作公司。

步骤 1.2：异常物流分析。

异常物流包括发货异常、揽收异常、派送异常和签收异常等数据，其具体表现和主要原因如表 5–10 所示，各平台划分维度及标准略有不同，节假日及特殊地区也会区别对待。

表 5–10　异常物流分析详表

异常物流分类	具体表现	主要原因
发货异常	用户下单完成支付后 24 小时仍未发货的包裹	• 缺货； • 出货量大，不能及时发货； • 订单被遗漏等
揽收异常	商品发货后超过 24 小时仍未揽收的包裹	• 物流公司原因； • 物流信息未及时上传
派送异常	物流揽收后停滞超过 24 小时仍未派送的包裹	• 物流运输原因； • 物流信息未及时上传
签收异常	当日派件，但在次日还没有签收的包裹	• 快递原因导致未妥投，如货物破损等； • 客户原因导致未妥投，如客户拒签、改签等； • 节假日、恶劣天气等导致未妥投

异常物流分析的具体步骤如下：

（1）查看数据。

进入生意参谋，在上方选项栏中选择“物流”板块，单击左边选项栏中的“物流洞察”选项，选择物流诊断查看不同快递公司异常具体数据，如支付揽收、揽收签收等，如图 5–43 所示。

图 5–43　快递公司异常分布

（2）异常数据统计。

根据分类对异常数据进行统计，如图 5–44 所示。使用数据透视表，统计出各类异常物流的订单数，并以百分比展示，如图 5–45 所示。

A	B	C	D	E	F	G
订单编号	买家会员名称	订单创建时间	物流公司	运单号	物流异常原因	物流异常分类
3217344413	嗦嘎CAGA	2024/10/31 12:45	百世	7.5303E+13	超48小时未发货	发货异常
3217344414	heila_love	2024/10/27 18:42	圆通	7.5301E+13	超72小时揽收	揽收异常
3217344415	老王iwant	2024/10/20 16:35	中通	2.3518E+13	物流停滞超48小时	派送异常
3217344416	个萝卜一个坑	2024/10/21 19:47	顺丰	7.5307E+13	物流停滞超48小时	派送异常
3217344417	天意0011	2024/10/22 19:32	韵达	7.5302E+13	物流停滞超48小时	派送异常
3217344418	龙娃	2024/10/22 21:08	EMS	7.531E+13	超24小时揽收	揽收异常
3217344419	名字不好起	2024/10/31 22:23	中通	7.531E+13	超48小时未发货	发货异常
3217344420	小黑and小吴	2024/10/31 20:53	EMS	7.531E+13	超48小时未发货	发货异常
3217344421	疯狂扫货ing	2024/11/1 10:45	邮政快递包	7.531E+13	超48小时未发货	发货异常
3217344422	yoyo天后	2024/10/26 10:54	顺丰	7.531E+13	超48小时签收	签收异常

图 5–44　异常数据统计

为了更直观地展示数据分析结果，可以插入三维饼状图，形成异常物流分析图，如图 5-46 所示。

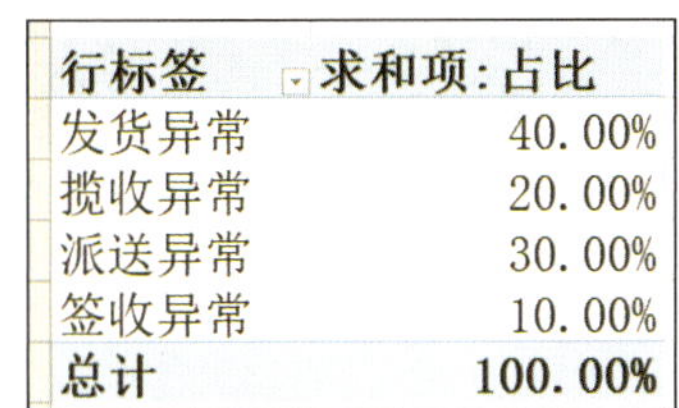

行标签	求和项：占比
发货异常	40.00%
揽收异常	20.00%
派送异常	30.00%
签收异常	10.00%
总计	100.00%

图 5-45 各类异常物流订单数占比统计

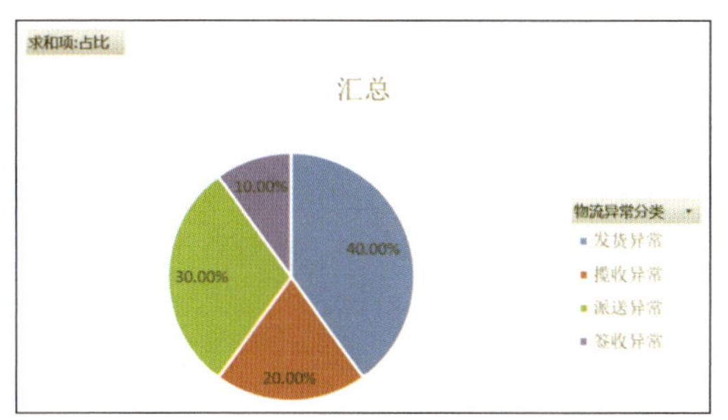

图 5-46 异常物流分析饼状图

（3）数据分析。

根据图 5-46 可以看出，物流异常主要是因为发货异常。因此从发货入手，查看企业发货异常的原因。一般情况下，订单量增多和库存不足是主要影响因素，如果是以上原因导致的物流异常，企业需要及时与用户进行沟通，并给出解决方案。除此之外，还需要提升管理系统单量发货率。揽收和派送异常的主要原因是物流公司，企业可以通过电话与物流公司联系，询问原因并进行催促，如有必要，可以考虑更换合作物流公司。如果出现签收异常，可以通过电话与用户进行沟通，询问原因或是提醒用户注意查收。

步骤 2：销售数据分析

交易数据分析的操作步骤及关键节点如下：

步骤 2.1：采集数据。

通过电商平台采集店铺销售的相关数据，包括日期、销售额、客单价、订单量、转化率、访客量等，如图 5-47 所示。

日期	类目名	销售额	访客量	加购人数	转化率	买家数	客单价	加购率	订单量
2024/6/1	羽绒服/服	2,902,834	352333	25413	1.68%	5922	490.18	7.21%	445
2024/6/2	羽绒服/服	2,507,321	296452	21222	1.42%	4213	595.14	7.16%	351
2024/6/3	羽绒服/服	2,348,371	291793	19615	1.55%	4535	517.83	6.72%	345
2024/6/4	羽绒服/服	2,156,661	270026	18148	1.65%	4451	484.53	6.72%	342
2024/6/5	羽绒服/服	2,422,916	269033	17397	1.85%	4974	487.12	6.47%	389
2024/6/6	羽绒服/服	1,975,400	293787	17864	1.12%	3281	602.07	6.08%	285
2024/6/7	羽绒服/服	2,072,921	312857	19234	1.10%	3441	602.42	6.15%	339
2024/6/8	羽绒服/服	2,265,921	316497	20372	1.21%	3845	589.32	6.44%	334
2024/6/9	羽绒服/服	2,384,026	326138	20597	1.25%	4080	584.32	6.32%	351
2024/6/10	羽绒服/服	2,603,301	336657	21217	1.33%	4480	581.09	6.30%	355
2024/6/11	羽绒服/服	2,670,105	393173	21619	1.17%	4597	580.84	5.50%	321
2024/6/12	羽绒服/服	2,590,206	377312	22048	1.18%	4449	582.2	5.84%	335
2024/6/13	羽绒服/服	2,534,571	365315	21121	1.17%	4273	593.16	5.78%	321
2024/6/14	羽绒服/服	2,727,175	420781	23671	1.11%	4657	585.61	5.63%	320
2024/6/15	羽绒服/服	2,757,220	411575	23467	1.16%	4770	578.03	5.70%	302
2024/6/16	羽绒服/服	2,796,880	410449	22234	1.15%	4703	594.7	5.42%	351
2024/6/17	羽绒服/服	2,601,151	439773	22469	1.02%	4504	577.52	5.11%	345
2024/6/18	羽绒服/服	2,578,346	479656	22962	0.92%	4412	584.39	4.79%	341
2024/6/19	羽绒服/服	2,609,891	480304	22653	0.93%	4464	584.65	4.72%	348
2024/6/20	羽绒服/服	2,661,310	455170	23170	1.02%	4623	575.67	5.09%	351

图 5-47 某网店近 3 周的销售数据

步骤 2.2：销售趋势分析。

对采集到的数据进行处理，并对其进行可视化展现，得到销售额趋势图，如图 5-48 所示。

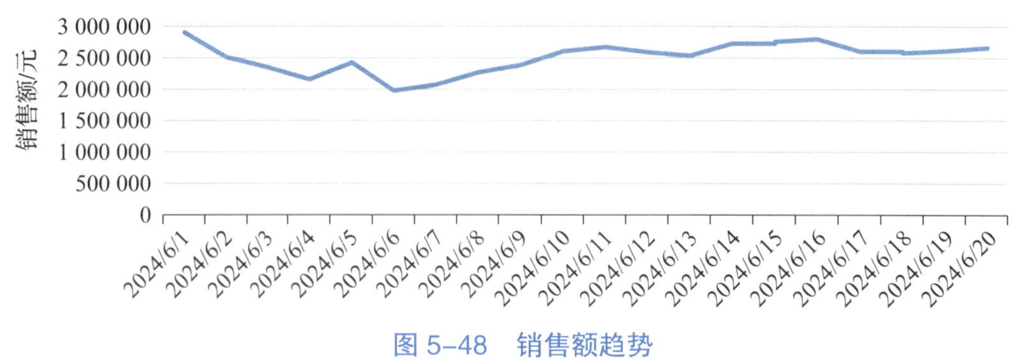

图 5–48 销售额趋势

步骤 2.3：客单价数据分析。

根据表格提供的数据，对客单价进行可视化图表制作，如图 5–49 所示，从整理出来的客单价数据中可以看到，除 2024 年 6 月 2—6 日波动较大外，其余几周客单价基本稳定在 602~575 元的范围内，对比图 5–48 的销售额趋势，可以发现 2024 年 6 月 2—6 日数据异常。

图 5–49 某产品客单价趋势

步骤 2.4：订单量数据分析。

整理大致的订单量数据，如图 5–50 所示，发现订单量有所下降。对比图 5–48 的销售额趋势，在客单价基本稳定的情况下，订单量呈下降趋势。因此，应在展现量、点击率、转化率三个数据中找到订单量下降的原因。

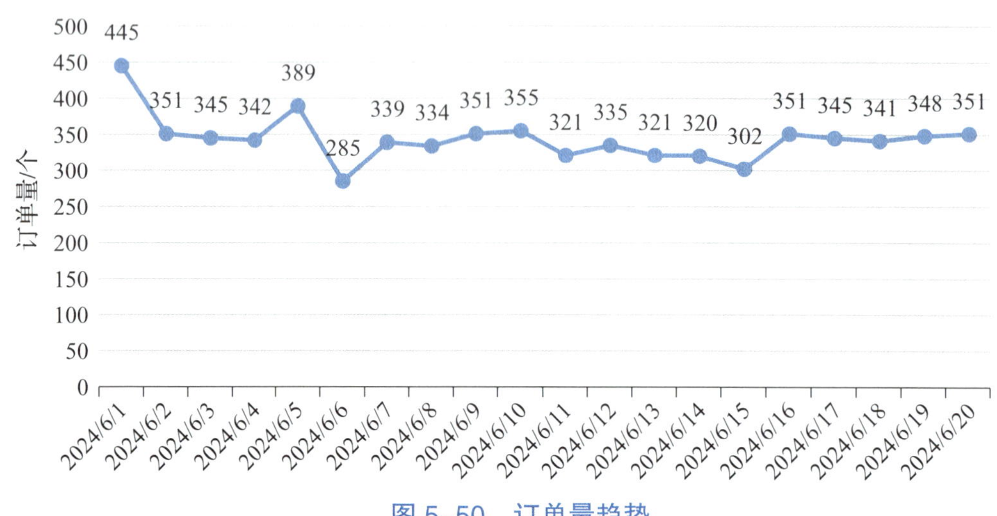

图 5–50 订单量趋势

步骤 2.5：转化率数据分析。

整理店铺的转化率数据，绘制店铺转化率折线图，如图 5–51 所示。店铺转化率最高为 1.85%，最低为 1.02%，且数据有所下降。对比销售额趋势，转化率的波动对销售额影响不大，但根据转化率公式推出需要进一步观察有效订单数。

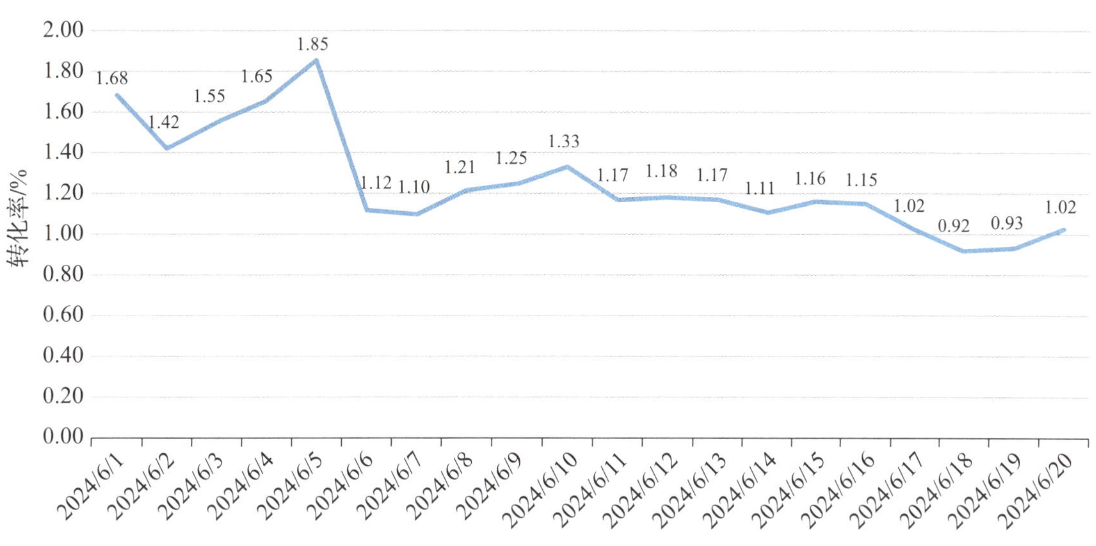

图 5–51　转化率趋势

步骤 2.6：访客量数据分析。

绘制访客量数据折线图，如图 5–52 所示。对比销售额趋势、订单量趋势和访客量趋势，可以明显发现，这三个数据的变化趋势非常相近。由此可以推断出，由于访客量下降，导致销售额下降。

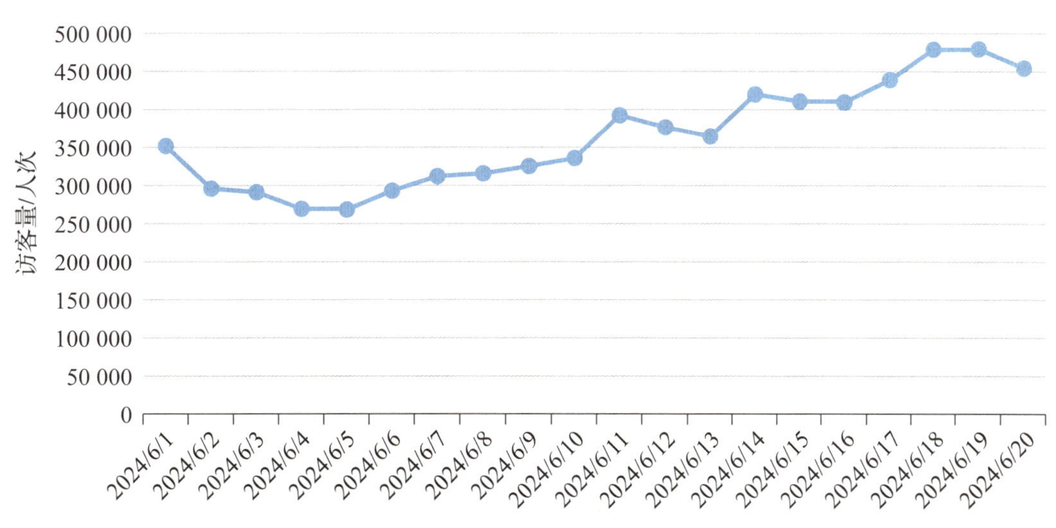

图 5–52　访客数趋势

步骤 2.7：分析数据变动的原因。

在整理和分析了各目标数据后，可以大致得出导致销售额下降的主要指标是访客量。影响访客量的指标有两个，一个是展现量，一个是点击率。在网店运营过程中展现量都是比较稳定的，所以重点就是提升点击率，点击率高则访客量高，点击率低则访客量低。要提升点击率就要优化店铺的商品详情页、商品主图、购物路径等，这些有助于提升店铺的访客量。

步骤 3：客户数据分析

这里以客户画像为例，介绍客户数据分析步骤，具体的操作步骤和关键节点如下：

步骤 3.1：获取客户数据。

可通过生意参谋“品类 360”板块中的“客群洞察”获取，将数据添加至 Excel 工具中，如图 5–53 所示。

客户名称	年龄	性别	职业	购买产品名称	购买次数	订单数量	常住地区	产品价格/元	访客来源
青红蓝绿紫飞	18	女	公司职员	平治牛乳牛油芝士咸	3	3	北京	119	手淘淘宝直播
最爱晴天2008	23	男	学生	厚切芝士条网红小零	2	2	河南	98.7	手淘推荐
t_1481609878261_0968	31	女	公务员	舌尖爱难吃的花生多	2	2	山东	72.6	品销宝- 品牌专区
小小螺丝小姐	25	女	医务人员	每天有面包坚果夹心	4	4	天津	53.8	淘宝客
阿鑫熬	36	男	公司职员	条条框框手撕肉条麻	1	1	浙江	46.5	手淘搜索
akineliu	37	女	公务员	舌尖爱难吃的花生多	1	1	广东	44.71	超级推荐
tb57672010	35	男	公务员	每天有面包坚果夹心	1	1	四川	42.8	直通车
徐小姑娘	25	女	公司职员	舌尖爱蔓越莓雪花酥	1	1	陕西	40.6	淘内免费其他
hncszqj001	39	女	公务员	每天有面包坚果夹心	1	1	山西	39.8	AI智能投放
hncszqj001	34	男	公务员	每天有面包坚果夹心	1	1	福建	39.8	购物车
miu_米由	25	女	医务人员	网红小零食搭配套餐	1	2	云南	38.9	智钻
miu_米由	26	男	公司职员	网红小零食搭配套餐	1	1	天津	38.9	我的淘宝
坏脾气小锐	23	女	学生	厚切芝士条网红小零	1	1	北京	38.9	流量宝
且听风吟1122	27	男	医务人员	每天有面包坚果夹心	1	1	陕西	37.97	超级直播
单身的鸭蛋	21	女	学生	每天有面包坚果夹心	2	2	重庆	36.93	手淘旺信
tx7891	23	男	医务人员	厚切芝士条网红小零	2	2	陕西	34.67	手淘问大家
creek00292002	23	女	个体经营	舌尖爱蔓越莓雪花酥	1	1	陕西	33.33	订阅
yao_zjz	34	女	医务人员	厚切芝士条网红小零	2	2	天津	33.06	逛逛
永远的科比黑曼巴	27	男	公司职员	平治牛乳牛油芝士咸	4	5	陕西	28.8	手猫搜索
曹淑媛82年	36	女	个体经营	舌尖爱果汁软糖QQ糖	1	1	广东	28.46	手淘试用
tb981454519	34	男	医务人员	每天有面包坚果夹心	2	2	陕西	28.2	品销宝- 明星店铺
红豆djf	35	女	公务员	舌尖爱芒疯啦芒果榴	3	3	广东	28	88VIP频道
huoqing471	24	男	公司职员	每天有面包坚果夹心	2	2	天津	26.9	WAP天猫
steven199561	35	女	医务人员	巧克力蛋糕涂层夹心	2	2	广东	26.88	直接访问
守护天使22770	38	女	个体经营	舌尖爱难吃的锅巴麻	1	1	天津	26.8	手淘消息中心
星鹏星月	41	女	公务员	舌尖爱难吃的花生多	2	2	广东	26.8	达人制作及其他短视频
春情小蕾蜜	37	女	公司职员	舌尖爱难吃的花生多	1	1	北京	26.6	手淘其他店铺商品详情
ccmtbz	36	男	个体经营	我的前任虾片 舌尖爱	1	1	广东	25	手淘其他店铺
tony350chen	28	女	医务人员	我的前任虾片 舌尖爱	1	1	广东	24.5	天猫小黑盒
tb53148696	29	男	医务人员	我的前任虾片 舌尖爱	1	1	天津	24.5	手淘拍立淘
wucuiyu20140725	34	女	公司职员	我的前任虾片 舌尖爱	2	2	北京	24.5	手淘我的评价
candy猪猪湘	38	女	医务人员	网红小零食搭配套餐	2	2	陕西	23.9	手淘买家秀

图 5–53　客户源数据

步骤 3.2：客户地域和性别分析。

选中数据表中性别单元列内容，插入数据透视表（“轴”与“值”均设置为“性别”），得到性别占比数据，并制作性别占比饼状图，如图 5–54 所示。用同样的方法对客户地域进行分析，得到客户的地域占比饼状图，如图 5–55 所示。

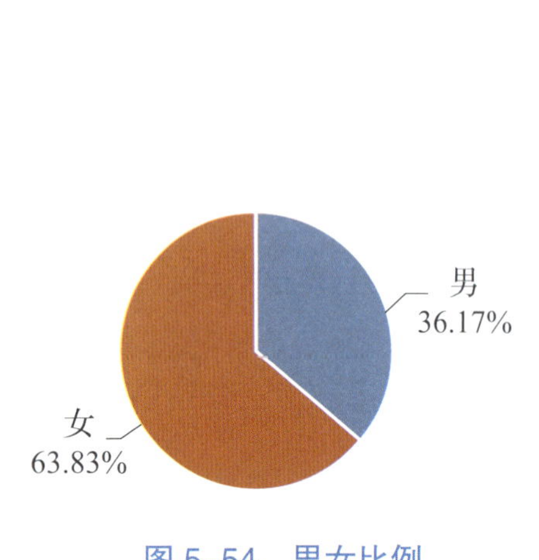

图 5–54　男女比例

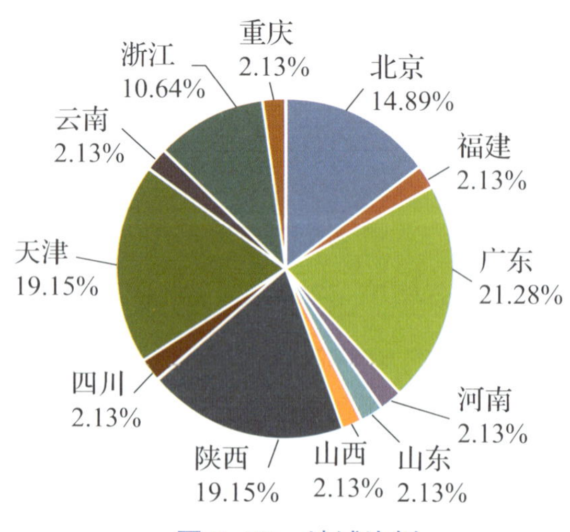

图 5–55　地域比例

如图 5–54 和图 5–55 所示，该店铺的客户女性居多，占 63.83%，地域分布排在前四位的分别为：广东占 21.28%、陕西和天津各占 19.5%、北京占 14.89%。

步骤 3.3：客户产品偏好和价格偏好分析。

分析客户产品偏好和价格偏好，需要选中数据表中“产品价格”“产品名称”对应的区域，插入数据透视表。具体操作时，将“产品价格”“产品名称”在“轴”与“值”中各设置一次，并将“产品价格”的值汇总方式设置为“平均值”，得到数据透视表，如图 5–56 所示。

	产品价格/元	(全部)	
2			
3	**行标签**	**计数项:购买产品名称**	**平均值项:产品价格/元**
4	厚切芝士	4	51.3325
5	坚果夹心土司面包	4	40.075
6	面包坚果夹心吐司面包切片	4	36.475
7	咸曲奇饼干108g	3	57.04333333
8	巧克力蛋糕涂层夹心面包500g	1	26.88
9	舌尖爱果汁软糖	1	28.46
10	蔓越莓雪花酥奶芙条饼干	1	40.6
11	舌尖爱蔓越莓雪花酥奶芙条饼干	1	21.8
12	爱蔓越莓雪花酥奶芙条饼干	1	33.33
13	芒果榴莲椰子软糖软糕	1	28
14	锅巴麻辣孜然味陕西小米锅巴	2	22.8
15	花生多味怪	4	39.3625
16	花生多味怪味香辣原味	1	26.6
17	花生零食坚果炒货	1	17.64
18	手撕肉条麻辣香辣酱香味	1	46.5
19	网红小零食搭配套餐	11	26.62727273
20	大袋情感香脆片薯片	1	21.97
21	蒜香葱香鸡肉味超大包薯片脆片	4	24.625
22	南瓜吐司夹心面包	1	23.33
23	**总计**	**47**	**33.87702128**

图 5–56　产品和价格偏好数据

选中数据透视表，插入组合图形，将“产品价格”设置为折线图，“产品名称”设置为柱形图，得到分析图形，如图 5–57 所示。

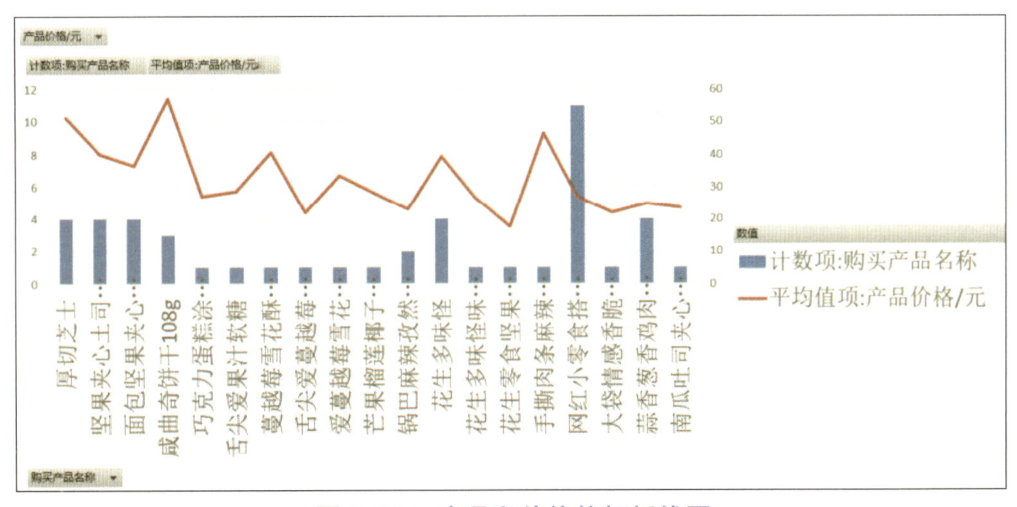

图 5–57　产品和价格偏好折线图

步骤 3.4：客户年龄分析。

需要采用分组分析的方法对客户年龄进行分析，将分组设定为：18~27 岁、28~37 岁、38~47 岁，完成操作，如图 5–58 和图 5–59 所示，该店的主要客户年龄在 18~37 岁之间。

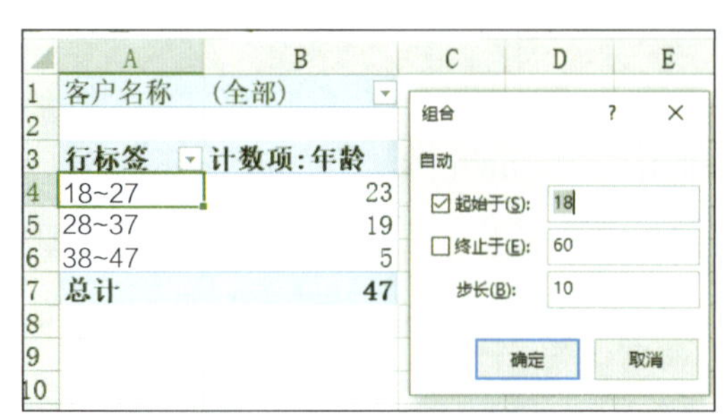

	A	B
1	客户名称	(全部)
2		
3	行标签	计数项：年龄
4	18~27	23
5	28~37	19
6	38~47	5
7	总计	47

图 5-58　客户年龄段分组图

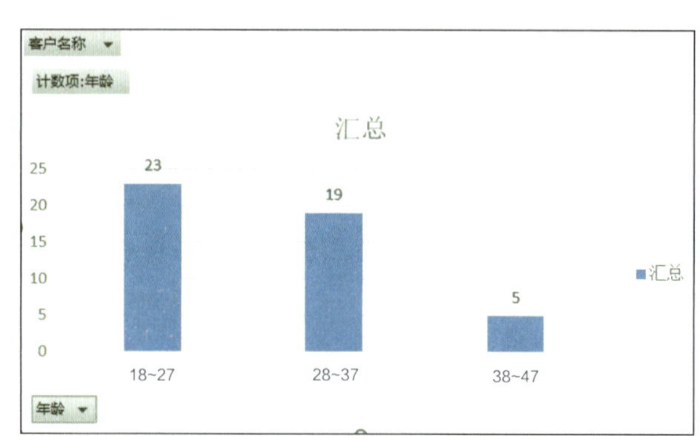

图 5-59　客户年龄段柱状图

步骤 3.5：客户来源分析。

选中数据表中访客来源单元列内容，插入数据透视表（“轴”与“值”均设置为“访客来源”），得到客户端占比数据，并制作客户来源占比柱状图，如图 5-60 所示，可以看出该网店的客户主要来源于手机淘宝和手机天猫端。

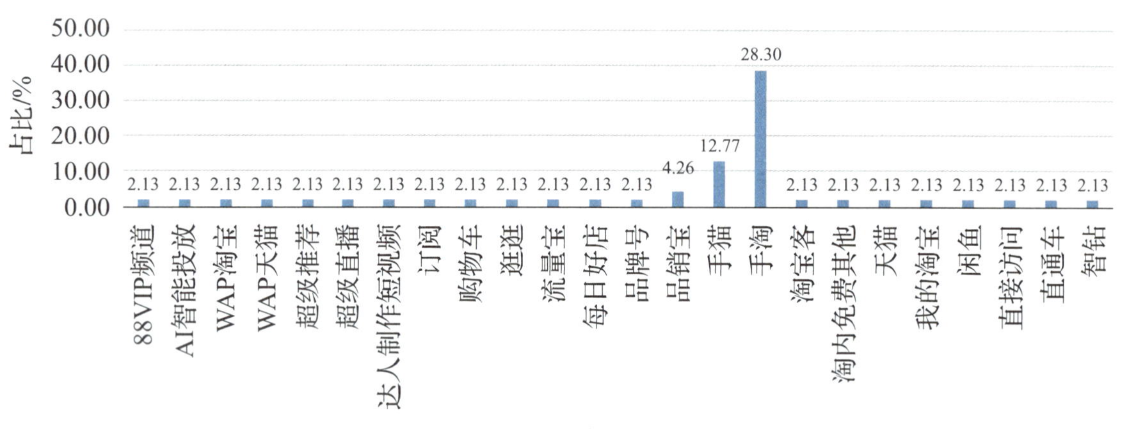

图 5-60　客户来源占比

步骤 3.6：客户职业分析。

选中数据表中客户职业单元列内容，插入数据透视表（“轴”与“值”均设置为“客户职业”），得到客户职业数据透视图表，如图 5-61 和图 5-62 所示，该店铺客户的主要职业为医务人员和公司职员。

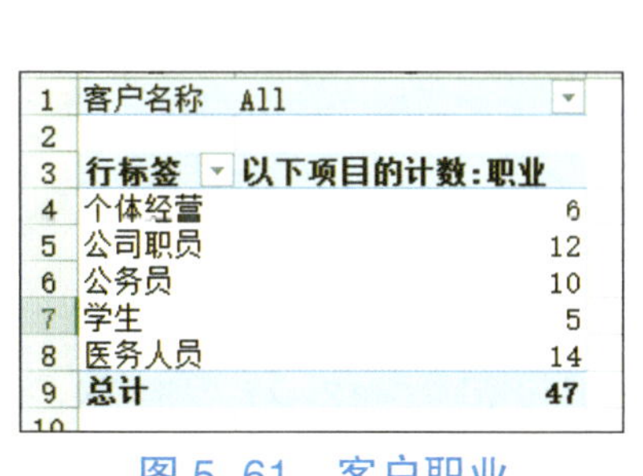

1	客户名称	All
2		
3	行标签	以下项目的计数:职业
4	个体经营	6
5	公司职员	12
6	公务员	10
7	学生	5
8	医务人员	14
9	总计	47

图 5-61　客户职业

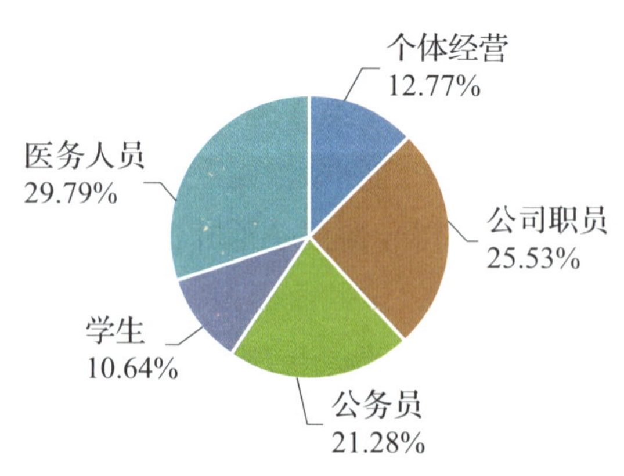

图 5-62　客户职业占比饼状图

步骤 3.7：绘制客户画像。

企业根据以上分析结果，绘制客户画像数据如表 5-11 所示，方便企业日后管理客户数据。

表 5-11　客户画像

地域	广东、陕西、天津、北京
性别	女性居多，占 63.83%
产品偏好	网红小零食搭配套装
价格偏好	26 元左右
年龄	18~37 岁
来源	手机淘宝和手机天猫端
职业	医务人员和公司职员

步骤 4：财务数据分析

财务数据分析方法有很多种，如逻辑树分析法、多维度拆解分析法；针对利润部分也有相应的分析方法，如线性预测法、指数预测法、图表预测法等。这里将以图表预测法来进行店铺利润分析与预测，具体操作步骤如下：

步骤 4.1：数据采集与处理。

通过前面的交易数据采集，可以获得一段时间的成交金额数据，再把日常记录的成本数据进行汇总，放置到一个数据表中，如表 5-12 所示。

表 5-12　某网店 2024 年 7—12 月利润数据分析

月份	网店总成交额 / 万元	宝贝成本 / 万元	推广成本 / 万元	固定成本 / 万元	利润 / 万元	利润率 /%
7 月	123.5	45	16	20	42.5	34.41
8 月	132.1	47	16.5	20	48.6	36.79
9 月	138.2	48	17.1	20	53.1	38.42
10 月	140.6	48.5	17.8	20	54.3	38.62
11 月	145	49	18	20	58	40.00
12 月	158	52	21	20	65	41.14

步骤 4.2：利润数据趋势分析。

在 Excel 中，运用图表趋势预测法对数据进行分析的基本流程如下：

（1）根据给出的数据制作散点图或者折线图。

将某网店 2024 年 7—12 月利润数据添加到 Excel 表格中，选中月份与利润两列数据区域，选择“插入”选项卡，在“图表”组中单击“折线图”下拉按钮，选择“带数据标记的折线图”选项，即可完成折线图的添加，如图 5-63 所示。

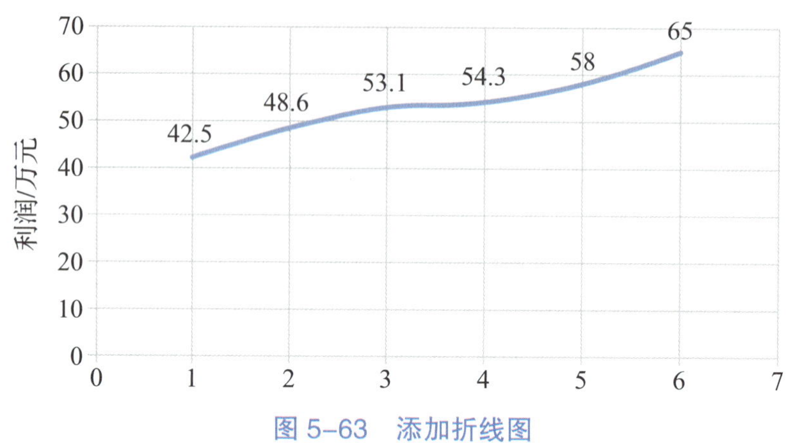

图 5-63 添加折线图

（2）观察图表形状并添加适当类型的趋势线。

根据已有的利润数据折线图，可以发现 7—12 月利润数据大致呈线性增长趋势，故可采用线性趋势线对该数据进行预测。首先选中折线图表，在“图表工具”中选择“设计”选项卡，在“添加图表元素”组中单击“趋势线”下拉按钮，选择“线性”选项，即可完成线性趋势线的添加，如图 5-64 所示。

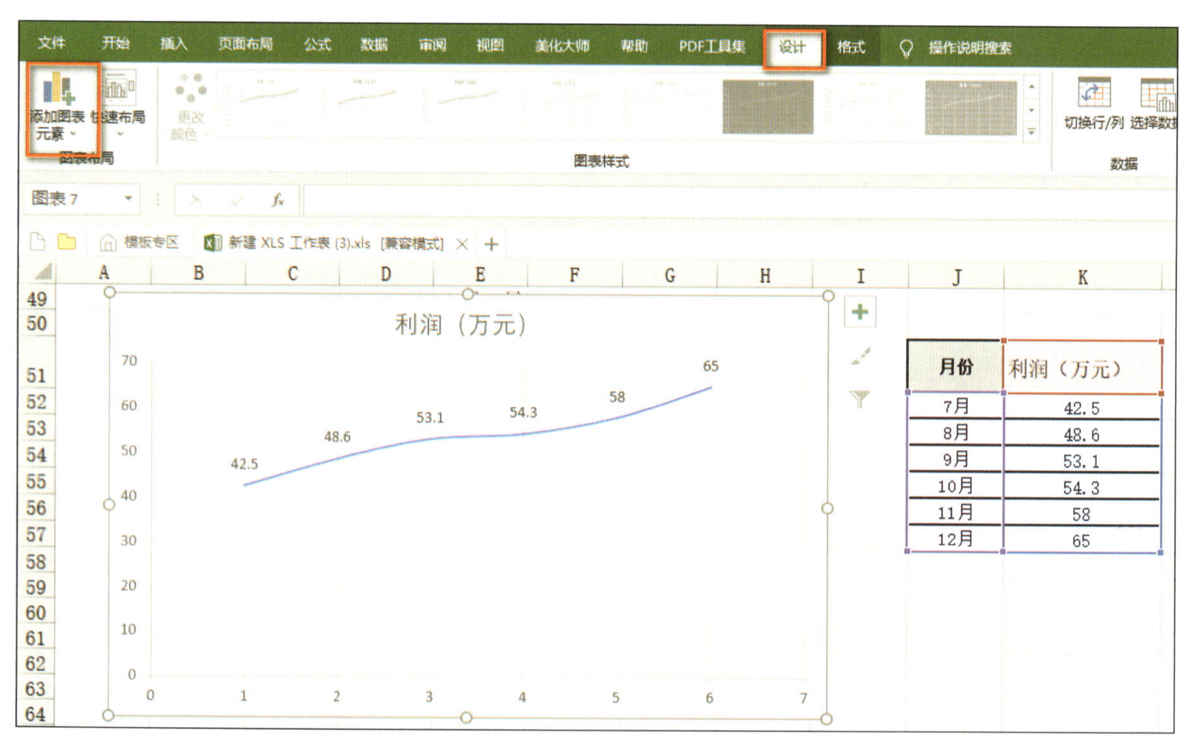

图 5-64 添加线性趋势线

（3）利用趋势线外推或利用回归方程计算预测值。

双击插入的趋势线，弹出“设置趋势线格式”对话框，本例中如需往前预测 1 月的利润，即可在“趋势预测”选项区中的“向前”文本框中输入 1，选中“显示公式”复选框，然后单击“关闭”按钮，如图 5-65 所示。

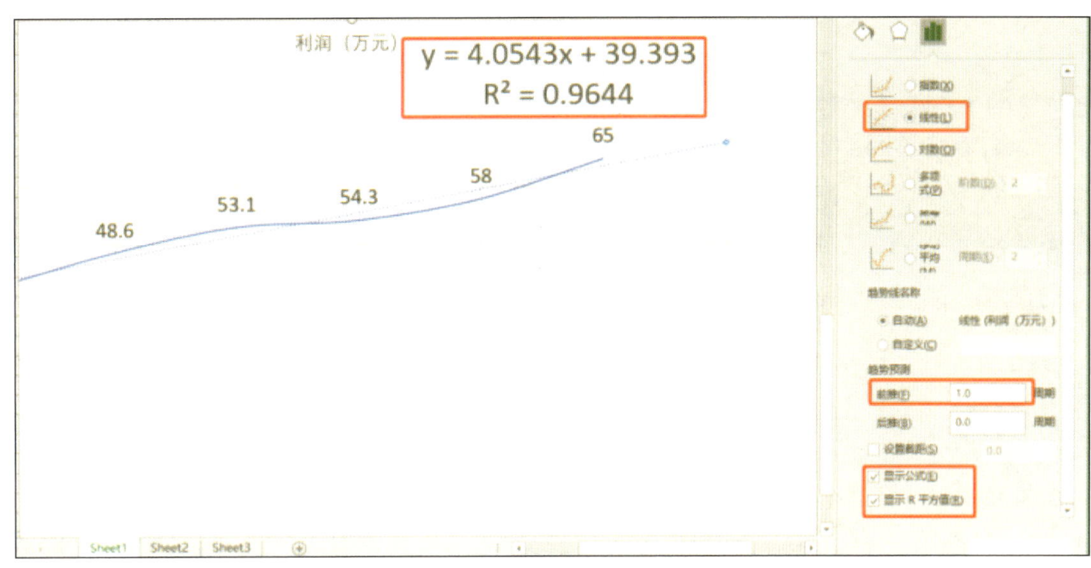

图 5-65 设置线性趋势线格式

在图表中查看预测公式为“y=4.0543x+39.393”，其中 x 是第几个月份对应的数据点，y 是对应月份的利润。由于 1 月是第 7 个数据点，由此计算出 2025 年 1 月的预测利润如下：

$$y = 4.0543 \times 7 + 39.393 \approx 67.77\text{（万元）}$$

企业视窗

某玩具店成本分析

小王是一家主营儿童玩具店铺的店长。店铺想要在竞争激烈的市场中生存下去，就必须最大限度地降低产品的生产成本，做好相关的核算工作，因此小王对运营数据进行了分析。

小王对店铺最近 30 天的付费推广的成本、成交额、利润以及成本利润率等数据指标进行了统计和分析，如图 5-66 和表 5-13 所示。

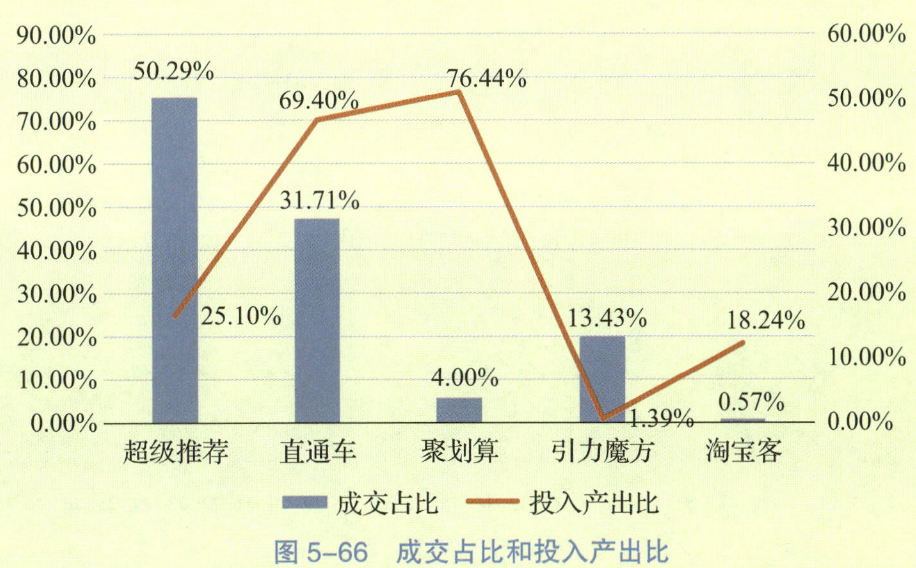

图 5-66 成交占比和投入产出比

表 5-13 不同推广方式的成本利润率

推广方式	成本/元	成交额/元	利润/元	成本利润率/%
直通车	341.53	579.46	237.93	69.66
淘宝客	155.49	263.15	107.66	69.23
引力魔方	497.86	572.81	74.95	15.05
其他	89.21	117.39	28.39	31.89

综合分析可知：从成本维度进行分析，引力魔方的成本最高，其次是直通车，再是淘宝客，最后是其他的付费方式。再结合成本利润率来分析，引力魔方的成本最高，但是成本利润率却最低；直通车和淘宝客的成本相对较低，但是却获得了较高的成本利润率。

根据以上分析结果，小王决定对店铺的推广方式进行大幅度的调整。首先，降低引力魔方的推广成本；其次，加大直通车和淘宝客的推广成本，尤其是淘宝客；最后，适当增加其他推广方式的成本。

除推广成本外，小王对6—8月份的销售数据进行了环比和同比分析，如图5-67所示，使用折线图统计出三个月销售额趋势，可看出整体都有所下降。

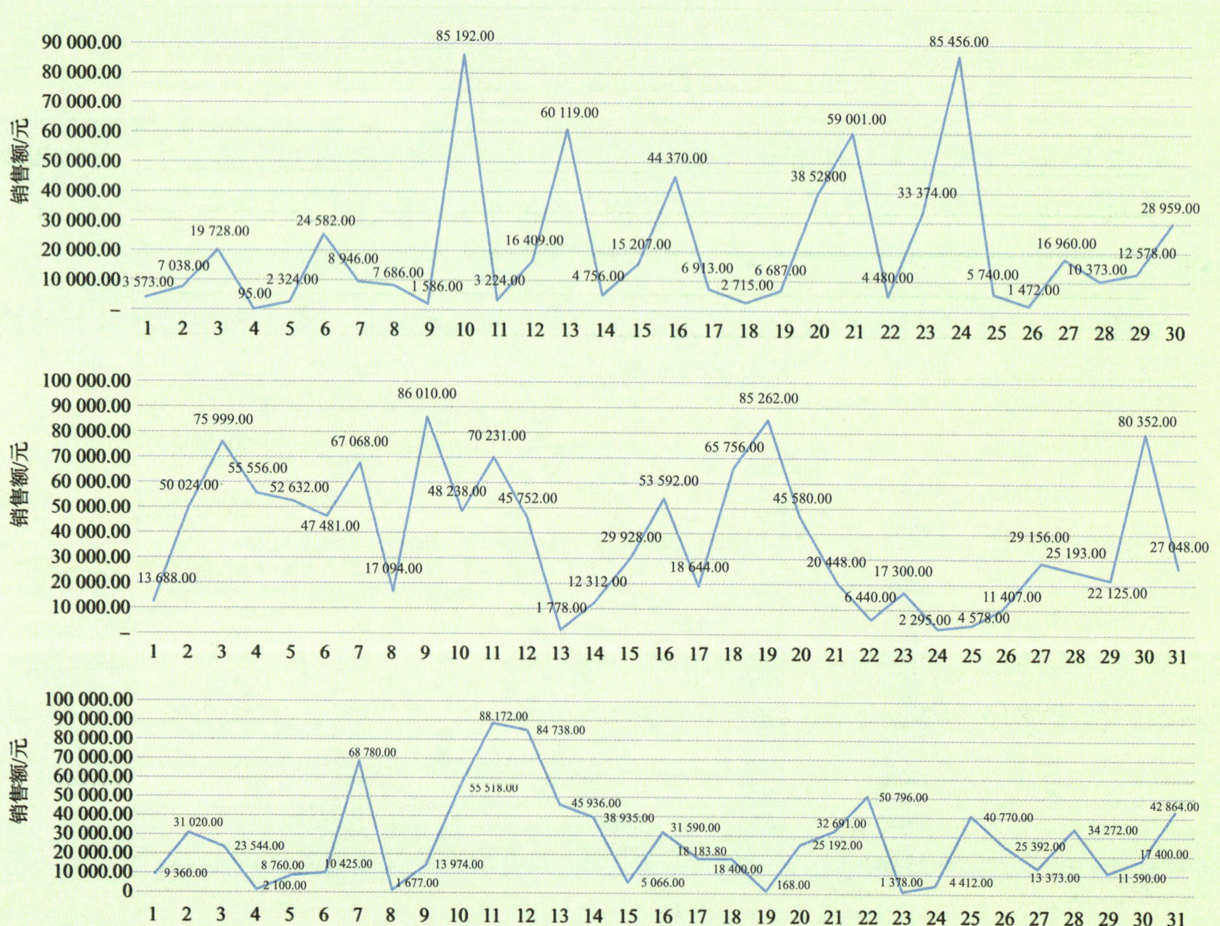

图 5-67 不同月份的销售额数据

以6月为例，通过统计可看出销售额周环比与同比都有所下降，如图5-68所示。

店铺6月份销售数据列表

	销售额	周环比	周同比
总量销售额	618.071.00	↓14.24%	↓12.37%
新客户销售额	463.520.00	↓14.24%	↓3.41%
回头客销售额	154.551.00	↑31.82%	↓10.2%

新客户销售额

客单价	周环比	购买频次	周环比	客户数量	周环比
301.51	↑23.7%	563.00	↓35.15%	985	↓35.24%

回头客销售额

客单价	周环比	购买频次	周环比	客户数量	周环比
458	↑25.6%	311.00	↑10.4%	210	↑13.41%

图5-68 销售数据分析

根据图5-68所示的数据可知，小王将新客户销售额指标拆分成了三个指标，分别为新客户数、客单价和购买频次，以下从这三个维度分别进行分析并优化。

（1）新客户数减少：说明店铺在吸引客流方面的策略可能需要调整。

（2）新客户购买频次下降：说明新客户购物活跃度不高或购买意愿不强，店铺客服应该更积极地与客户沟通，适当给予优惠政策，激发其购买意愿。

（3）新客户客单价升高：说明在已购物的新客户中，每个客户的平均购买金额有所提高。

观察分析图5-68所示的数据，可以发现回头客销售额周环比上升了31.82%。回头客销售额环比上升，其下属的三个指标也全部上升，这说明网站在提高老客户的忠诚度和购买意愿上运营得相对成功，据此可以推测出店铺与老客户积极沟通，能及时了解其需求并适当给予优惠。进一步观察还可以发现，回头客客单价的提高，是由于产品单价提高，说明店铺在稳定老客户方面运营得比较成功。

合作探究

请扫描右方二维码，获取项目五中合作探究的背景资料，根据情境，并参考以下步骤完成网店运营状况分析。

步骤1：供应链数据分析

将任务二中采集到的供应链数据分别进行订单时效分析、异常物流分析。

步骤2：销售数据分析

将任务二中采集到的销售数据分别进行销售趋势分析、客单价数据分析、订单量数据分析、访客量数据分析。

步骤3：客户数据分析

将任务二中采集到的客户数据分别进行客户地域和性别分析、客户年龄分析、客户来源分析、客户职业分析。

步骤 4：财务数据分析

通过任务二中的交易数据采集，可以获得一段时间的成交金额数据，再把日常记录的成本数据进行汇总，进行利润数据趋势分析。

任务评价

本任务完成后，请从知识目标、技能目标和素养目标等维度进行评价。

评价项目	具体要求		分值	自我评分
知识目标	掌握供应链、销售、客户、财务数据分析的具体内容		10	
	理解客单价的概念及影响因素		10	
技能目标	能够了解利润预测与分析的不同方法		10	
	能够列举出供应链、销售、客户、财务数据分析的主要指标		20	
	能够掌握供应链、销售、客户、财务数据分析的具体步骤		30	
素养目标	工作态度	遵守纪律，无无故缺勤、迟到、早退现象	5	
	工作规范	能正确理解并按照项目要求开展任务	5	
	协调能力	小组成员间合作紧密，能互帮互助	5	
	职业素质	操作合规，不违背平台规则、要求	5	
综合评价			100	

品行合一

树立正确的价值观，诚实守信、合法、客观地获取和分析数据

越来越多的企业通过数据进行精准营销，通过对消费者进行更为深入的分析，挖掘其内在需求，帮助企业为消费者提供定制化服务，从而更好地获得客户的认可，进而为企业赢得更为广阔的市场。然而，随着大数据的不断发展，数据营销存在的问题也层出不穷，如在当事人不知道的情况下获取个人数据信息；盗用个人信息；数据造假；扰乱市场秩序等问题。党的二十大报告中提出了要“加快建设法治社会。弘扬社会主义法治精神，传承中华优秀传统法律文化，引导全体人民做社会主义法治的忠实崇尚者、自觉遵守者、坚定捍卫者”。因此，作为网店的营销人员需要树立正确的价值观，诚实守信，合法、客观地获取和分析数据；在获取数据时，严格遵守《中华人民共和国电子商务法》等相关法律法规。

营销推广

案例导入

近年来，广宁县立足农村电商发展，坚持政府引导、市场运作、典型示范、突出特色，促进产销对接，构建普惠共享、线上线下融合的农村现代流通体系，推动农村电子商务成为农村经济社会发展的新动能、新引擎。

据“广宁发布”2024 年 5 月 23 日消息：2023 年，广宁县全年网络销售额 8.28 亿元，同比增长 12.0%；农产品网络销售额 3 498.81 万元，同比增长 16.0%；全年电商直播销售额 2.66 亿元，同比增长 18.4%。

2024 年 9 月 22 日，肇庆市庆祝 2024 年中国农民丰收节主会场活动在广宁县横山镇罗锅村举行，主题为“学用‘千万工程’，礼赞丰收中国”。现场设置丰收庆祝大会主舞台区、七大成果展馆区、“村 BA”篮球赛区、促消费活动区等区域，推出“四方面、*N* 项主题”活动，包括举办乡村全面振兴成果展、“丰收盛宴，乐享金秋”促消费活动、广宁县“村 BA”篮球活动等系列主题活动。活动同期举办“丰收盛宴，乐享金秋”促消费活动，现场开展电商直播带货等活动。广宁县工信局特邀相关学校派出电商团队参与“丰收盛宴，乐享金秋”促消费活动，利用线上直播模式和营销策略，提升广宁农特产品的知名度和影响力，推动当地农特产品的品牌建设和市场拓展。此次活动通过直播电商开辟线上销售渠道，搭建当地农产品线上线下融合的流通平台，开展电商消费促进活动，为持续深化电商助农、促进消费、带动农牧民增收贡献了电商力量。

（来源：广宁县电子商务公共服务中心）

【想一想】

1. 根据上述内容，请分析该县借助了哪些方式开展电商活动？
2. 农村电商在发展过程中需要借助哪些平台？

学习目标

知识目标

1. 了解电商平台不同推广工具的相关知识，包括直通车、引力魔方以及极速推；
2. 熟悉搜索引擎推广中关键词的类型、关键词分析方法，掌握关键词挖掘的流程及方法；
3. 认识私域流量，熟悉私域流量推广渠道；
4. 掌握短视频内容策划流程以及脚本撰写流程；
5. 熟悉短视频推广平台；
6. 认识直播活动策划方案；
7. 掌握直播脚本的类型及作用；
8. 熟悉直播产品话术设计以及直播间互动方法。

技能目标

1. 能够熟练掌握电商平台不同推广工具的操作方法；
2. 能够进行搜索引擎关键词挖掘与筛选；
3. 能够搭建搜索推广账号；
4. 能够使用微信完成私域流量的初步搭建；
5. 能够进行短视频内容策划以及脚本撰写；
6. 能够进行短视频的制作与发布；
7. 能够撰写直播间活动策划方案、直播脚本。

素养目标

1. 具备敏捷的思维，以及良好的网络营销能力；
2. 具备正确的价值观，遵循公序良俗，遵守商业道德；
3. 具备法律法规意识，能够依法规范自身的网络营销行为。

知识树

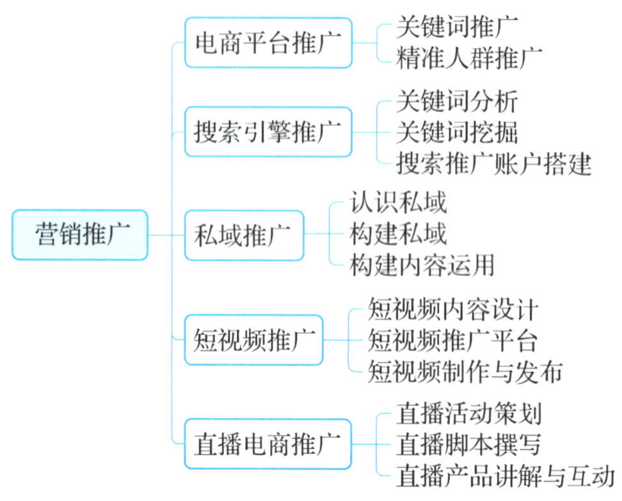

任务一 电商平台推广

任务情景

大农良公司通过市场分析最终决定开设淘宝店铺，并借助多种推广方式完成网店的推广工作。在正式开设网店之前，公司要求推广人员小周掌握淘宝平台内部不同推广工具的使用技巧，包括直通车、引力魔方、极速推等，确保在后期的工作中能正确使用并顺利开展。

任务分析

在正式进入推广之前，推广人员小周需要熟悉直通车、引力魔方、极速推等推广工具的基础知识，包括工作原理、展示位置、创建推广计划等。

知识探索

一、关键词推广

关键词推广是淘宝运营中最为常见的付费推广方式，其最终目的是为网店带来有效流量，开通关键词推广的卖家有很多，想要从众多竞争对手中脱颖而出，就需要熟悉关键词推广原理、展示原理、扣费原理及展示位置等，掌握新建关键词推广计划的技巧，便于提升自己产品的排名，以获取更多的曝光量。

（一）关键词推广的工作原理

1. 关键词推广原理

关键词推广主要通过卖家设置推广产品关键词来获取流量，按照推广产品的被点击数量付费，进行精准推广。例如，网店需要推广四会砂糖橘，卖家需要为该产品设定相对的关键字及产品标题，如“砂糖”“砂糖橘”“四会”“四会砂糖橘”等，当顾客在淘宝平台输入关键字检索产品，或依照产品归类开展检索时，便会呈现卖家营销推广中的产品。假如顾客根据关键字或产品归类检索后，在直通车推广位点击该产品，系统软件便会依据卖家设置关键字或类目的竞价开展扣除相应费用。

2. 关键词推广展现原理

卖家设置了推广产品相关的关键词后，当有买家搜索到相应关键词时，卖家通过关键词推广的这个产品就有机会得到展现，如图 6–1 所示。

卖家产品展现位置的前后与所设置关键词的精准程度、关键词的出价等因素有关，关键词推广根据关键词的质量得分和关键词的出价综合衡量得出产品排名。

综合排名 = 出价 × 质量得分

所以关键词的质量得分和出价都会对排名有影响。

3. 关键词推广扣费原理

关键词推广是按点击扣费的，但是扣费金额并不等于每个关键词的出价。

图 6–1 关键词展现

单次点击扣费 = (下一名出价 × 下一名质量分) / 产品质量分 +0.01 元

扣费最高的是卖家设置的关键词出价，当公式计算得出的金额大于出价时，将按实际出价进行扣费。另外淘宝有 24 小时全天实时无效点击过滤系统，无效点击产生的费用也会返回到卖家账户中。

（二）关键词推广的展示位置

1. 电脑端展示位置

在电脑端搜索页面中，关键词推广的展示位置共有 24 个，分别是左侧 3 个、右侧 16 个、底部 5 个。左侧 3 个是左边首行第一、第二、第三个位置的“掌柜热卖”；右侧 16 个是页面右侧从上到下依次的 16 个商品;而底部 5 个是页面最底端的 5 个“掌柜热卖”直通车位置。

以搜索“四会砂糖橘”为例，可以看到关键词推广不同的展示位置及数量，如图 6–2、图 6–3 所示。

图 6–2 电脑端关键词推广展示位（1）

图 6–3 电脑端关键词推广展示位（2）

2. 移动端展示位置

移动端搜索结果中，关键词推广的商品与所有商品混排，其中带有英文“HOT”标识的就是关键词推广的商品，代表着该产品为热卖品或畅销产品。以搜索“四会砂糖橘”为例，移动端第一个带有“HOT”标志的就是关键词推广位，如图 6–4 所示。

图 6–4 移动端关键词推广展示位置

（三）新建关键词推广计划

在正式开展关键词推广计划之前，首先要了解关键词推广开通的目的，主要有以下五种：

（1）测款。通过关键词推广测款得出店铺的主打款、引流款、爆款，一般通过 5~7 天的数据可以得出结论。

（2）测图。通过关键词推广的点击率得出哪张创意图效果最好。

（3）养分。通过关键词推广提升质量分。养分时长控制在 3~7 天，也根据点击率而定，点击率越高，养分效果越明显。

（4）冲销量。卖家根据当月的销售预估下个月的销售额，关键词推广可作为冲销量的一种方式。

（5）低价引流。通过较低的出价批量推广，使店铺获得较高且具有持续性的低价流量。

二、精准人群推广

精准人群推广指的是通过自定义目标人群及出价，来实现高营销价值人群运营的精确和可控；或通过提供拉新至转化全链路人群培育路径，来推动全店生意长期增长。

（一）精准人群推广的工作原理

精准人群推广是融合了猜你喜欢信息流和焦点图的全新推广产品。原生的信息流模式是唤醒消费者需求的重要入口，全面覆盖了消费者购前、购中、购后的消费全链路；焦点图锁定了用户进入淘宝平台的第一视觉，覆盖了淘系全域人群。通过两者的有机结合，同时基于阿里巴巴大数据和智能推荐算法，帮助店铺激发潜在目标消费者的消费兴趣。

1. 精准人群推广原理

精准人群推广主要围绕产品层面进行人群的深度拓展，如选用相似宝贝人群、关键词定向人群等。精准人群推广的优势在于可以利用商家圈定的一类人群进行目标人群拓展。目标人群扩展功能可以更好地帮助商家进行人群的拉新策略。

如果店铺本身已经有一定的人群的沉淀与累积，也有固定的人群标签，那么拉新时可以通过店铺进行人群拉新策略，如相似店铺人群投放，通过相似店铺人群进行扩展从而进行拉新策略。

如果店铺产品与人群量级都不大，并且数据不足时，可以重点利用达摩盘人群与小二推荐人群，如果没有开通达摩盘人群，可以重点参考小二推荐人群进行拉新流量的拓展。

2. 精准人群推广的竞价排名

精准人群推广的竞价排名是根据展现量收费，其排名的前后根据出价的高低确定，价高者优先展现。其公式为：

$$CPM = CPC \times CTR \times 1000$$

其中，CPC 是英文 Cost Per Click 的缩写，是一种常见的互联网广告付费方式，表示按点击付费；CTR 是英文 Click-Through-Rate 的缩写，是指点击率。

当卖家使用精准人群推广一款产品时，系统会根据卖家出价来预估一个 CTR，在精准人群推广中点击率是核心，如果产品的点击率不高，将无法进行展现。

3. 精准人群推广的扣费原理

精准人群推广的扣费原理可分为两种情况，一种是当投放主体不是店铺时，根据优化目标的不同，采取的扣费方式也有所不同。例如，优化目标是提升产品点击率，则会按照点击扣费，如果是其他目标则会按照曝光扣费；另一种是投放主体是店铺，均为点击扣费。

精准人群推广的扣费公式：按照下一名 CPM 结算价格 +0.1 作为实际出价的扣费 COM 价格，根据公式换算成点击扣费 CPC。

（二）精准人群推广的展示位置

精准人群推广的资源位较多，如首页焦点图、手淘首页猜你喜欢、购中猜你喜欢、购后猜你喜欢、微详情页、红包互动权益以及限时高效，同时系统会自动生成一个优质资源，可通过溢价来调整展现位置的高低。

1. PC 端展示位置

如图 6–5 所示，通过后台可以看到，PC 端展示位置包括淘系焦点图、首页猜你喜欢、购后猜你喜欢以及红包互动权益场，最终显示位置及效果显示如图 6–6 和图 6–7 所示。

图 6–5 精准人群推广核心资源位

图 6–6 首页焦点图

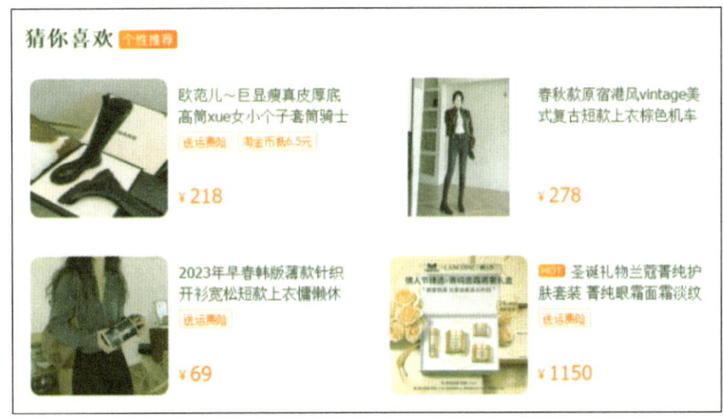

图 6–7 首页猜你喜欢

2. 移动端展示位置

移动端是精准人群推广的主要战场，由于精准人群推广是定向展示，因此针对卖家投放的推广产品会展示在特定人群面前，具体位置如图 6–8 和图 6–9 所示。

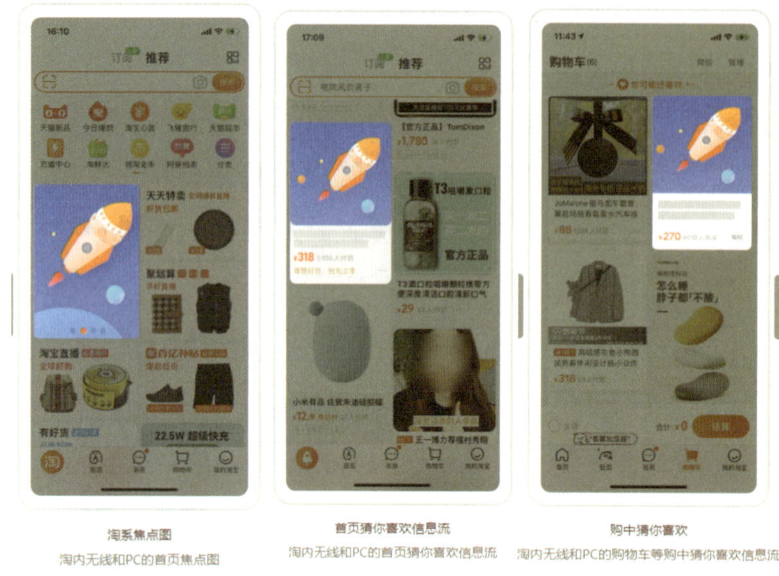

图 6-8 移动端展示位置（1）

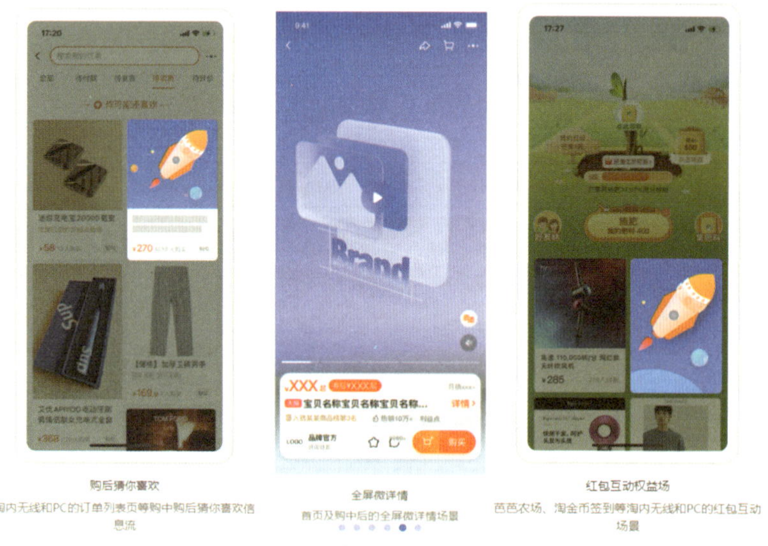

图 6-9 移动端展示位置（2）

（三）新建精准人群推广计划

精准人群推广的最终目的是增加流量、促进转化。如果整体预算很少，可只做主款单品推广，不做多产品测试。预算的投入可以根据效果进行增加。

精准人群推广有三种推广方案可供选择，分别是店铺宝贝运营、人群方舟和人群超市。

（1）人群超市适合初涉人群圈选投放的商家，或者投前需要明确投放人群画像，并需精准投放的商家。该投放功能主要应用于基于淘系首焦和全屏微详情等特色场景，来提升品牌或宝贝的推广效果。通过选择合适的人群包和套餐后，一键下单，后期不用再做过多计划。

（2）人群方舟适合人群精细化运营的商家，该投放是基于店铺的潜客、新客、老客或品牌的深链方法论，实现全链路人群经营，带动生意长期增长。通过精准人群拉新，提升店铺兴趣类客户和首购新客量，使人群资产得到高效转化。

（3）店铺宝贝运营可在上新期使用。在新品上架初期，可使用新品飞车，以此来优化点击量和收藏加购量，通过获取平台流量补贴来快速积累数据。在新品成长期，当新品积累数据完成后，可使用“直接销量达成”快速实现新品成长。

任务实施

任务一　新建关键词推广计划

步骤 1：新建关键词推广计划

登录千牛卖家中心，找到“推广”模块，单击“推广服务”下方的“原直通车”栏目，进入关键词推广页面，如图 6–10 所示。

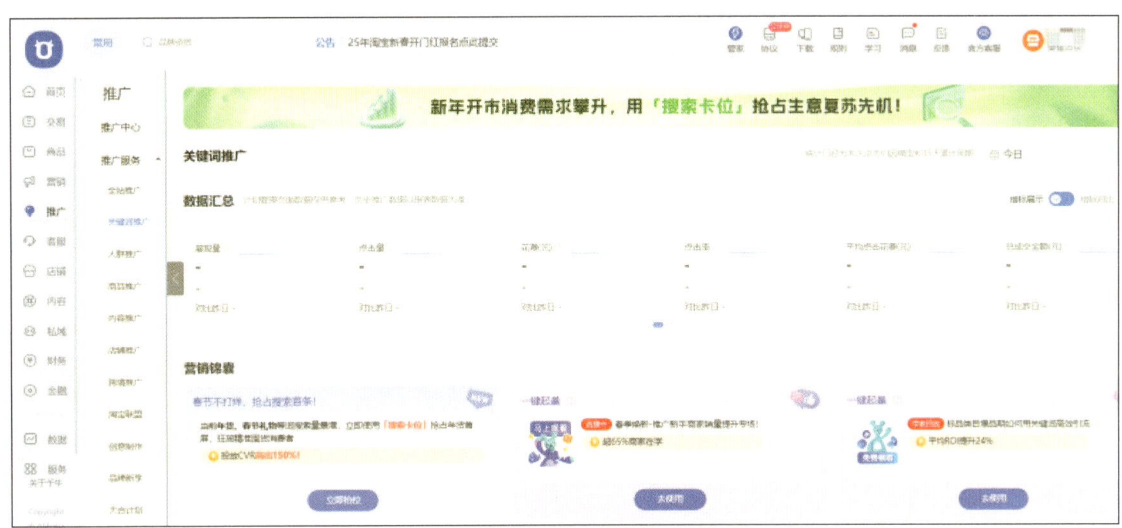

图 6–10　关键词推广页面

在关键词推广页面，单击计划列表下方的“新建关键词推广”按钮，页面跳转至万相台无界版的计划设置界面，如图 6–11 所示。

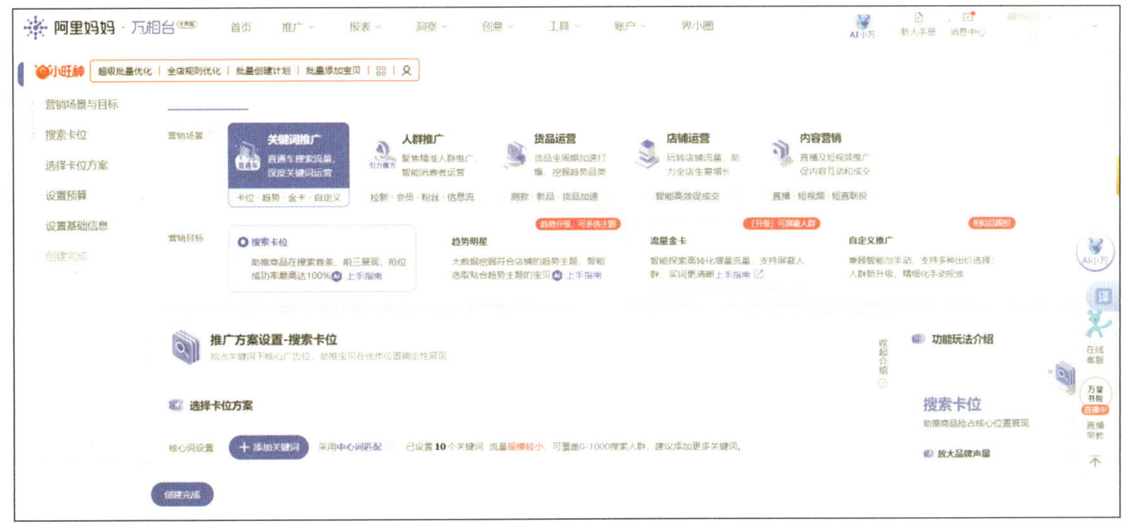

图 6–11　万相台无界版的计划设置界面

步骤 2：创建关键词推广计划

步骤 2.1：选择场景。

将营销场景选为“关键词推广”。

步骤 2.2：选择营销目标。

营销目标包含搜索卡位、趋势明星、流量金卡和自定义推广，搜索卡位是助推商品在搜索首条、前三展现，抢位成功率高达 100%。趋势明星是大数据挖掘符合店铺的趋势主题，智能选取贴合趋势主题的商品。流量金卡是智能探索高转化增量流量，支持屏蔽人群，买词更加清晰。自定义推广是兼顾智能与手动，支持多种出价选择，人群新升级，精细化手动投放。

步骤 2.3：选择推广宝贝。

设置投放主体前需要先确定选品方式。选品方式主要有两种，分别是“自定义选品”和“智能选品”。其中“智能选品”是系统通过商品多维度特征及推广效果预估，动态优选营销目标下的最优商品，可以通过选定选品方向下的详细指标，如销量量级、收藏加购、进店引流、关联购买、拉新指数、复购指数、兴趣人群等精准选择投放的主体商品，如图 6–12 所示。

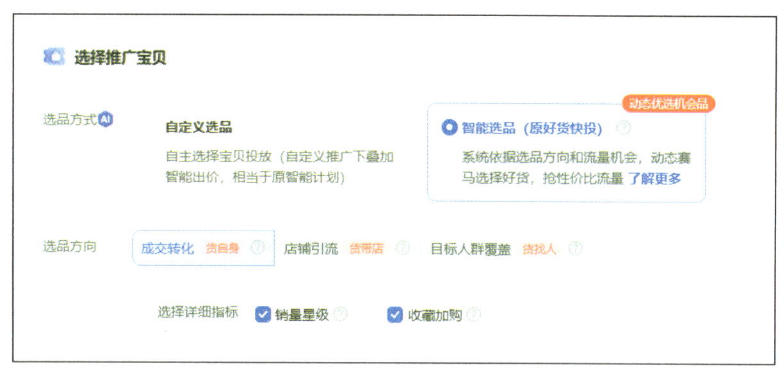

图 6–12 智能选品

“自定义选品”就是自主选择商品投放。可在下方直接单击“添加宝贝”按钮即可，所添加商品数量最多不能超过 30 个。若选择“自定义选品”，并叠加智能出价，则可以一键批量推广多个商品，这样的推广计划投入产出比较高。如图 6–13 所示以选择“自定义选品”为例。

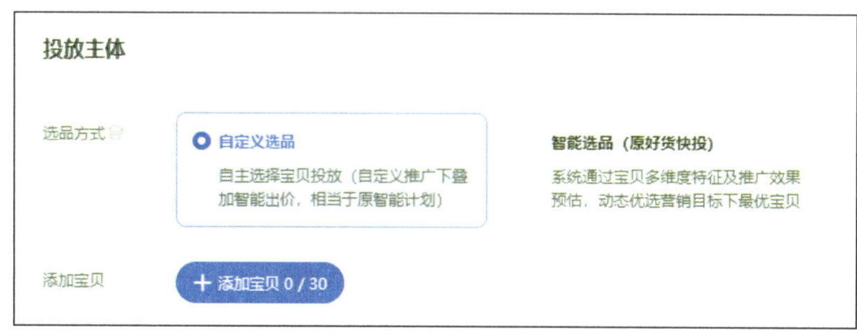

图 6–13 选择“自定义选品”

单击“添加宝贝”按钮，在全部商品中选择已确定要进行推广的商品，并单击商品后面的“添加”按钮，如图 6–14 所示，添加完商品后，单击下方的“确定”按钮即可。

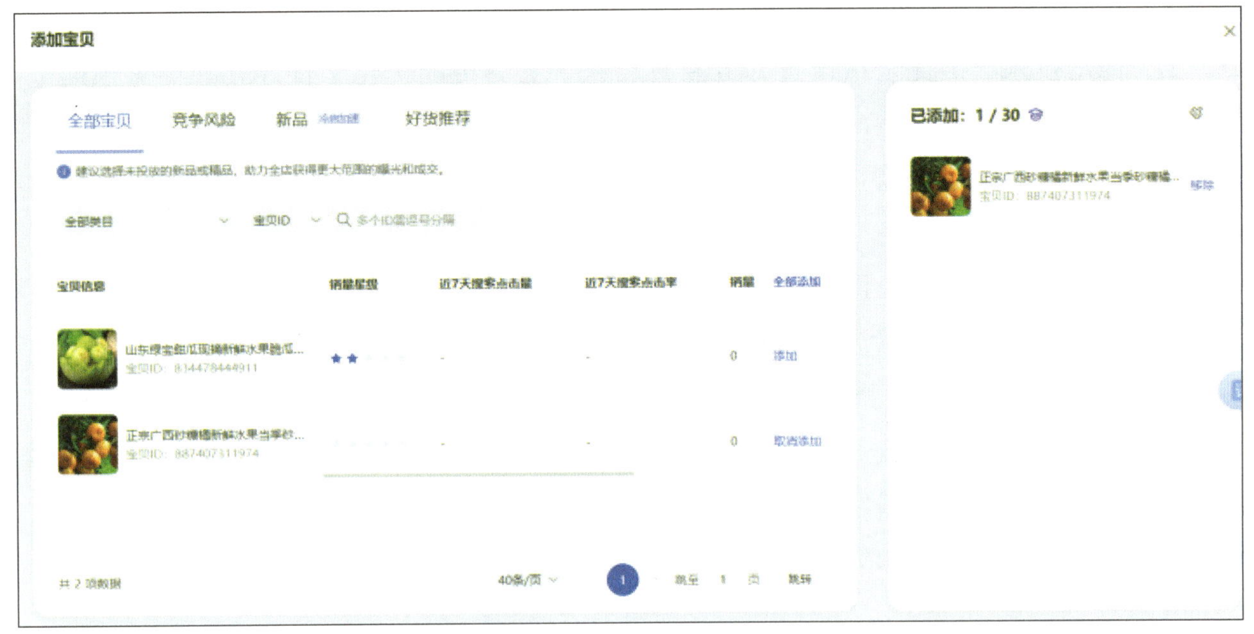

图 6–14　选择推广的商品

步骤 2.4：设置“出价及预算”。

出价及预算主要设置的内容包括出价方式、出价目标、预算类型。

其中预算类型主要包括每日预算和周预算。每日预算是网店愿意在这条推广计划上花费的日金额。输入网店此条推广计划的每日最高花费金额，即可避免因点击次数过高而造成直通车点击付费超出网店预算的情况。当每日的推广花费超出当日预算后，就会停止投放，并在第二天重新开始投放。而周预算是一个周期，也就是 7 个自然日的预算总额上限，设定完成后当日即生效，系统在此预算限定下将会进行智能投放，合理分配每日预算。以选择“每日预算”为例，如图 6–15 所示，选择后会看到系统所提供的建议每日预算金额，如此处为每日 50~80 元，商家可以根据系统建议，将每日预算设置为每日 60 元。

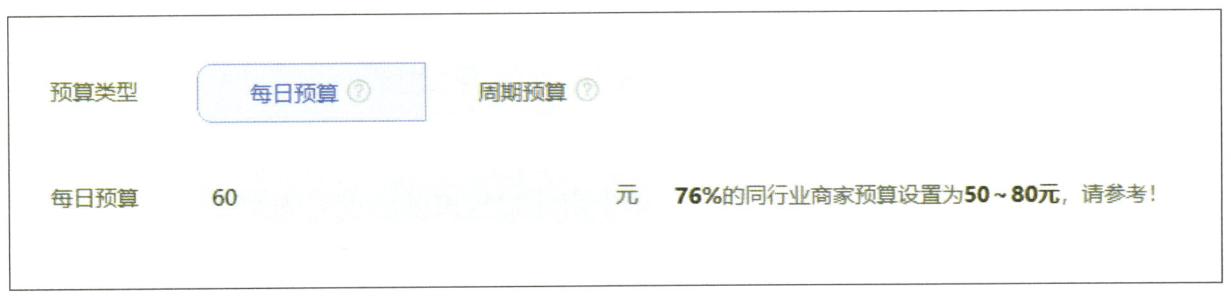

图 6–15　选择“每日预算”

无论是“每日预算”还是“周预算”，都需要选择“出价方式”，包括最智能出价和手动出价。

出价目标包括获取成交量、稳定投入产出比、相似产品跟投、抢占搜索卡位、提升词市场渗透、增加收藏加购和增加点击量。

（1）获取成交量是指在预算范围内，系统根据优化目标智能出价，最大化获取成交量。

（2）稳定投入产出比是指设置 ROI 目标，系统会尽可能优化 7 日 ROI 在商家预期范围内轻微浮动。

（3）相似产品跟投是指系统智能选择同价格带，同叶子类目，标题、图片和详情高度相似的商品进行广告投放。

（4）抢占搜索卡位是指助推商品在搜索首条、前三等顶级位置展现，抢位成功率高达 100%，有利于放大品牌声量。首条成交转化率比其他位置可提升约 220%。

（5）提升词市场渗透是指助力商品提升所选关键词的市场渗透率，从而拥有更多的流量份额。

（6）增加收藏加购是指在预算范围内，系统根据商家的目标智能出价，最大化获取收藏加购量；若勾选设置平均成本，则系统会尽可能控制 7 日收藏加购成本在预期范围内轻微浮动。

（7）增加点击量是指在预算范围内，系统根据商家的目标智能出价，最大化获取点击量；若勾选设置平均成本，则系统会尽可能控制 7 日点击成本在预期范围内轻微浮动。

以选择出价目标为“获取成交量”为例，如图 6-16 所示。

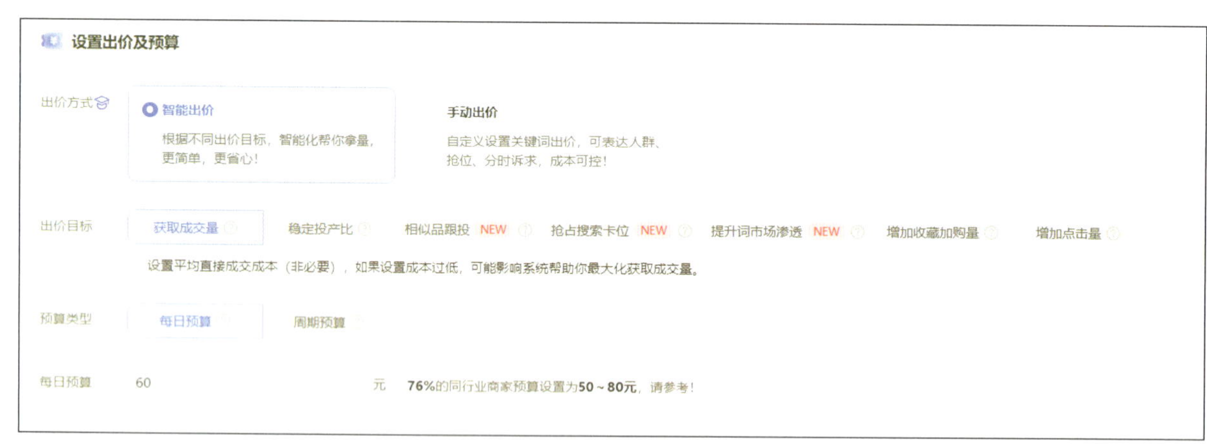

图 6-16 选择“获取成交量”

此外，还可以在高级设置中，设置投放资源位、地域和时间。在选择投放资源位时，可优先选择淘宝站内，如图 6-17 所示。这样对于刚开始做关键词推广的网店来说效果比较有保障，因为淘宝站内的投放效果一般来说会优于淘宝站外。

图 6–17　高级设置页面

投放地域的设置可以精细化到省及其以下的各个市，如图 6–18 所示。商家可以根据网店的实际投放需求，选择对应的投放省或个别投放市。

图 6–18　设置“投放地域”

对于投放时间来说，商家可以根据网店的销售时间段特点，设置不同的时间折扣。比如，假设某网店在一条推广计划中关键词上的出价是 1 元，在某一时间段设置的时间折扣是 70%，那么在这个设置时间段发生的点击就是按 1 元的 70% 扣费，也就是 7 角。所以网店可根据不同时间段流量的特点和竞争情况，设置对应的时间折扣，来精准控制推广成本。此外，若是新开的网店，在不了解各个时间段的流量和竞争情况时，可选择网店对应的行业模板。通过下拉选择对应的行业类目，就会在下方看到对应的时间折扣建议，设置好之后，单击“确定”按钮即可，如图 6–19 所示。

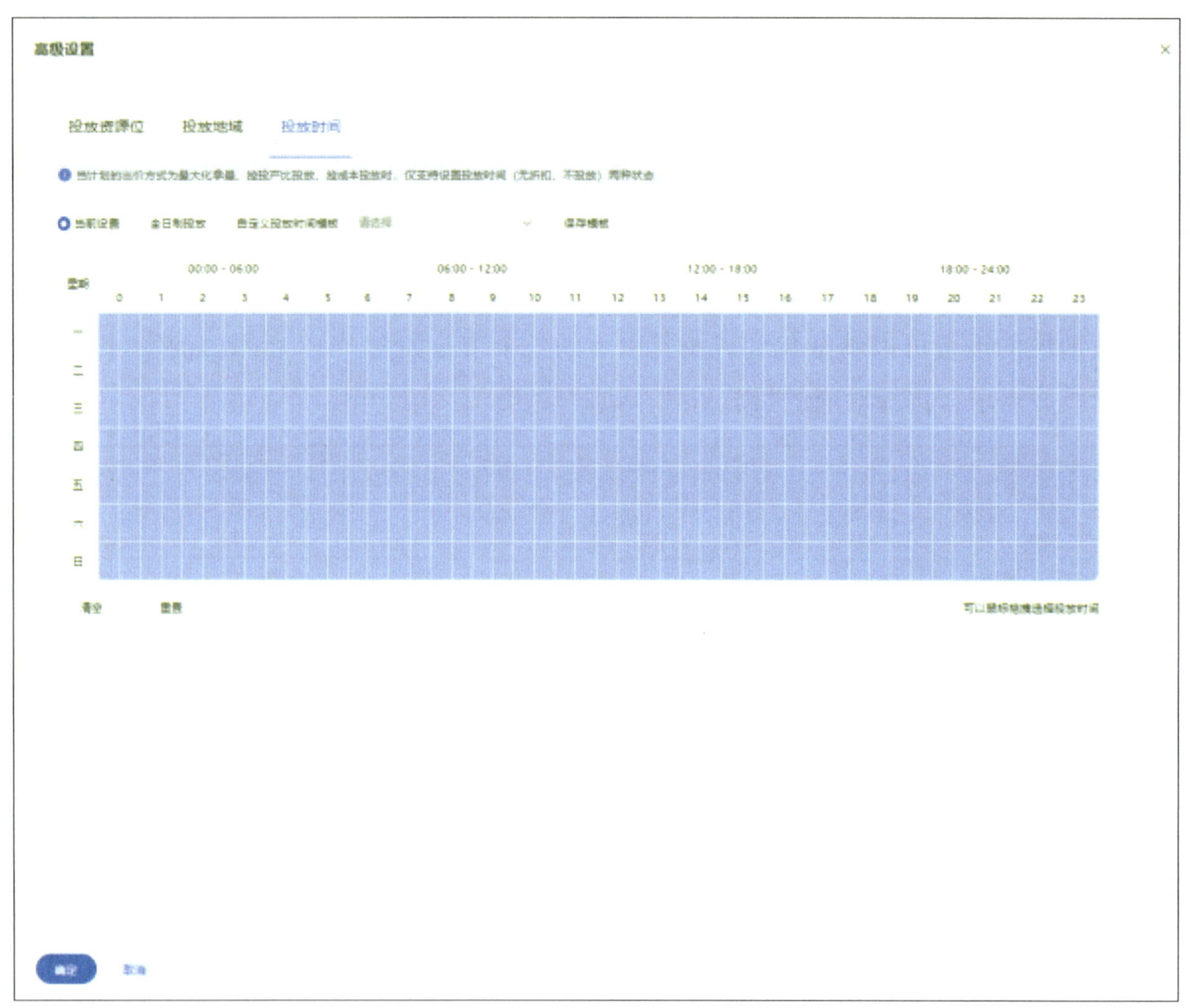

图 6–19　设置“投放时间”

另外，需要注意的是，当计划的出价方式为最大化拿量、控投产比投放或控成本投放，此处的投放时间设置仅支持设置为“无折扣”或“不投放”两种状态。

步骤 2.5：设置推广方案。

系统会提供一些关键词、出价以及推荐理由，商家可根据网店此次推广需要，有针对性地选择和调整关键词。若对所推荐关键词的价格不满意，还可点击修改出价；若想添加其他关键词，可单击“添加关键词”按钮，每次添加的关键词至少在 20 个，这样才能尽可能获得较大流量（图 6–20）。此外，需要注意的是，智能选品模式下不支持自定义设置关键词。

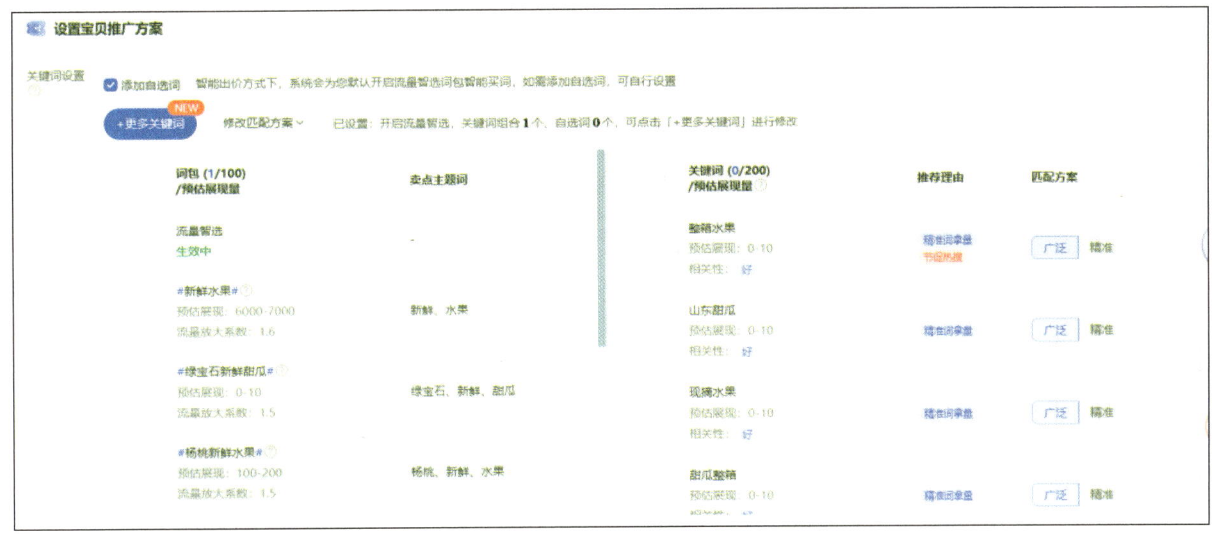

图 6-20　设置关键词

步骤 2.6：设置创意。

若开启的是极速版模式，会默认为选择“智能创意”（图 6-21），即系统会根据商品信息、主副图、商品视频自动生成创意，之后还会结合流量特点进行创意优选投放，以此来帮助商家提升点击率。若想自定义创意，可在该计划创建完成后在计划详情页上进行上传修改。

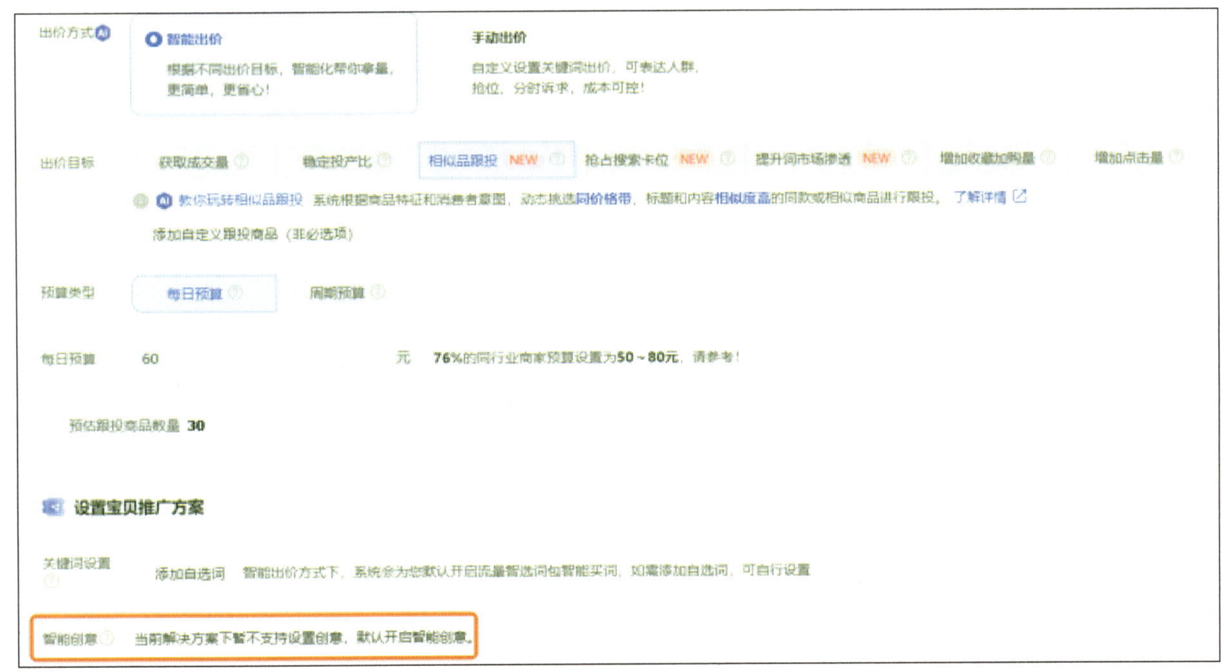

图 6-21　设置创意、优惠权益和计划名称

步骤 2.7：设置优惠权益和计划名称。

编辑“计划名称”，一般可以推广的商品或推广目的作为计划名称，之后确定是否需要选择优惠券及流量扶持。

完成所有的操作后，单击“创建完成”按钮，即完成此次推广计划的设置。

任务二 新建精准人群推广计划

下面以新建精准人群推广计划为例，进行具体的操作演示：

步骤 1：新建精准人群推广计划

登录千牛卖家中心，找到“推广”模块，单击“推广服务”下方的“原引力魔方”栏目，进入精准人群推广界面，如图 6–22 所示。

图 6–22 精准人群推广页面

然后，单击计划列表下方的“新建精准人群推广”按钮，页面将跳转到阿里妈妈 · 万相台无界版的计划设置界面，如图 6–23 所示。

图 6–23 阿里妈妈 · 万相台无界版的计划设置界面

步骤 2：设置精准人群推广计划

精准人群推广计划的创建主要分为确定营销目标、选择优化方向、选择投放主体、设置人群、设置预算与排期、设置创意、设置基础信息七个关键步骤。

步骤 2.1：确定营销目标。

主要包括店铺人群运营、人群超市和自定义推广三种营销目标。以选择“自定义推广”营销目标为例，如图 6–24 所示。

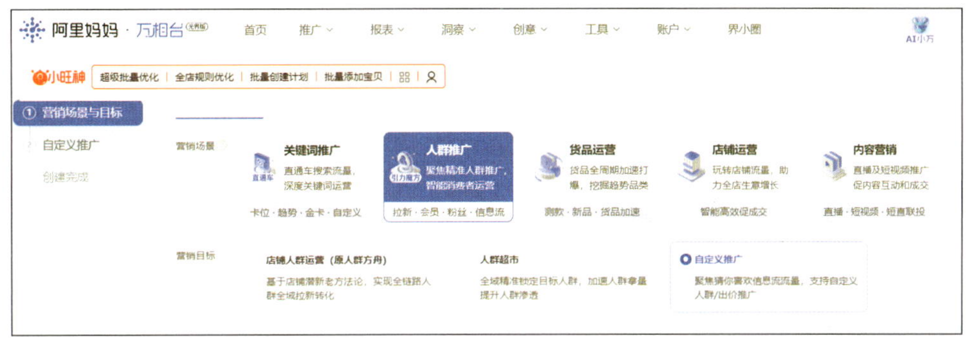

图 6–24　自定义推广

步骤 2.2：选择优化方向。

选择优化方向，包括促进点击、促进加购和促进成交。促进点击优化方向即提升宝贝浏览，优化宝贝点击率。促进加购即提升收藏加购，优化收藏加购。促进成交即提升宝贝成交，优化点击转化率。以选择“促进点击”优化方向为例，如图 6–25 所示。

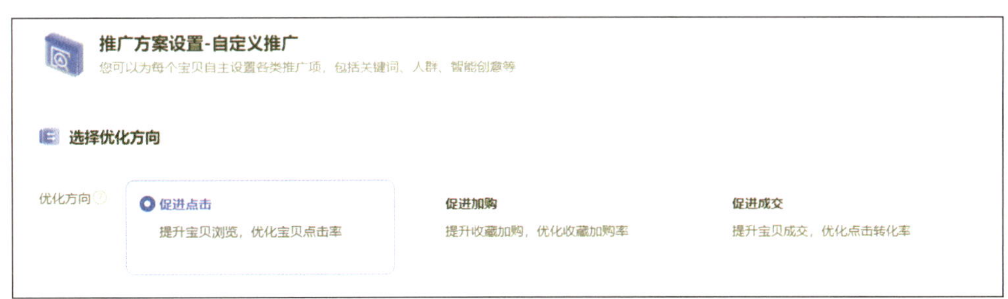

图 6–25　促进点击

步骤 2.3：选择投放主体。

有两种选品方式，即“自定义选品”和“智能选品”。自定义选品即自主选择宝贝进行投放，而智能选品是系统通过商品的多维度特征及推广效果预估，动态优选营销目标下的最优商品。当选择“自定义选品”时，可以在“添加宝贝”下方看到，系统已经优选出了一些商品，若结果不符合预期，可以继续单击“添加宝贝”按钮，添加想要推广的商品，如图 6–26 所示，且添加的商品数量最多不能超过 20 个。

图 6–26　自定义选品

若选择“智能选品”时，可选择需要屏蔽的商品，如图 6–27 所示。单击“选择屏蔽宝贝”按钮，页面跳转至选择屏蔽宝贝页面，单击需要屏蔽的商品后面的“添加”按钮，完成后单击“确定”按钮即可，如图 6–28 所示。

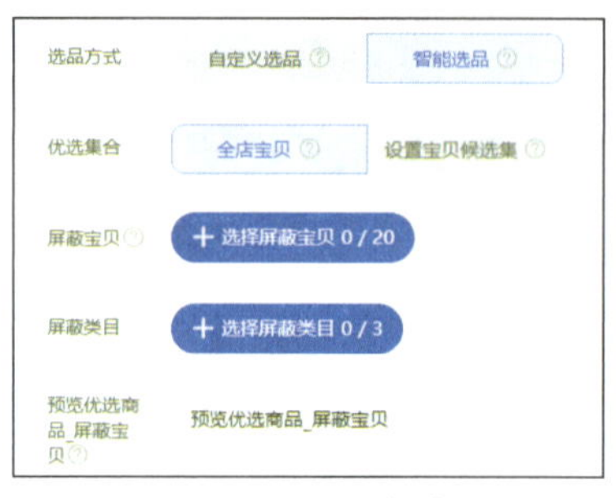

图 6–27　智能选品

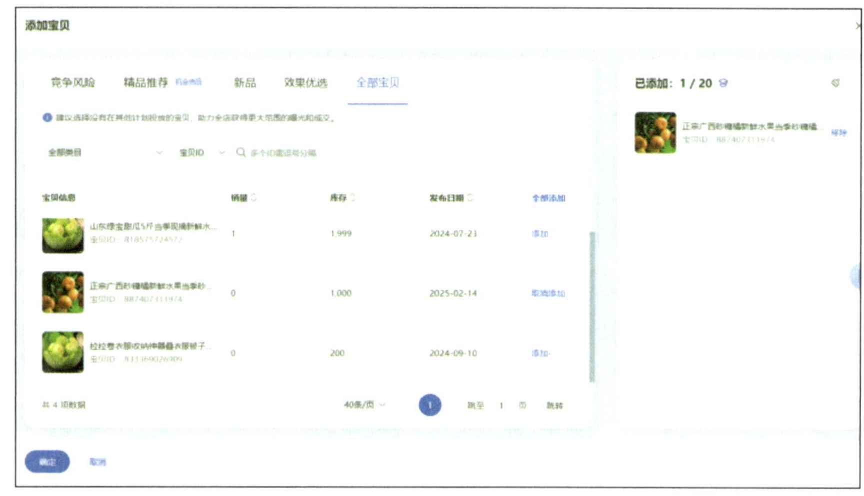

图 6–28　选择屏蔽宝贝

步骤 2.4：设置人群。

确定好要投放的商品后，即可看到在“种子人群”板块自动出现系统根据所设置的优化目标和推广主体，智能推荐的种子人群，其中包含所推荐的人群名称、人群类型、行业点击率、行业收藏加购率、行业转化率、使用热度以及人群规模指数，系统还会根据种子人群的特征和实时行为，计算并优选特征相似的人群，帮助店铺扩大人群规模，如图 6–29 所示。

图 6–29　设置人群

步骤 2.5：设置预算与排期。

与关键词推广一样，这里也同样包含“每日预算”和“周期预算”两种类型。以“预算类型”设定为“每日预算”为例，在“每日预算”金额一栏，结合系统所建议的每日预算“80~120 元”每天，填入“100”，如图 6–30 所示。

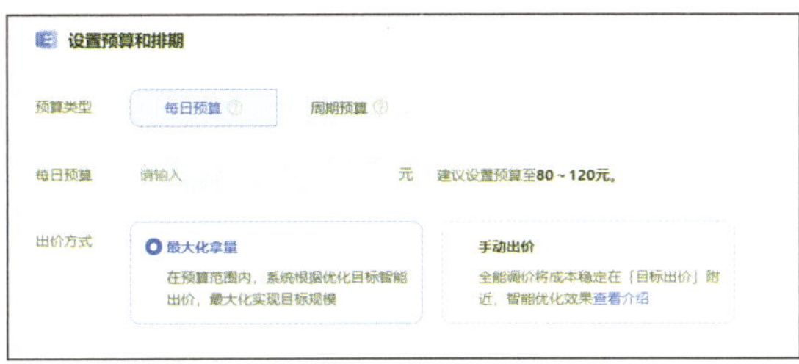

图 6–30　设置预算与排期

接着选择“出价方式”。系统给出的出价方式共有两种，分别是最大化拿量和手动出价。最大化拿量是在预算范围内，系统根据优化目标智能出价，最大化实现目标规模；手动出价即自定义设置出价，这种出价方式成本可控。以选择“最大化拿量”为例，如图 6–30 所示。

步骤 2.6：设置基础信息。

确定好出价方式后，还可在“高级设置”中，设置“投放资源位”“投放地域”以及“分时折扣”，修改对应的计划名称，如图 6–31~ 图 6–34 所示。

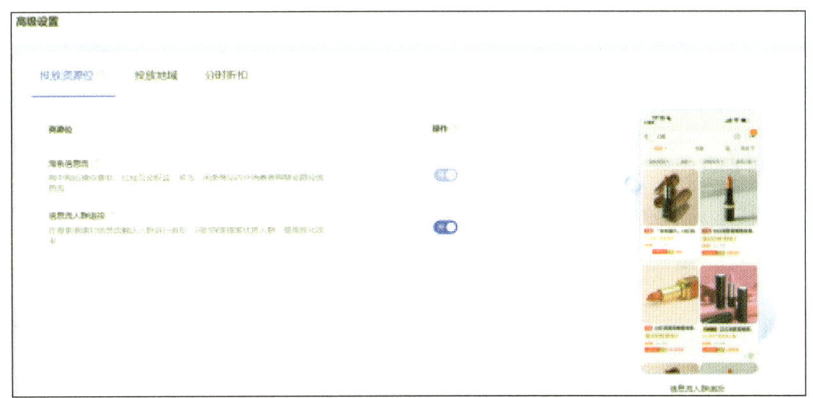

图 6–31　选择投放资源位

图 6–32　选择投放地域

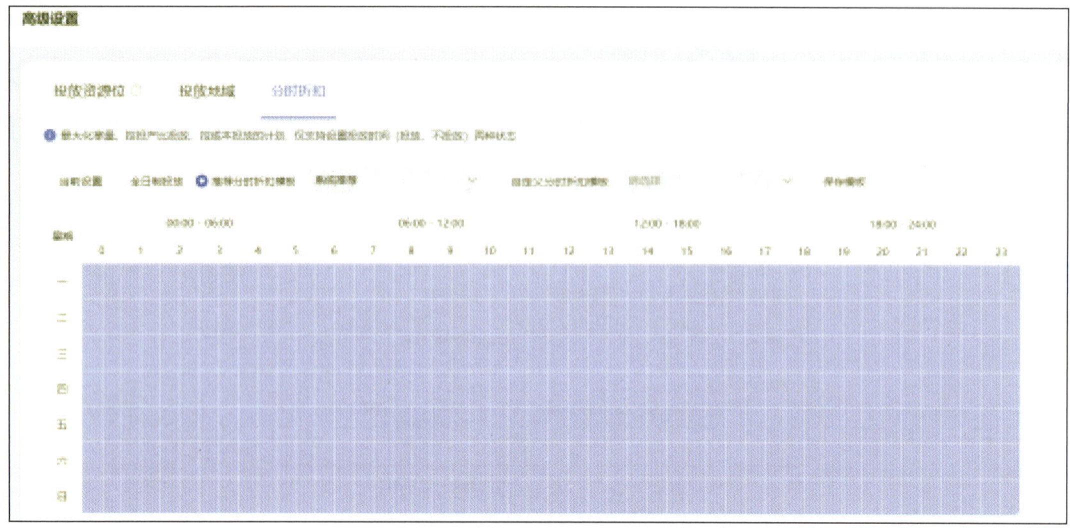
图 6–33 选择分时折扣

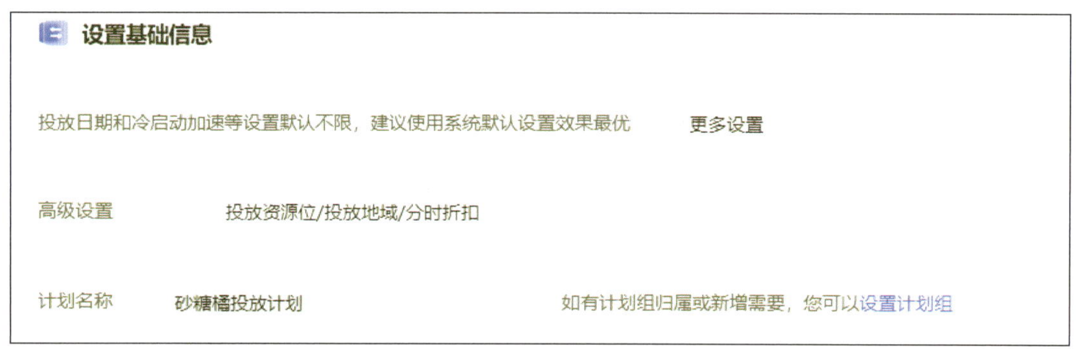

图 6–34 修改计划名称

步骤 2.7：设置创意。

下拉到“创意”板块，确认创意的展现形式。对于极速版，系统默认开启智能创意，如图 6–35 所示。即竖版大图 800 像素 ×1 200 像素、竖版长图 513 像素 ×750 像素、竖版视频 800 像素 ×1 200 像素、方图 800 像素 ×800 像素、方视频 800 像素 ×800 像素，5 种尺寸建议都上传对应创意。其中竖版大图 800 像素 ×1 200 像素（猜你喜欢位置图片）、竖版长图 513 像素 ×750 像素（焦点图位置图片）、方视频 800 像素 ×800 像素（猜你喜欢位置图片），这三个尺寸创意建议都上传。

如果需要自定义创意，可以在创建完成后在计划详情页进行上传修改。图片创意尺寸根据投放渠道进行添加，大部分主图可完成多数渠道的覆盖。首焦资源位需要有不同的创意尺寸，有视频的一定要增加创意停留和曝光。

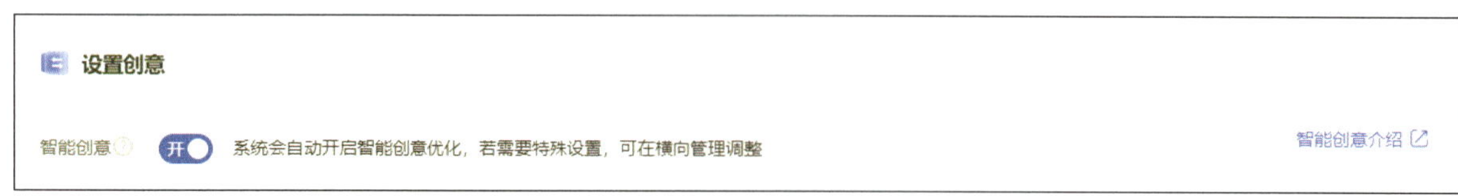

图 6–35 设置创意

上述所有操作完成后，单击“创建完成”按钮，就完成了精准人群推广的设置。

合作探究

请扫描右方二维码，获取项目六中合作探究的背景资料，根据情境，并参考以下步骤完成电商平台推广。

步骤 1：新建关键词推广计划

步骤 1.1：根据所学知识确定本次推广的目的。

步骤 1.2：确定“再生纸制收纳盒”推广计划名称，并对日限额、投放位置、投放地域以及时间段进行说明。

步骤 1.3：整理汇总出新建推广产品所需要的信息，包括产品名称、数量、对应关键词集及其数量，确定人群类型。

步骤 2：新建精准人群推广计划

步骤 2.1：根据所学知识，确定“再生纸制收纳盒”推广计划名称及营销场景。

步骤 2.2：尝试整理汇总出新建推广产品“再生纸制收纳盒”本次所需要的信息，包括营销目标、投放主体、定向人群、资源位、预算与排期。

任务评价

本任务完成后，请从知识目标、技能目标和素养目标等维度进行评价。

评价项目	具体要求		分值	自我评价
知识目标	理解关键词推广、精准人群推广的工作原理		10	
	熟悉关键词推广、精准人群推广的展示位置		10	
技能目标	能够掌握并独立完成关键词推广计划的制订		30	
	能够独立进行精准人群推广计划的制订		30	
素养目标	工作态度	遵守纪律，无无故缺勤、迟到、早退现象	5	
	工作规范	能正确理解并按照项目要求开展任务	5	
	协调能力	小组成员间合作紧密，能互帮互助	5	
	职业素质	操作合规，不违背平台规则、要求	5	
综合评价			100	

任务二 搜索引擎推广

任务情景

搜索引擎推广可以帮助企业快速找到目标群体，将与产品或店铺相关的信息推送至首页位置。大农良公司自开通网店以来，店铺产品的搜索排名一直靠后，除了几款爆款产品外，其他产品排名都不太理想。于是，网店运营者决定对店铺搜索引擎推广进行重新规划。

任务分析

在搜索引擎推广中，关键词是一个重要指标。大农良公司需要在对关键词分析、关键词挖掘、搜索推广账户搭建的过程中，研究产品关键词的类型、分析方法、挖掘流程、挖掘方法以及关键词筛选等内容，努力提升大农良公司的关键词排名。

知识探索

一、关键词分析

目前国内的网络消费多以第三方平台，如淘宝、京东为主，消费人群信息获取的渠道则多以搜索引擎为主，而搜索引擎又是以关键词搜索为基础，因此，卖家可以通过产品主流关键词测试，借助主要网络平台指数来分析目前产品市场的发展情况。

（一）关键词类型

关键词的类型包括核心词、品牌词、属性词、营销词、长尾词等。具体内容参见项目三任务一中的“商品标题撰写”。

（二）关键词分析方法

平台关键词分析可以借助工具，例如淘宝中的生意参谋，如图 6–36 所示，进入生意参谋，选择上方选项卡中的“流量”板块，单击左侧选项栏中的“选词助手”选项，商家可以查看 7 日和当天的关键词信息，包括引流搜索关键词、竞店搜索关键词、行业相关搜索词等，不同关键词下又包括搜索词、长尾词、品牌词、品类词以及修饰词。

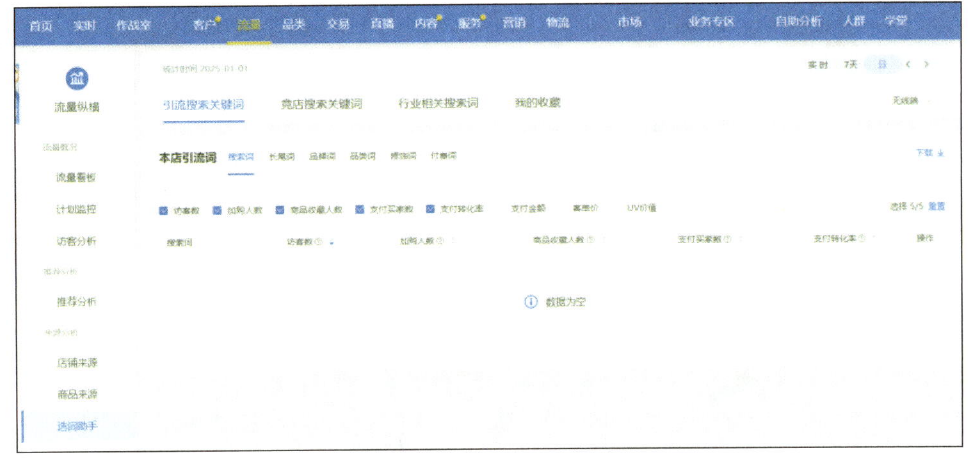

图 6–36 平台关键词分析

商家可根据不同需求进行关键词查询，例如进入“引流搜索关键词”界面后，即可查询搜索词带来的访客数、浏览量、引导下单买家数、引导下单转化率、跳失率等，也可单击“流量趋势”或“产品效果”选项查看具体数据内容，如图 6–37 所示，在“流量趋势”中可查看该词当日具体数据内容及趋势图，以此来判断该词是否可以继续作为店铺引流词。

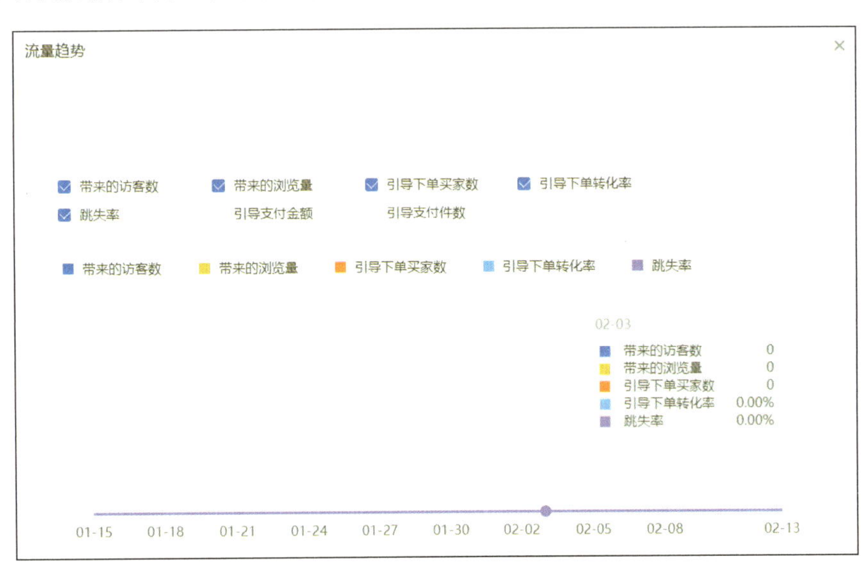

图 6–37 平台关键词流量趋势分析

在进行关键词分析时，成交关键词很重要，如果该词引导下单转化率较高，可尝试借助推广工具做进一步推广，例如将该词同步至关键词推广、精准人群推广等，增加产品曝光量及点击率。

二、关键词挖掘

（一）关键词挖掘的方法

1. 搜索下拉框推荐词

在电脑端首页搜索下拉框推荐词。以搜索“茶叶”为例，推荐词有茶叶罐、茶叶包装盒、茶叶储蓄罐等，如图 6–38 所示，可以把这些推荐词复制到词库中。

图 6-38 首页搜索下拉框推荐词

2. 淘宝搜索后的“您是不是想找”关键词推荐

比如当用户搜索“砂糖橘”时，搜索结果页中间会有一些系统推荐的词，这些都是用户常搜索的关键词，如图 6-39 所示，可以把这些词复制到词库中。

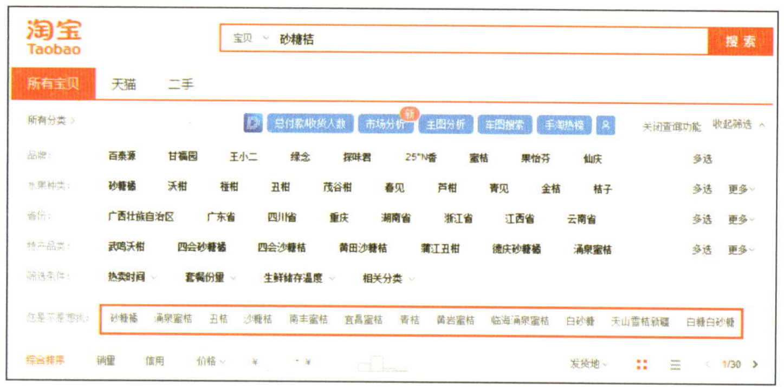
图 6-39 搜索页“您是不是想找”

3. 手淘 App 端默认推荐词

手淘 App 端也会有默认推荐词，以搜索“茶叶”为例，默认推荐词有茶叶袋、茶叶自己喝、茶叶杆除甲醛等，如图 6-40 所示，也可把这些词储存到词库中。

4. 移动端锦囊词

移动端除了可以用淘宝搜索下拉框收集外，也可以参考输入关键词后结果页中间的锦囊词，如图 6-41 所示。

图 6-40 手淘 App 端默认推荐词

图 6-41 移动端锦囊词

5. 生意参谋找词

进入生意参谋页面，选择上方选项卡中的“市场”板块，单击左侧选项栏中的“搜索排行”选项，可以看到搜索词排行，有热搜词和相关蓝海词两种。每个子类目都有 100 个热搜词和 100 个相关蓝海词，这些都是行业前 100 的关键词，可以把这些词复制到常用词库中，如图 6–42 所示。

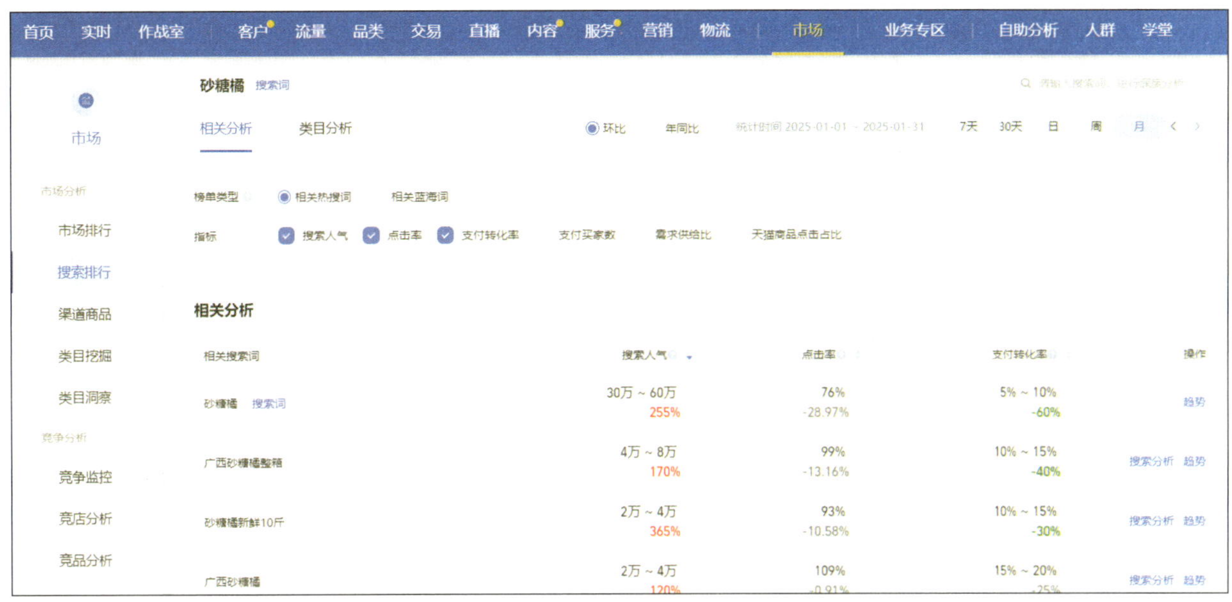

图 6–42 生意参谋找词

6. 阿里妈妈 · 万相台系统推荐词

进入阿里妈妈 · 万相台后台页面，单击上方工具模块中的“洞察”→“关键词洞察”→“流量解析”板块，如图 6–43 所示，有相关关键词，可以将这些相关关键词复制到词库中。

图 6–43 关键词洞察相关关键词

7. 参考同行 TOP 商品

卖家根据网店经营的类目，参考同行 TOP 商品的标题，这些标题中的关键词都是通过市场筛选，具有一定优势的关键词。

8. 其他找词方式

除了以上方法外，关键词的收集还有很多其他的渠道，如利用 Excel 表格的组词功能，输入一些属性词后，通过各种排序组合，可以生成新词。或通过其他工具或平台渠道收集关键词，如百度指数、八爪鱼采集器等。

（二）关键词筛选

一个关键词的好坏可从点击指数、点击率、转化率、平均点击花费等指标进行评判。

1. 点击指数

点击指数决定了该关键词本身流量规模上限，如果点击指数偏小，很可能在投放过程中，商家无法获得流量。

2. 点击率

点击率是指网站页面上某一内容被点击的次数与被显示次数之比，如果该词点击率较高，证明商品被买家接受与欢迎的程度也就越高。

3. 转化率

关键词要具备转化能力，如果投放关键词不具备转化能力，那么意味着该关键词推广只花费不成交，造成商家亏损。关键词的转化率越高，越能够提高一个产品的质量得分与搜索排名。这也就意味着越高的转化率，也能够带来越低的 PPC（单次点击成本）。

4. 平均点击花费

平均点击花费大小和商家投放预算有着紧密关系。在关键词选择上，商家要选择与产品匹配高（精准），能够满足流量规模，且平均点击花费低的词。或者后期优化计划权重，降低该词的平均点击花费，达到满意的推广效果。

三、搜索推广账户搭建

搜索推广的账户结构由账户、推广计划、推广单元、关键词和创意五个层级构成，且推广单元由多对多关键词列表和创意列表构成。

（一）账户层级

账户层级指搜索推广工具的设置以及状态，例如某平台搜索推广中的账户层级除了账户信息外（名称、时间、账户余额等），还有账户是否正常生效、账户开户金是否到达、账户审核情况等。

预算设置是账户层中很重要的一部分，可设置日限额或者不限定日限额。例如，在阿里妈妈·万相台中，“自动充值”中会有提醒条件、提醒方式的设置，当推广计划没有达到限定时会通过“千牛通知”或“短信通知”进行提醒。推广计划也可以计划提醒方式，提醒条件可以设定具体的时间段，通常每 4 小时提醒一次已撞线和预撞线的持续推广计划，如图 6–44、图 6–45 所示。

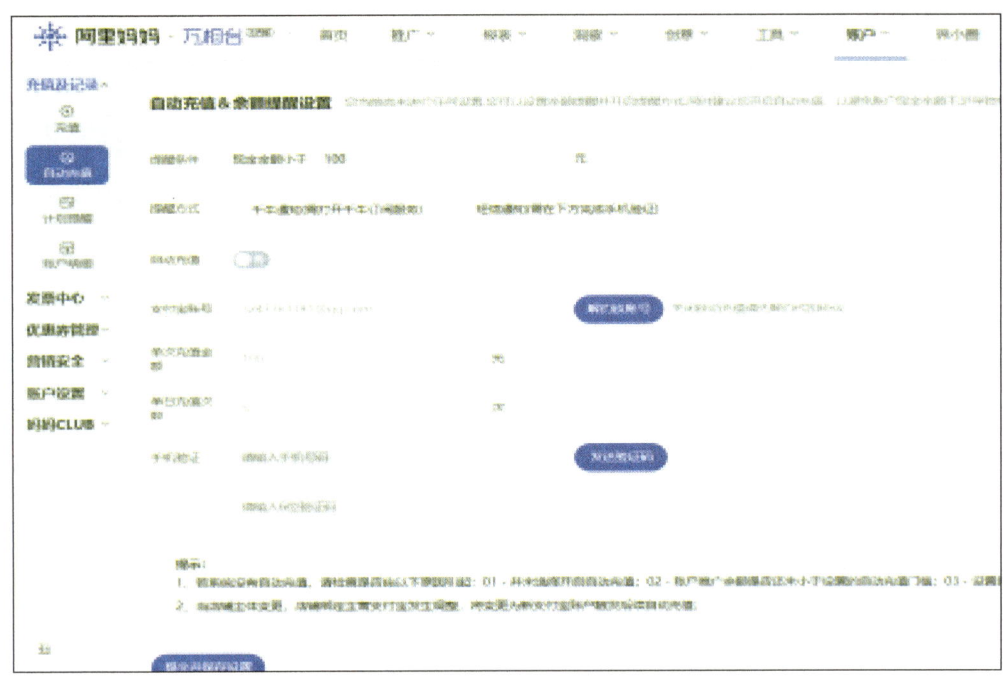

图 6–44　自动充值和余额提醒设置

图 6–45　计划预算提醒设置

优先级：账户优先于计划，账户下线后，计划预算同时下线。

例如，某店铺中推广费用设置为 500 元，其中每个推广计划 100 元预算，如果其中一个推广计划已花到 100.1 元，那么只会暂定该推广计划，但是如果账户已花费 500.01 元，那么所有计划将下线。

（二）推广计划层级

推广计划是管理一系列关键词和创意的大单位，每个推广计划都围绕特定的推广目标或产品展开。计划中的预算上限是由账户总经费决定的。它的优先级要小于账户层级。在计划层级，广告主可以设置具体的推广策略，如推广地域、每日预算、创意展现方式、推广时段管理等。

广告主还可以添加否定关键词，以排除与推广目标不相关的搜索词，提高推广效果。否定关键词，即当用户的搜索词包括否定关键词时，不会出现店铺推广信息。一般否定关键词分为精确否定关键词和短语否定关键词。这里没有优先级，一般计划和单元里的否定关键词会叠加。

计划暂停推广：优先级：高级别优先，计划 > 单元 > 关键词 > 创意。

（三）推广单元层级

推广单元是管理一系列关键词和创意的小单位，每个推广单元下的多个关键词共享多个创意，形成关键词和创意的多对多关系。如图 6–46 所示为关键词推广单元。

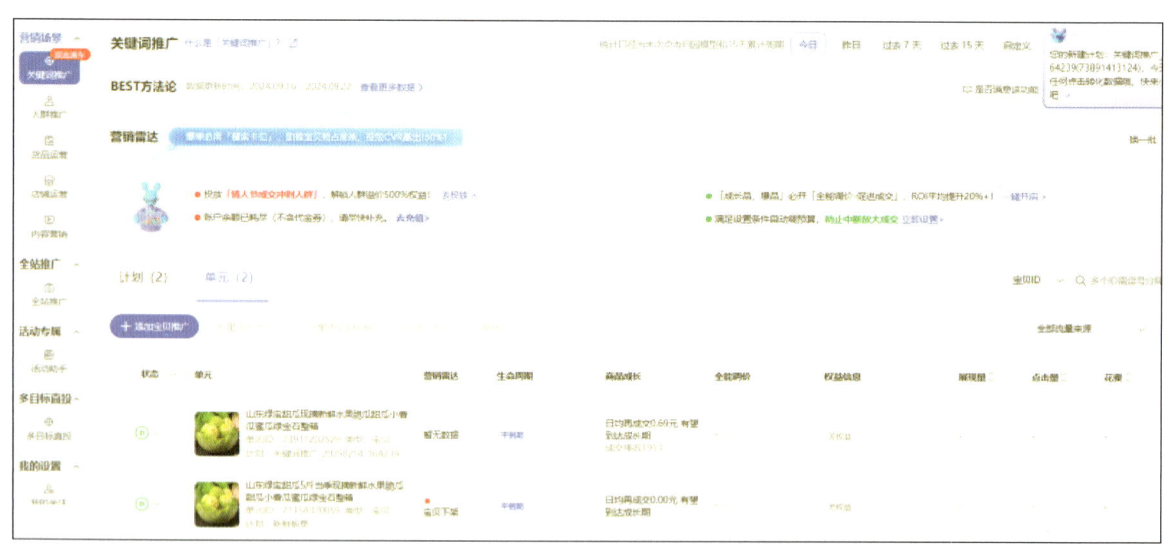

图 6–46　关键词推广单元

在单元层级，广告主可以进一步细化推广策略，如设置出价、否定关键词等。且关键词层的出价要优先于单元层。单元出价并不是关键词最终的出价，随意设置即可。

单元出价系数：这里是针对设备端进行出价，一般比例设置范围为 0.1~10，根据自身店铺用户使用设备比例进行设置。只有单元层级才能设置出价系数，所以没有优先级。

单元否定关键词：这里没有优先级，一般计划和单元里的否定关键词会叠加。

单元暂停推广：计划层优先于单元层。

（四）关键词层级

关键词层级指的是在每个单元中推广产品的竞价词。关键词是搜索推广的核心，它代表了网民的搜索意图和需求。在关键词层级，广告主需要选择与公司业务相关、网民可能搜索的关键词，以便将广告展示给潜在客户。关键词的选择和匹配方式会直接影响广告的展现和点击效果，因此广告主需要不断优化关键词列表。

关键词在设置出价时可以按照设置的关键词流量、转化来确定出价，保证关键词排名。

（五）创意层级

创意是广告的展现形式，包括标题、描述和显示 URL 等。在创意层级，广告主需要围绕单元内的关键词撰写吸引人的标题和描述，以提高广告的点击率。创意的展现方式有两种：优选和轮替。优选是系统默认的展现方式，会展示效果最好的创意；而轮替则是每条创意以相同的概率被展现。广告主可以根据需要选择合适的展现方式。

关键词创意 URL① 的优先级：关键词 > 创意。

关键词访问 URL 只针对此关键词有效，创意访问 URL 是针对整个单元关键词，关键词访问 URL 可有可无，而创意必须填写访问 URL。

任务实施

步骤 1：关键词分析

请根据上述知识和方法，完成农产品“新岗红茶”关键词的分析。

步骤 1.1：根据所学知识，尝试组织农产品“新岗红茶”的核心关键词、品牌词、属性词、营销词、长尾词，并将结果填写在表 6-1 中。

表 6-1　农产品“新岗红茶”关键词确定

核心关键词	
品牌词	
属性词	
营销词	
长尾词	

步骤 1.2：总结需要重点关注的数据，并填写在下方横线处。

____

____

____

步骤 2：关键词挖掘

关键词挖掘的流程分为四步，分别是明确关键词挖掘目的、确定关键词挖掘渠道、关键词数据分析以及确定关键词，具体流程如下：

① URL 是“Uniform/Universal Resource Locator”的缩写，指统一资源定位符，URL 格式是 WWW 的统一资源定位标志，就是指网络地址。

步骤 2.1：明确关键词挖掘目的。

不同的应用场景下关键词的选择是不同的，按关键词的类型区分核心关键词、品牌词、营销词、长尾词等。例如，卖家想通过关键词推广快速拉升搜索权重，首先需要清楚关键词的搜索权重来自该关键词所能带给卖家的成交量。在关键词推广中，流量的载体是关键词，想要流量有价值，必须有成交转化，成交才会加权重。

不同类型的关键词在推广中的运用场景也有所不同，具体如表 6–2 所示。

表 6–2　不同场景关键词运用

推广目的		关键词类型	背后逻辑
测试场景	测款	营销词 / 品牌词	流量规模够用，趋势稳定，利于测试型推广
	测图		
搜索权重		核心词	无论是大词、精准词、长尾词，找到核心词突破口，推动成交量递增
优化 ROI		营销词 / 品牌词 / 长尾词	不限制词的类型，但关键词必须具备转化能力

步骤 2.2：确定关键词挖掘渠道。

关键词的渠道来源主要有生意参谋、关键词推广、淘宝 App 搜索下拉框（同理电脑端）等。

在进行这一步操作时，商家需要尽可能收集更多的关键词，归类制作词库，方便后续数据分析。

步骤 2.3：关键词数据分析

收集到的关键词可以进入阿里妈妈 · 万相台，依次单击“洞察”—“关键词洞察”—“流量解析”—“竞争流量透视”板块，查看其不同终端的数据信息，如图 6–47 所示，并对其展现指数、点击率等进行对比分析。不同类目产品，数据判断维度是不一样的，需要根据需求而定。

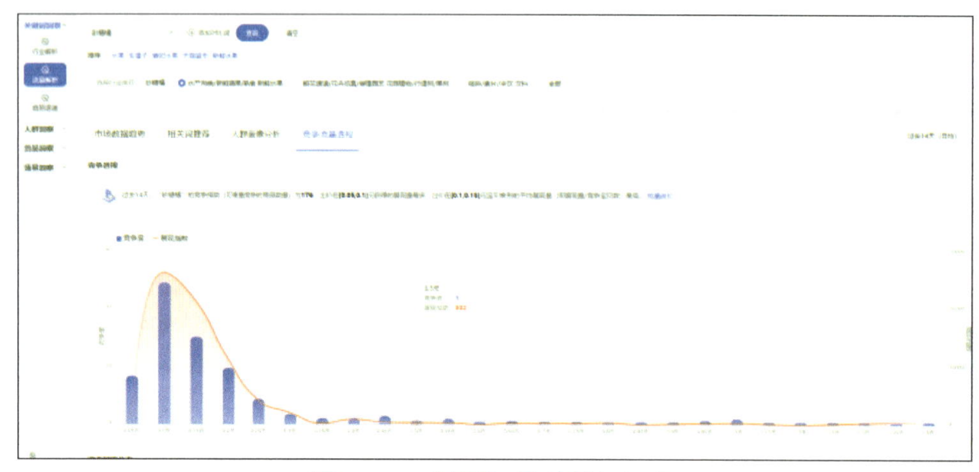

图 6–47　不同场景关键词运用

步骤 2.4：确定关键词。

经过以上关键词查找和分析后，确定所需关键词。除此之外，还需查看关键词是否与产品相匹配，该关键词背后人群标签是否精准，关键词自身是否具备转化能力。

步骤 3：搜索推广账户搭建

请根据上述所学内容，尝试完成农产品“新岗红茶”的搜索推广账户搭建。

步骤 3.1：请根据所学内容，尝试确定本次搜索推广账户搭建的层级构成，并将结果呈现在下面横线处。

____

____

____

步骤 3.2：根据所学知识，尝试利用上述所列方法，搭建“新岗红茶”的搜索推广账户，内容包括账户、推广计划、推广单元、关键词、创意，并将关键信息填写在表 6–3 中。

表 6–3　“新岗红茶”搜索推广账户搭建

账户	
推广计划	
推广单元	
关键词	
创意	

合作探究

请扫描右方二维码，获取项目六中合作探究的背景资料，根据情境，并参考以下步骤完成搜索引擎推广。

步骤 1：关键词分析

尝试组织店铺产品“再生纸制收纳盒”的核心关键词、品牌词、属性词、营销词、长尾词。

步骤 2：关键词挖掘

根据所学知识，尝试利用上述所列方法，挖掘“再生纸制收纳盒”相关关键词。

步骤 3：搜索推广账户搭建

搭建“再生纸制收纳盒”的搜索推广账户，内容包括账户、推广计划、推广单元、关键词、创意。

任务评价

本任务完成后，请从知识目标、技能目标和素养目标等维度进行评价。

评价项目	具体要求		分值	自我评价
知识目标	掌握关键词分析方法		10	
	掌握关键词挖掘的流程及方法		10	
技能目标	能够理解淘宝搜索引擎的工作原理		15	
	能够进行搜索引擎关键词的挖掘与筛选		25	
	能够搭建搜索引擎推广账户		20	
素养目标	工作态度	遵守纪律，无无故缺勤、迟到、早退现象	5	
	工作规范	能正确理解并按照项目要求开展任务	5	
	协调能力	小组成员间合作紧密，能互帮互助	5	
	职业素质	操作合规，不违背平台规则、要求	5	
综合评价			100	

任务三 私域推广

任务情景

随着电商的发展，公域流量已经趋于饱和，如何在降低成本的同时获取更多的私域流量已成为众多企业所面临的难题。大农良公司在利用搜索引擎推广一段时间后，接下来准备进行私域推广，而私域流量从哪来、如何维持、需要做哪些准备、如何快速利用私域流量发展自己的品牌等一系列问题亟待解决。

任务分析

在进行私域推广之前，商家首先需要清楚什么是私域流量，私域流量的推广渠道有哪些；其次要掌握构建私域的方法；最后要思考如何规划内容规划，如何运用内容在不同平台形成自己的私域流量。

知识探索

一、认识私域

（一）私域流量

私域流量是指企业或个人通过自身努力所拥有、能够自主经营管理且可直接触达的用户群体流量。其来源渠道多样，包括但不限于将公域平台（如社交媒体、电商平台等）、线下场景等吸引而来的用户沉淀至公众号、微信群、微信个人号、商户 CRM 系统等可有效管控的平台载体中。私域流量的核心意义在于，通过对这些不同渠道获取的流量进行整合，以用户为中心，依托可控制性强的载体开展精细化管理与运营，从而提升用户价值转化，显著降低新客户获取成本，最终全面提升经营效益和竞争力。

（二）私域推广渠道

私域推广渠道可根据企业用途划分为三类，第一类是企业通过平台构建的账号体系，主要用于客户维护及品牌宣传，包括微信公众号、企业微信、小程序、App、社区、官网等；第二类是企业做内容宣传的平台，如知乎、小红书、今日头条等自媒体平台；第三类是以视频宣传为主的视频媒体平台，如视频号、抖音、快手等。除此之外，有实体店的企业可通过线下互动的形式将用户引流到私域中。

1. 微信平台

（1）小程序 /App。

平台自有的小程序 /App，可在曝光量较大的页面放置引流图片或对话框，如图 6–48 所示，在首页右侧设置了“客服”按钮，引导用户加企业微信号进入私域。

（2）公众号。

平台的微信公众号，可在自动回复、菜单栏、文章底部放置引流信息，引导用户进入私域，如图 6–49 所示。

图 6–48 引流小程序（1）

图 6–49 引流小程序（2）

2. 问答平台

（1）知乎。

知乎作为一个高质量的内容创作平台，在知识问答领域能够精准解决用户问题，很大程度上方便企业做品牌宣传和私域的引流。企业可以在问题回答过程中或结尾添加企业链接，引导用户进入私域。

（2）小红书。

小红书作为信息分享类平台，用户可通过文字、图片、视频等形式编写自己的笔记，平台会通过机器学习对海量信息和人进行精准、高效匹配。用户可以借助这一点进行私域的引流，例如在账号信息、私信、笔记评论区等位置放置引流信息。

3. 视频媒体平台

视频媒体平台包括视频号、抖音等，企业可以通过官方号介绍、评论区放置引流信息，引导用户添加微信号或关注公众号，以此引导用户进入私域。

4. 线下私域引流

（1）线下门店。

线下门店拥有精准的客户流，同时具备现场一对一服务的优势，可在用户购买商品时使用二维码引导用户进入私域，如图 6–50 所示。

（2）包裹卡。

在客户完成购买后，产品包裹中加入包裹卡，如图 6–51 所示，在所有渠道中，包裹卡的用户相对精准，引流的用户都是已消费用户。包裹卡的设计风格和引流方式非常重要，关乎着用户在拆包裹时，是仔细查看还是直接扔掉。

图 6–50　线下门店二维码引流

图 6–51　包裹卡二维码引流

二、构建私域

（一）构建私域

这里以微信平台为例，介绍如何构建企业私域。企业基于微信生态构建私域框架，借助服务号、订阅号、企业微信、小程序、视频号、直播、社群、个人号、朋友圈等功能发布企业信息，建立自己的流量池，然后实现留存、变现和裂变。

1. 打造个人 IP

以微信账号体系中的个人号为例，通过线上线下不同方式引导客户添加个人微信账号，利用微信自带推广工具进行产品宣传。

个人号的重点在于个人 IP 的打造，主要围绕以下几个方面进行：

（1）账号信息展示。

账号中所有信息的展示需要围绕品牌和产品展开。

（2）个人头像。

个人头像可选择自己的生活照或与职业相关的图片，朋友圈封面图可选择能够体现品牌或产品相关的图片。

（3）昵称。

昵称要简洁，朗朗上口，便于记忆，以拟人名称 + 品牌或产品名称为佳，字数不要太多，不超过六个字，最好易读、易记、有特色。

（4）个性签名。

个性签名的内容以介绍产品功能为主，与个人主打的 IP 相呼应。

（5）背景页。

背景页位于朋友圈顶部位置，其内容以产品简介为主。

2. 构建朋友圈

朋友圈推广也是重要的宣传途径，在朋友圈文案中除添加宣传图片和文案外，可以增加视频号链接。

高效转化的背后是不断的坚持，在朋友圈所发布的种草信息需要每日更新。专业运营人员应对每周更新时间段及内容进行详细规划，如图 6–52 所示，在每天的不同时间段发布不同的主题内容。

模板化朋友圈参考

周一	周二	周三	周四	周五	周六	周日
7:00—9:00（起床上班前）						
早起鸡血	用户见证	生活	思考	新品发售	产品优势	生活
11:30—13:00（午休吃饭时间）						
专业干货	粉丝互动	专业干货	新品发售	专业干货	粉丝互动	思考
18:00—20:00（下班路上）						
粉丝互动	专业干货	新品发售	专业干货	用户见证	专业干货	社交
22:00左右（躺在床上，刷朋友圈）						
产品反馈	新品发售	产品介绍	读书运动	产品反馈	新品发售	趣闻

图 6–52　个人号朋友圈模板化内容参考

3. 构建社群

当客户达到一定数量时，商家就需要构建社群进行统一管理，让私域流量池的作用发挥到最大。利用不同的营销活动促使忠诚用户进行拉新，以此提升销售额。

微信群创建成功之后，需要修改群聊名称、设置群管理规则、发布群公告，如加入原则、设置群管理员、发布群规等。群内容体现了群的输出价值，也极大程度地决定了该群是否能够长久运营。所以在内容上，需要通过极致的产品和服务来获取用户，再把用户变成自己的粉丝，让用户获利的同时，达成转化目的。

（二）搭建私域的方法

1. 电商短信话术引流

商家通过各类平台将信息直接导出，在这些信息中心会有客户的电话号码。为了促进用户的复购，可以通过短信的方式引流，达到流量多次利用的效果。

短信内容需要通俗易懂，能够激发用户购买欲。例如，策划一些吸引用户的小福利，只要添加微信可获得一份优惠，以此来促使用户添加。

2. 会员短信话术引流

由于会员短信引流不仅具有召回流失客户和维护老客户的作用，还兼具开发新客户的功能，因此被很多企业和商家所使用。例如，向会员发送短信通知积分兑换礼品，是最常见的引流手段。除此之外，短信派送会员生日福利、老会员带新会员有优惠等也是较为常见的方式。

3. 软文引流

软文是指由企业的市场策划人员或广告公司的文案人员来负责撰写的“文字广告”。发布的平台有百度系、知乎、简书、新浪博客、天涯社区、豆瓣等，通过编写一篇与产品有关的文章并在文章中多次提及产品名称，或添加产品链接以此来达到“隐形”引流的目的。

4. 社群资料引流

社群资料是指在社群中免费或付费发送给粉丝有价值的学习资料或行业资讯，如行业的数据报告、某热门课程的学习资料。例如添加微信个人号免费领取资源包，以此来吸引客户。社群资料引流能够精准确定粉丝数量，这些粉丝愿意为产品付费和传播，同时带给企业更多人脉和资源。

5. 电商发货后领红包引流

发红包能够使商家获得更精准的客户流量，例如一些商家在售后服务卡上设计刮刮涂层，用户刮开涂层后获取红包兑换码，指定路径使用兑换码兑换现金红包，设置悬念，以此激发客户的参与兴趣。

三、构建内容运用

（一）内容规划

1. 产品 / 品牌价值输出

在私域内容规划中，输出产品 / 品牌价值是一个企业的重中之重，企业需要在私域中利用自己的明星产品，充分展示品牌的消费价值，或以优秀的产品形象来彰显品牌特色。如图 6–53 所示的某优选商城会在每篇文章结尾处添加企业宣传视频，除了凸显产品外，品牌信息所传递给消费者的价值尤为重要。

图 6–53　某优选商城公众号

2. 产品宣传

优秀的商家会以满足用户需求为前提，研发出客户需要的产品。通过私域渠道对产品进行多方位解释与宣传，激发用户兴趣的同时促进购买。如图 6–54 所示为一款学生奶粉，在标题中强调营养组合，内容中强调奶粉的营养成分，并且公众号的所有内容均围绕该产品展开。

图 6–54　某奶粉公众号

3. 个人生活

在私域里与客户交流是深入客户生活场景的，无论是对话列表还是朋友圈信息，所发布的内容必须有企业自己的特点，然后贴合客户的习惯。例如某账号主要发布个人生活，每日更新朋友圈，建立个人形象。客户会通过朋友圈来感知你是一个什么样的人，有什么样的性格，从而建立信任。

（二）私域内容运营的方法

这里以微信朋友圈为例，分别从朋友圈内容运营框架设计、朋友圈文案撰写、朋友圈互动、朋友圈裂变式传播、客户维护几个方面详细讲解私域内容运营的具体方法。

1. 朋友圈内容运营框架设计

朋友圈内容运营框架设计主要表现为以下两个方面：

（1）打造个人 IP。

通过朋友圈分享心得体会、个人经历等，获得情感共鸣；或者分享一手资讯信息，分享专业知识，以此获得好感，拉近与用户之间的关系，建立信任。

（2）展示成交结果。

品牌将成交信息第一时间发布至朋友圈，这不仅会增加单量曝光度，还会提升品牌形象与成交量。

2. 朋友圈文案撰写

了解了朋友圈内容运营框架设计后，下面通过三类朋友圈文案来详细阐述文案撰写的方法。

（1）形象塑造类文案。

该类文案首先要考虑清楚以下几方面：个人标签或者企业品牌是什么；目标用户是谁；基于标签，个人或企业希望传递给用户什么样的印象。撰写公式：场景故事 + 正向能量 = 人设朋友圈。例如某户外俱乐部账号，会在朋友圈发布旅行故事、旅游路线、安全旅行知识等。

（2）互动求赞类文案。

在个人形象塑造一段时间后，可以使用互动求赞的方式验证运营效果。例如设计一份积赞换产品的朋友圈文案，某婚纱摄影工作室为回馈客户，可扫码免费领取口红。活动主要以短文和图片呈现，文案部分简洁明了地阐述活动内容，主要信息在图片中呈现，如摄影客片的展示，活动产品图及领取方法。

（3）销售产品类文案。

销售产品为朋友圈营销的最后一步实现变现，在做好前期铺垫以及情感链接后，推出切实的产品信息，达到销售的目的。例如，户外旅行俱乐部发布最新的出发信息，前期与用户已经建立了良好的情感链接，这时推出的信息会得到用户积极的响应。

3. 微信朋友圈互动

除了按计划发布微信朋友圈内容，商家也需做好日常微信朋友圈的互动工作。微信朋友圈互动主要指内容发布之后，对于发布内容的点赞、评论、转发、分享等。以下为主要的互动类别：

（1）常规互动。

①及时回复朋友圈的评价；

②主动为朋友发布的状态点赞、评论；

③主动参与朋友发起的活动，积攒人气；

④在重要的节日及时发送祝福语。

（2）小游戏互动。

在朋友圈文案中设计小游戏链接，如抽奖、拆礼盒等互动性较强的活动，以提升用户参与度。

（3）评价类互动。

鼓励好友转发分享：可以通过一定的激励方式，鼓励用户转发参与活动。例如，引导用户对产品进行评价并分享至朋友圈，即可享受下次购物包邮或直接线下返现，这样才能让更多的人关注自己的产品和活动内容。

低频率展示评价：也可以采用展示评价的方式，将买家的问题和反馈展示出来，增强产品的真实性和互动性。不过发布这样信息的频率要低，而且表达要委婉巧妙，以免用户反感。

4. 微信朋友圈裂变式传播

通过文案内容引导用户主动分享，以此来获得更多流量。比如用户在朋友圈看到朋友分享的信息后，及时参与并再次分享到朋友圈或者微信群，形成裂变式传播。

5. 客户维护

根据建立的客户画像，商家可以进一步分析客户的喜好以及价格偏好，建立一个细致的会员标签体系，围绕客户需求，挖掘更多消费场景。比如，在节假日推出优惠活动或精准的商品推荐，经常性的优惠活动能够提升客户黏性，提升复购率。如果建立了微信社群，则需要对不同阶段的客户进行分层，将活跃度高及复购率高的客户拉到高级管理群，制定专门的运营策略进行管理维护。

任务实施

步骤 1：认识私域

步骤 1.1：请结合所学知识，总结归纳私域流量的概念，并将结果呈现在下面空白处。

步骤 1.2：请根据上述所学内容，尝试分析私域推广的渠道，并总结各推广渠道的特点，最后将结果填写在表 6–4 中。

表 6–4　认识私域推广渠道

私域推广渠道	特点

步骤 1.3：选择私域推广渠道。请根据以上所得出的结果自由分组，为“新岗红茶”选择合适的推广渠道，为后期的私域推广做准备，同时说明选择该渠道的原因，最终将结果呈现在下面横线处。

____

____

____

步骤 2：构建微信私域

请根据以上所学内容，尝试为农产品“新岗红茶”构建微信私域。

步骤 2.1：根据所学知识，确定企业基于微信生态构建私域的框架，并将信息写在下面横线处。

____

____

____

步骤 2.2：请尝试为农产品“新岗红茶”构建微信个人 IP 账号，内容包括账号昵称、头像、个性签名、背景页等信息，并将信息填在表 6–5 中。

表 6–5　设置个人 IP 账号

账号昵称	
头像	
个性签名	
背景页	

步骤 2.3：请以小组为单位，总结归纳出搭建私域的方法，并尝试编辑引流话术，最后将结果呈现在表 6–6 中。

表 6-6 搭建私域的方法

搭建私域方法	引流话术

步骤 3：规划私域内容

请根据以上所学内容，尝试利用微信完成农产品“新岗红茶”私域内容规划。

步骤 3.1：请根据所学知识确定本次私域推广的内容规划，并填写在下方空白处。

步骤 3.2：尝试为“新岗红茶”设计一篇互动销售文案，方式自选，可以是游戏、转发或点赞类，并对内容框架、销售产品文案、互动游戏、传播、客户维护进行说明，最后将信息填在表 6-7 中。

表 6-7 “新岗红茶”私域内容运营

内容框架	
销售产品文案	
互动游戏	
传播	
客户维护	

合作探究

请扫描右方二维码，获取项目六中合作探究的背景资料，根据情境，并参考以下步骤完成私域推广。

步骤 1：认识私域

请结合所学知识，总结归纳私域流量的概念，尝试分析私域推广的渠道，并为“再生纸制收纳盒”选择合适的推广渠道。

步骤 2：构建微信私域

确定企业基于微信生态构建私域的框架，尝试为农产品“再生纸制收纳盒”构建微信个人 IP 账号，内容包括账号昵称、头像、个性签名、背景页等信息。

步骤 3：规划私域内容

尝试为“再生纸制收纳盒”设计一篇互动销售文案。

任务评价

本任务完成后，请从知识目标、技能目标和素养目标等维度进行评价。

评价项目	具体要求		分值	自我评价
知识目标	认识并正确阐述私域流量的概念		15	
	熟悉私域流量的推广渠道		15	
技能目标	能够灵活使用私域推广的渠道		20	
	能够掌握搭建私域、私域内容运营的方法		30	
素养目标	工作态度	遵守纪律，无无故缺勤、迟到、早退现象	5	
	工作规范	能正确理解并按照项目要求开展任务	5	
	协调能力	小组成员间合作紧密，能互帮互助	5	
	职业素质	操作合规，不违背平台规则、要求	5	
综合评价			100	

任务四 短视频推广

任务情景

中国互联网信息中心发布的第 50 次《中国互联网络发展状况统计报告》显示，目前短视频用户规模已达到 9.62 亿，短视频已成为产品推广的最重要手段之一。

大农良公司为拓展市场，注册了多个短视频平台账号，但运营效果并不理想，因此公司组织团队开始重新进行短视频推广策划。为此，公司成立了专门的视频运营部门，全方位开展短视频推广工作，包括短视频内容设计、短视频推广平台选择及短视频制作与发布等。

任务分析

目前，该公司的运营人员要通过短视频开展营销推广活动，需要对短视频的内容进行设计，了解并选择合适的短视频推广平台，对短视频的拍摄、制作与发布进行精心的策划并实施，最大限度地为公司引流增粉、扩大曝光度和知名度。

一、短视频内容设计

（一）短视频内容策划

短视频内容策划主要包括三方面，即确定短视频的营销目的、策划短视频的主题、确定短视频的内容。

1. 确定短视频的营销目的

在进行短视频营销内容策划时，首先需要明确短视频营销的目的，是为了向用户推荐产品，还是为用户答疑解惑，或者是为了做品牌推广和宣传。营销的目不同，策划的重点也各不相同。可以说，短视频营销目的的确定，能为短视频内容策划提供方向。大农良公司的短视频运营人员经过商议，决定将此次短视频推广的目的定位为提升产品销量和品牌影响力。

2. 策划短视频的主题

确定短视频的主题，是为了确定短视频的主基调。选择合适的主题，进行精准定位，才能在最大限度上吸引目标用户的关注。在确定短视频主题时，首先要对市场进行调研，找出网络用户最喜欢的短视频并对其进行研究，将所得到的数据制成表格，进行对比分类；其次要根据目标人群选出最优的主题，这样才能保证短视频在发布后能够吸引用户的注意。大农良公司短视频的主题确定为“果园日常分享”。

3. 确定短视频的内容

确定了营销目的与主题之后，接下来的短视频内容策划是一项重要工作。大农良公司在视频内容策划中根据主题将内容制作成系列视频，每期视频内容主要以应季水果的生长过程、食用方法为主，为消费者呈现绿色、健康、环保的产品形象，如图 6–55 所示。

图 6–55 短视频内容

除此之外，在进行短视频内容策划时，还需要分析目标受众，确定使用场景，明确展现形式，创作出有价值的内容，能够解决用户的需求特点，最后撰写成拍摄脚本。

（二）短视频脚本撰写

脚本是短视频制作的灵魂，是短视频的拍摄大纲和要点规划，要撰写短视频的脚本，需要先了解短视频脚本的撰写步骤，具体可参照如下步骤来展开：

1. 收集短视频脚本素材

撰写短视频脚本的第一步是收集短视频脚本素材，可以直接利用一些常见的脚本模板来撰写自己的短视频脚本，这样既能提高工作效率，还可以借鉴优秀短视频内容的优点。大农良公司的运营人员搜集了几个专业的脚本创作和展示网站，如通过“抖查查”数据分析工具可以下载短视频脚本。

2. 了解短视频脚本撰写思路

短视频脚本是内容的发展大纲，能够为后续的拍摄、剪辑等工作提供流程指导。在撰写脚本和拍摄之前做一个大体规划 / 构思，短视频脚本的撰写思路因人而异，常用的思路为：确认主题—预备拍摄—确定要素—填充细节。

（1）确认脚本主题。

在撰写短视频脚本时，首先应确认内容要表达的主题，如短视频的主题可分为生活记录类、展示分享类以及主题创作类，然后根据主题开始创作。大农良公司的运营人员此次确定的脚本主题为分享类短视频。

（2）预备拍摄。

预备拍摄是指在短视频脚本中加入一些拍摄的前期准备工作，主要包括确定拍摄时间、拍摄地点和拍摄参数等。

（3）确定要素。

确定要素是指通过什么样的内容及表现方式来展现短视频的主题，包括人物、场景、事件、镜头运用、景别设置、内容时长和背景音乐等，并在脚本中做出详细的规划和记录。

（4）填充细节。

填充细节就是在短视频脚本中加入机位、台词、布光和道具等内容，提升短视频拍摄的效率。

3. 确定脚本类型

短视频脚本通常可分为提纲脚本、文学脚本和分镜头脚本三类，分别适用于不同类型的短视频内容。

（1）提纲脚本。

提纲脚本涵盖对主题、题材形式、风格、画面和节奏的阐述，对拍摄仅起到提示作用，拍摄者可发挥的空间比较大，但对后期剪辑的指导作用较小，适用于一些不容易提前掌握或预测的内容拍摄，如新闻类、旅行类短视频就经常使用提纲脚本。

（2）文学脚本。

文学脚本类似于电影剧本，以故事开始、发展和结尾为叙述线索。文学脚本通常只需要写明短视频中主角需要做的事情或任务、所说的台词和整个短视频的时间长短等。文学脚本除了适用于有剧情的短视频外，也适用于非剧情类的短视频，如教学类短视频和评测类短视频等。很多个人短视频创作者和中小型短视频团队为了节约创作时间和资金，也会采用文学脚本。

（3）分镜头脚本。

分镜头脚本主要以文字的形式直接表现不同镜头的短视频画面，包括画面内容、景别、拍摄方式、时长、画面内容、台词和音效等内容，具体内容要根据情节而定。

分镜头脚本对视频的画面要求极高，更适合类似微电影的视频。由于这种类型的视频故事性强，对更新周期没有严格的限制，创作者有大量的时间和精力去策划。使用分镜头脚本既符合严格的拍摄要求，又能提高拍摄画面的质量。

（4）撰写脚本。

脚本是短视频的灵魂，了解了撰写短视频脚本的准备工作后，就需要为短视频撰写脚本了。大农良公司的运营人员使用以上三种脚本类型为德庆皇帝柑撰写了短视频脚本，具体如表 6–8~ 表 6–10 所示。

表 6–8　提纲脚本

提纲要点	要点内容
主题	德庆皇帝柑的采摘现场
德庆皇帝柑采摘	拍摄德庆皇帝柑采摘现场的视频（以近景远景相结合的镜头为主，要拍到果农从果树上采摘皇帝柑的镜头）
食用	拍摄剥果皮、食用的视频（近景，以商品为背景，要有品尝水果的画面）
打包	（1）拍摄采摘皇帝柑的视频（远景镜头）； （2）拍摄水果的装箱视频（中近景镜头为主）； （3）拍摄水果打包、发货的视频（中近景，以商品为背景，要有真实发货的画面）

表 6–9　文学脚本

脚本要点	重点内容
标题	皇帝柑果园直拍
人物	男性果农
时长	30 秒

续表

脚本要点	重点内容
场景：果园	（1）远景：雨后的果园，偶有鸟叫声； （2）特写：果树上的果子，有一滴雨水挂在果子上，然后落下，太阳的光圈从果树浓密的叶缝中透过，显得皇帝柑越发的新鲜； （3）全景：跟拍果农走进果园，果农背着背篓，穿着雨鞋，兴奋地看着树上的果子； （4）远景：一片片丰收的果树上挂满了成熟的皇帝柑，有三三两两忙着采摘果子的人群； （5）近景：果农放下背篓，顺手摘下一个成熟的皇帝柑，用刀子切开，瞬间果汁溢出，小李赶忙品尝了一口，高兴地说："好多汁水，甜而不腻"； （6）远景：拍摄整个果园，说："德庆的柑十分清甜，土壤好，所以味道正，种植在半山腰，温差大，甜度高，皮薄，肉质黄色好看"，随后近景拍摄果子，"皇帝柑，名不虚传"

表 6-10 分镜头脚本

镜号	景别	时长 / 秒	画面	台词	音效
1	近景	3	主持人面向镜头，挥手打招呼	Hello，大家好！听说黎叔家的皇帝柑熟了，大家快跟我去看看吧！	
2	全景	2	跟随主持人，快速走进果园		快速移动声
3	全景	3	来到堆得像山一样的皇帝柑旁边，果园承包人黎叔正在摆放皇帝柑，然后回头面向镜头	（主持人画外音）哇！黎叔，今年的皇帝柑收成不错啊！	
4	全景	2	黎叔开心地笑了，又用手指了指身后	是呀！今年柑子大丰收，大家都忙得很！	
5	全景	3	采摘人员拿着剪刀娴熟地剪下果实，放进果篮筐		
6	特写	5	采摘人员指着一个柑子介绍，然后用剪刀将其剪下来	这种颜色的柑子，就可以摘了，甜度正好，要用剪刀剪取果蒂，直接摘会摘掉果皮	

二、短视频推广平台

设计完短视频的内容后，就需要确定合适的短视频推广平台了。目前，常见的短视频推广平台有以下三大类，即算法推荐类平台、社交媒体类平台、在线视频类平台等。

（一）算法推荐类平台

算法推荐类平台主要指的是以算法推荐为主的短视频平台。该类平台基于注册用户的浏览记录，制定出多样化的标签，将用户进行多维度分类，当用户进入平台后，平台会基于标签分析优先展示出有可能感兴趣的作品，以此来获得播放量。推荐平台的推荐逻辑可以通过“消重—审核—推荐”三个环节完成。常见的短视频推荐平台有抖音、快手、微视、西瓜视频、今日头条等。

（二）社交媒体类平台

社交媒体类平台主要利用现有的社交媒体平台对已拍摄 / 制作完成的短视频进行分享、传播，以此获得播放量，这些平台多以美妆、搞笑、美食、健身等垂直细分领域的优质原创视频沉淀用户。

这类平台具有以下优点：拥有社交分享机制、以内容为核心、注重粉丝间交流互动等。常见的社交媒体平台有微信、微博、QQ、美拍、秒拍等。

（三）在线视频类平台

在线视频类平台就是以网络视频网站为载体的短视频平台。在线视频推广平台主要是通过用户主动搜索信息、人工推荐、大类领域划分和中心化来获得播放量。

比如，腾讯视频的首页设置了热门短视频栏目，优酷视频也推出了横屏、竖屏小剧场，爱奇艺、搜狐视频、哔哩哔哩等视频平台也推出了短视频栏目，扩大了众多短视频创作者的宣传推广渠道。

三、短视频制作与发布

（一）短视频拍摄

短视频拍摄需要根据前期策划内容而定。大农良公司此次拍摄的主题为展示分享，通过脚本内容拍摄所需素材，如产品的采摘过程、单个产品特写，以此打造绿色、健康的产品形象。

短视频拍摄除了使用专业的视频拍摄平台之外，商家还会使用短视频平台进行拍摄，下面以抖音平台为例，介绍短视频的拍摄。

1. 打开抖音 App

进入抖音 App 后，在其主界面单击“+”按钮，进入抖音拍摄界面，如图 6-56 所示。在该界面可以选择分段拍、快拍、模板，这里以快拍为例进行介绍。

2. 画面设置

在拍摄界面右侧，可选择滤镜、美颜、倒计时、快慢速等选项，进行短视频画面的设置，如图 6-57 所示。

3. 完成拍摄

设置完成后，单击界面底部的“拍摄”按钮，开始短视频的拍摄，再次单击“拍摄”按钮即可完成拍摄，如图 6-58 所示。

图 6–56　开始拍摄

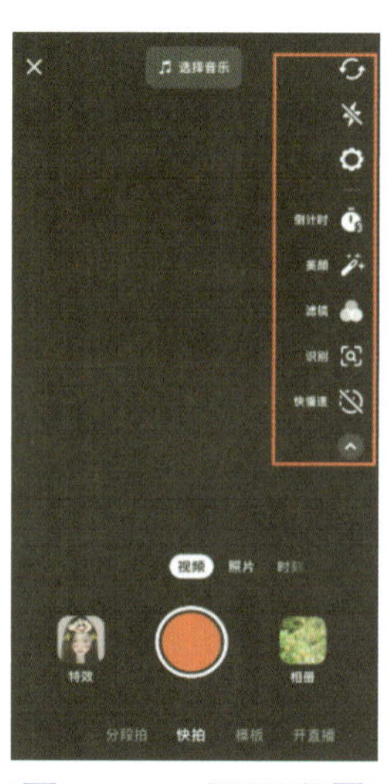
图 6–57　画面设置

图 6–58　完成拍摄

根据前期的内容策划，目前已经完成了短视频的拍摄工作，如果需要对拍摄的视频进行美化，可以选择合适的工具进行剪辑处理。

（二）剪辑与发布

1. 短视频剪辑

完成短视频的拍摄后，为了让视频内容在呈现方式上更具艺术表现力，往往需要针对视频内容进行剪辑。这些剪辑工作既可以在电脑端开展，也可以在手机端完成。

这里以剪映软件为例，在手机端完成视频的剪辑工作。根据前面撰写的视频脚本，以分镜头脚本为依据进行视频剪辑，具体操作步骤如下：

（1）打开剪映 App，添加视频素材。

单击下载到手机桌面的剪映 App 图标，首先弹出一个登录界面，勾选"已阅读并同意剪映用户协议和剪映隐私政策"，选择抖音登录，如图 6–59 所示。

进入剪映首页后，单击上方的"开始创作"按钮，进入手机照片视频库或素材库中选择素材，选中后单击右下角的"添加"按钮（添加多个视频时，按照先后顺序选择），即可完成视频导入，如图 6–60 所示。

图 6–59　剪映登录界面

图 6–60　导入素材

（2）剪辑视频。

添加了视频素材后，即可进入视频剪辑页面，如图 6–61（左图）所示，滚动视频条，定位到需要处理的视频位置，单击下方工具栏中的剪刀图标，进入剪辑功能页面，下方会出现剪辑功能选项，如分割、变速、音量、动画、删除、抠像、音频分离、编辑、滤镜、调节、美颜美体、蒙版、变声、倒放、定格等，如图 6–61（右图）所示。

（3）添加效果。

剪辑完成后，制作人员就可以为已经剪辑好的视频添加其他效果，如音频、文本、贴纸、画中画、特效、滤镜、比例、背景等。制作人员根据实际情况及视频展现效果需要，选择添加其他效果元素即可，如图 6–62 所示为视频添加“滤镜”与“动画”效果。

图 6–61　剪辑视频界面

图 6–62　添加“滤镜”与“动画”效果界面

（4）设置封面，并导出视频。

添加完效果之后，在时间轴面板中单击“设置封面”按钮，在打开的设置封面界面中移动视频画面或相册导入，选择视频封面，单击“保存”按钮即可完成封面的设置，如图6–63所示。然后单击右上角的“导出”按钮，视频会自动保存到手机相册并同时跳转至视频发布界面，单击“完成”按钮即可完成视频的导出操作，如图 6–64 所示。

图 6–63　设置封面

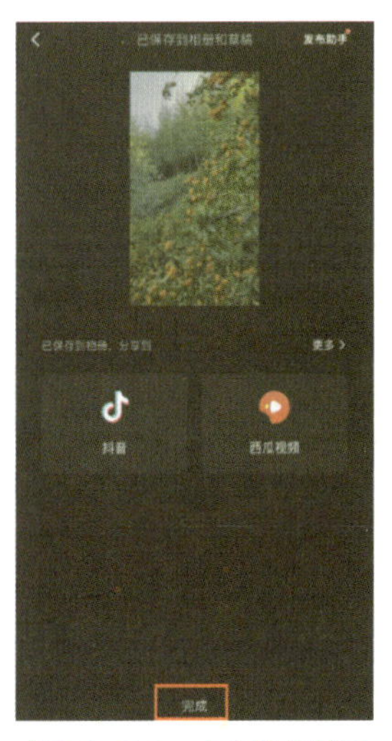

图 6–64　导出视频

2. 短视频发布

制作好短视频后，运营人员需要完成短视频的发布，根据图 6–64 可以得知，在剪映制作好的视频可以直接发布到抖音与西瓜视频平台。这里以发布到抖音平台为例，具体操作如下：

（1）选择抖音发布。

单击图 6–64 中的“抖音”图标，界面直接跳转至抖音画面预览界面，如图 6–65 所示。

（2）输入文案并添加话题。

单击界面右下角的“下一步”按钮，进入发布界面，在标题文本框中输入短视频文案信息，此处输入文字“德庆皇帝柑上市了！皮薄汁多，果肉脆嫩，爽口化渣”。单击“# 话题”按钮，在打开的列表中选择所需话题，这里添加“# 优质农产品”“# 新鲜应季水果”和“# 新鲜采摘”话题，如图 6–66 所示。

（3）设置封面。

单击标题文本框右侧画面中的“选封面”按钮，在打开的界面中选择视频第一帧单击按钮将其设置为短视频封面，如图 6–67 所示。

（4）设置其他发布信息。

保存封面后，返回发布界面，设置所发布短视频的位置、@ 好友、观看权限、作品同步等基本信息。

（5）发布视频。

发布信息设置完成后，单击右下角的“发布”按钮，完成视频内容的发布，成功发布短视频后的效果如图 6–68 所示。

图 6–65　视频预览界面

图 6–66　输入标题并添加话题

图 6–67　设置封面

图 6–68　发布短视频后的效果

任务实施

步骤 1：短视频内容设计

请根据以上所学知识，尝试完成短视频内容策划及脚本撰写。

步骤 1.1：请根据以上背景，自由分组，以运营人员的身份，为“新岗红茶”的短视频营销进行内容策划，可以从确定短视频的营销目的、主题、内容三个方面展开，最终将形成的结果进行总结，并完成表 6–11。

表 6–11 “新岗红茶”短视频内容策划

内容策划	说明
短视频营销目的	
短视频营销主题	
短视频营销内容	

步骤 1.2：根据以上内容策划，以短视频创作者的身份，为“新岗红茶”撰写一个《茶叶采摘与炒制》的短视频脚本。

本短视频以采茶、制茶为主要内容，并不涉及真人出镜，没有太多的剧情，也不会涉及文学创作，所以其脚本就是拍摄提纲，请按以下步骤进行提纲脚本的撰写。

（1）确定脚本主题。

本短视频的主题是茶叶的制作，属于制茶或知识技巧类型的短视频，以拍摄制作过程为主。

（2）确定短视频的主要内容。

本短视频的主要内容需要展现茶园、采茶、制茶过程、成品等，以期让用户通过短视频能够直观地了解茶叶的制作工序。此次短视频的拍摄思路也将重点围绕这些内容，将从采茶到最终成品展示的所有环节都呈现出来，整体风格为轻松和欢快。

（3）确定提纲脚本的主要项目。

根据前面所学的内容可知，该短视频提纲脚本的主要项目包括提纲要点和要点内容两个部分。

（4）撰写脚本。

请根据上述步骤所确定的内容，合作完成“新岗红茶”提纲脚本的撰写，最终将脚本信息填在表 6–12 中。

表 6–12 “新岗红茶”提纲脚本

提纲要点	要点内容

步骤 2：选择短视频推广平台

请根据以上内容，为“新岗红茶”短视频选择合适的推广平台。

步骤 2.1：自由分组，合作探究有哪些短视频推广平台，最终将归纳出的短视频推广平台进行分类，并呈现在下面横线处。

____

____

____

步骤 2.2：请根据步骤 2.1 所得出的结果，进行小组分工，分别探究总结出不同平台的特点，最终将信息填在表 6–13 中。

表 6–13 短视频推广平台信息

短视频推广平台	平台特点

步骤 2.3：选择短视频推广平台。请根据上述步骤所得出的结果自由分为两组，两个小组成员分别选择一种推广平台对“新岗红茶”进行短视频推广，并说明选择该平台的原因，最终将结果呈现在下面横线处。

____

____

____

步骤 3：短视频的制作与发布

本次实训的主题为短视频的制作与发布，请根据以上合作探究内容，完成“新岗红茶”短视频的拍摄、剪辑与发布的实训任务。通过练习熟练掌握短视频制作与发布的技巧。

步骤 3.1：请根据前期的内容策划，进行自由分组，共分为三组，分工合作开展“新岗红茶”短视频的拍摄工作，如采茶的场景、茶园的特写、炒茶制茶过程等，注意短视频要体现出绿色、健康、环保的产品形象。最终将拍摄好的短视频保存并将信息填在表 6–14 中。

表 6–14　短视频拍摄信息记录表

<table>
<tr><th>短视频命名</th><th>拍摄平台</th><th>拍摄步骤</th></tr>
<tr><td></td><td></td><td rowspan="5"></td></tr>
<tr><td></td><td></td></tr>
<tr><td></td><td></td></tr>
<tr><td></td><td></td></tr>
<tr><td></td><td></td></tr>
</table>

步骤 3.2：拍摄完成后。组内成员及时对视频进行检查，包括画面质量、时长，确保视频符合要求且能够支撑后期的剪辑处理。

步骤 3.3：以小组为单位，选择合适的视频剪辑工具对拍摄的视频进行剪辑处理，并记录具体的操作步骤，最终将结果呈现在表 6–15 中。

表 6–15　视频剪辑

<table>
<tr><td>视频剪辑工具</td><td></td></tr>
<tr><td>操作步骤</td><td>步骤 1：
步骤 2：
步骤 3：
步骤 4：
……</td></tr>
</table>

步骤 3.4：完成视频剪辑工作之后，就要进行视频的发布了。请根据前面所选择的短视频推广平台对剪辑好的视频进行发布，并记录视频发布的具体操作步骤，完成表 6–16。

表 6–16　视频发布记录

<table>
<tr><td>________平台</td><td>步骤 1：
步骤 2：
步骤 3：
步骤 4：
……</td></tr>
<tr><td>________平台</td><td>步骤 1：
步骤 2：
步骤 3：
步骤 4：
……</td></tr>
</table>

企业视窗

短视频与主流媒体双向赋能

随着用户规模的进一步增长，短视频与新闻、电商等产业融合加速，信息发布、内容变现能力逐渐增强，市场规模进一步扩大。短视频与主流媒体双向赋能，成为舆论引导的重要阵地。短视频的兴起，为主流媒体扩大传播影响力提供了新的契机，各大媒体纷纷将其作为创新转型的突破口。

主流媒体与短视频平台在内容、技术、渠道上深度融合，更好地发挥舆论引导作用。数据显示，截至 2024 年 10 月，微博、抖音、快手、哔哩哔哩四大平台总活跃用户数量达到 10.71 亿，渗透率高达 85.7%。其中，《人民日报》抖音号、央视新闻抖音号的粉丝数量分别为 1.8 亿、1.6 亿，排在所有媒体号的前两位。2022 年元旦当天，央视新闻抖音号发布的短视频《我把 2022 第一次点赞，送给 2022 第一次升旗！祝福祖国繁荣昌盛！》点赞量达 1 861.3 万，全网热度最高。

短视频与电商进一步深度融合，内容电商市场竞争持续白热化。短视频平台持续拓展电商业务，"内容 + 电商"的种草 46 变现模式已深度影响用户消费习惯。

2024 年上半年，快手电商交易总额达到 5 933 亿元，同比增长 21%。抖音电商平台上，中小商家通过直播实现的销售额超过 6 591 亿元，同比增长了 46%。每天有 38 亿流量涌入直播间，用户售后满意度较 2023 年提升 13%。与此同时，淘宝、京东、拼多多等电商平台也不断加大在直播、短视频领域的投入，内容电商竞争日益激烈。

短视频平台不断扩展本地生活业务，从内容消费走向线下服务。快手、抖音两大短视频平台通过不同路径开展本地生活业务。快手通过与第三方平台合作的方式，发展成为线上线下一体化的综合服务平台。2022 年 1 月，"快手小店"对本地生活行业商家开放入驻。同时，快手通过与美团、顺丰在团购、配送等领域进行合作，推进自身在线下市场的大规模布局，发挥流量优势，最终实现价值变现。抖音则选择独立发展本地生活业务，主要围绕一、二线和网红城市进行布局，先后推出美食探店、心动外卖等业务，并对入驻的本地餐饮商家进行流量扶持，通过种草吸引顾客，促进线上线下交易闭环。

合作探究

请扫描右方二维码，获取项目六中合作探究的背景资料，根据情境，并参考以下步骤完成私域推广。

步骤 1：短视频内容设计

请结合所学知识，以运营人员的身份，为"再生纸制收纳盒"的短视频营销进行内容策划，可以从确定短视频的营销目的、主题、内容及时长四个方面展开，最终对结果进行总结。

步骤 2：选择短视频推广平台

选择一个推广平台对“再生纸制收纳盒”进行短视频推广，并说明选择该平台的原因。

步骤 3：短视频的制作与发布

请根据前期的内容策划，分工合作进行“再生纸制收纳盒”短视频的拍摄工作。拍摄完成后，选择合适的视频剪辑工具对拍摄的视频将进行剪辑处理。最后，根据上一步骤中所选择的短视频推广平台对剪辑好的视频进行发布。

任务评价

本任务完成后，请从知识目标、技能目标和素养目标等维度进行评价。

评价项目	具体要求		分值	自我评价
知识目标	掌握短视频内容策划流程		10	
	熟悉不同的短视频推广平台		10	
技能目标	能够根据要求撰写短视频脚本		20	
	能够熟练进行短视频的拍摄		20	
	熟练运用视频剪辑工具，并能够按照要求对视频进行剪辑处理		20	
素养目标	工作态度	遵守纪律，无无故缺勤、迟到、早退现象	5	
	工作规范	能正确理解并按照项目要求开展任务	5	
	协调能力	小组成员间合作紧密，能互帮互助	5	
	职业素质	操作合规，不违背平台规则、要求	5	
综合评价			100	

任务五　直播电商推广

任务情景

随着直播营销的流行，直播功能成为电商平台的标配，直播营销也成了商家开展网店运营的重要营销手段。由于直播市场火热，嗅到商机的大农良公司也将参与其中，将直播作为公司产品销售的一种重要渠道，以此来提升公司整体销售额。

任务分析

大农良公司想要在众多竞争对手中脱颖而出，就必须研究直播电商的推广技巧，首先需要对直播活动进行策划，然后要了解并掌握直播脚本的相关知识，以及在不同条件下直播产品讲解的话术与互动玩法设计等，从而提高下单转化率，达到预期目标。

知识探索

一、直播活动策划

（一）认识直播活动策划方案

在认识直播活动策划方案前，要明确直播目的，如销售产品或品牌推广等。还要了解目标受众的特征和需求。同时，要熟悉直播产品或服务的细节，并且研究直播平台的规则和特点，这些准备工作有助于更好地理解策划方案。

直播活动策划方案的基本结构包括直播主题、目的、时间安排、人员安排、直播方式、直播实施方案、经费预算等，如表 6–17 所示。

表 6–17　直播活动策划方案结构说明

项目	说明	案例
直播主题	即围绕某类产品或品牌所呈现的主要标题及内容。常见的直播主题内容策划可以从粉丝关心的话题、节日、品牌、带货主题等方面来选择	例如，“东方甄选，鲜美生活，琳琅满目”“助农原产地直发 四会砂糖橘”“618 年中大促”等
目的	即直播最终需要达到的效果，如为吸引用户关注、提升品牌知名度、实现转化提高销量	例如，通过主播，直接引流消费者，推广店铺
时间安排	直播具体时间及时长安排，不同时间节点所要完成的任务。包括确定何时开播、直播时间的长短、主播在直播间的控场时间	例如，直播时长两小时，在开播半小时后发放福利等
人员安排	将直播活动中的工作内容具体到个人，做到合理分配	例如，王某负责产品上架、李某负责活跃气氛、刘某为主播助理等
直播方式	即使用哪种设备在哪种场景下直播	例如，使用摄像机进行室内直播
直播实施方案	即直播不同环节的要点安排，包括预热、话术、产品安排、活动安排等	见直播脚本
经费预算	直播整场所需费用明细	例如，红包数量、赠品数量、人员工资、设备费用等

（二）撰写直播活动策划方案

在认识直播活动策划方案后，接下来大农良公司的运营人员要为直播产品撰写一份直播活动策划方案，具体步骤如下：

1. 确定直播主题及目的

直播主题：春节将至，公司为了宣传店铺的春节新品套装，计划在春节放假前将店铺销量提升至 2 000 万元，为此近期将进行一场网络直播。

直播目的：通过发放福利、推荐口碑较好的产品等形式，吸引直播间的用户，进而提升品牌影响力。

2. 直播方式

本次直播采用室内摄像机专场直播。

3. 直播实施方案

（1）预热。

宣传部分需要制作直播宣传短视频，发布至店铺官方账号，需体现本次直播的主要内容。设计好所有环节的互动内容，包括游戏互动、点赞发红包（送产品）等，促使人气上涨。

（2）直播。

按产品链接介绍产品特性，全方位展示产品的外观、详细介绍产品的特点。核心是让更多的消费者进店咨询，同时商家客服需要提高响应速度；然后试用，展示具体的产品细节，包括产品的材质、大小、手感等，突出产品卖点和特点。

（3）收尾。

收尾阶段需要主播对产品进行最后的推广，在时间允许的情况下，主播可以将热销产品再推一次。

4. 时间节点

直播总时长为 2 小时，开播时间为 2025 年 1 月 10 日上午 10 点整。直播半小时发放第一波福利，增加点赞数，提升关注度，直播 1 小时发放第二波福利吸引客户驻足。

5. 经费预算

通常情况下，一场直播的主要经费有主播费用、设备费用以及营销费用等。企业需要支付主播的费用一般为直播销售金额的 20%；设备添置费用为 500 元，包括直播落地架、麦克风、柔光美颜灯、专业声卡等；直播间发放红包总数为 300 元，分批次发放。

二、直播脚本撰写

直播脚本是专为直播活动编写的详细指南，它详细规划了直播的各个环节，包括内容安排、时间节点、互动环节、产品介绍、促销策略等。其作用在于确保直播流程有序进行，提升直播内容的质量和吸引力，同时帮助主播更好地与观众进行互动，增强直播的趣味性和观众的参与感。

（一）直播脚本的类型

开始直播前，运营人员可以提前制作直播脚本，通过对直播内容、直播环节、直播优惠、直播产品等进行提炼，以规划整场直播的内容和直播节奏。根据直播场景需要，直播脚本可分为单品直播脚本和整场直播脚本两种。

1. 单品直播脚本

单品直播脚本是针对某款或某几款产品的直播脚本，其主要内容包括产品的品牌、卖点、优惠方式等。产品单品直播脚本可以设计为表格的形式，将品牌介绍、产品卖点、利益点、直播间注意事项等内容呈现于表格中，方便主播全方位了解直播产品。

2. 整场直播脚本

整场直播脚本是对整场直播活动的规划与安排，重点是直播的逻辑、玩法和对直播节奏的把控。与单品直播脚本不同的是，整场直播脚本除了介绍产品外，还需要统筹规划开场预热、产品讲解、用户互动、直播优惠、直播总结、次场直播预热等环节，如表 6–18 所示。

表 6–18　直播脚本参考

直播主题		开播时间			
直播时长		直播目标			
主播	×××	场控	×××	助理	×××
内容		产品	话术重点	营销方案	演绎道具
开播前	准备工作：筹备直播所需要的所有产品 / 内容 / 道具 / 话术				
0~10 分钟	热场交流 + 抽奖	1 号链接			
10~15 分钟	引流款	2 号链接			
15~20 分钟	利润款	3 号链接			
20~25 分钟	利润款	4 号链接			
25~30 分钟	活动抽奖	粉丝活动款			

（二）撰写直播脚本

大农良公司的运营人员以整场直播为例，开始了直播脚本的撰写，具体步骤如下：

1. 明确直播目标

肇庆当地多款农产品出现了滞销现象，目前需要帮助农户解决产品滞销问题，其最终目标是销售掉近 2 000 斤农产品，同时提升网店美誉度。

2. 确定直播主题

公司根据直播目标最终确定直播主题为：“助农活动，农产品促销”。

3. 确定直播环节

经对本次直播销售产品的分析，运营部将本次直播分为 7 个环节，分别为直播开场、产品介绍、互动促销、产品介绍、互动促销、直播总结、直播预告。

（1）直播开场主要为主播自我介绍以及直播内容介绍，具体话术见表 6–19。

（2）产品介绍分为产品导入和农产品分类介绍，具体话术见表 6–19。

（3）互动促销的主要目的是提升用户活跃度，增加直播间粉丝数。大农良公司分别使用抽奖、秒杀、满减、优惠券等方式进行粉丝互动。

（4）在互动完成后进行第二次产品信息的输出以及新一轮的互动促销。

（5）直播总结是对整场直播的产品进行总结，再次提醒用户本次直播的主要内容。

（6）次场直播预告需要清晰描述主题和直播内容，让用户提前了解直播内容，具体话术见表 6–19。

撰写完成后制作成表格形式，如表 6–19 所示。

表 6–19 肇庆特色产品整场直播脚本案例

<table>
<tr><td colspan="6">肇庆特色产品带货直播—整场直播脚本</td></tr>
<tr><td>直播目标</td><td colspan="5">提升销售数据；提升网店美誉度</td></tr>
<tr><td>直播主题</td><td colspan="5">助农活动，农产品促销</td></tr>
<tr><td colspan="6">直播环节</td></tr>
<tr><th>序号</th><th>时长 / 分钟</th><th>流程</th><th>具体环节</th><th>直播内容</th><th>备注</th></tr>
<tr><td>1</td><td>2</td><td rowspan="2">直播开场</td><td>主播自我介绍</td><td>直播间的宝宝们，欢迎大家来到我的直播间，我是主播 ×××。今天是一场特别的直播，为了帮助我们当地农产品的销售，我们店铺特别去产地为大家挑选了三款高回头率的特产，都特别好吃！今天在直播间的家人们有口福了，今天不仅能带走美味的特产，还有诸多福利等您来拿……</td><td>开场预热</td></tr>
<tr><td>2</td><td>4</td><td>直播内容介绍</td><td>今天在直播间，我们的产品将以最低的价格回馈给大家。在直播过程中，也会有抽奖和礼物赠送环节，可以先给大家展示一下此次直播的礼物，有……
欢迎小伙伴们多多转发直播，招呼您身边的好友来共享此次活动。转发越多，抽奖机会越多哦，快快行动起来吧……</td><td>引入主题</td></tr>
<tr><td>3</td><td rowspan="2">30</td><td rowspan="2">产品介绍</td><td>产品导入</td><td>我们可以先来看看本场直播为大家准备的产品。首先来介绍“热销王”——四会砂糖桔。大家看我手上拿的，皮薄汁多、每片果瓣颗粒饱满，有没有被馋到……最重要的是，这款产品的价格很亲民，在直播间扣“香甜”，人数越多，越优惠哦……</td><td>调动用户对产品的兴趣</td></tr>
<tr><td>4</td><td>农产品按类介绍</td><td>除了“热销王”——四会砂糖桔外，我们还为大家准备了多款大受好评的农产品，方便直播间的宝宝们按照口味偏好进行购买。
接下来是我们的第二款产品——德庆皇帝柑。皇帝柑栽培始于唐开元年间，距今已有 1 300 多年历史了，此后，德庆柑桔被尊为御用贡品……这款产品是产地直销，现摘现发……果肉多汁、清甜、口感很脆……富含多种维生素、微量元素、矿物质、有机酸等，具有多种功效
宝宝们可以直接点击屏幕下方的购物袋，查看产品详情并下单哦……</td><td>重点产品介绍</td></tr>
</table>

续表

序号	时长 / 分钟	流程	具体环节	直播内容	备注
5	3	互动促销	抽奖	产品介绍完了，接下来最激动人心的时刻到了。今天我们为直播间的宝宝们准备了 18 款大奖，分别是…… 抽到大奖的宝宝们记得找客服留下收货地址哦，我们会尽快将大奖寄到您家……	增强活动互动
6	3		秒杀	现在开始第一轮秒杀，× 款农产品限时 3 分钟秒杀哦。 第二轮秒杀开始了，秒杀期间还有赠品可以领取，宝宝们快快行动起来……	秒杀促销
7	2		满减	直播间产品满 3 件，1 件免单，心动不如行动，赶快下单吧……	满减促销
8	2		优惠券	下单前，宝宝们别忘了点击直播间右上角限时领红包哦，红包在支付时可以直接抵用现金……	优惠券促销
9	30	产品介绍	引入第二类产品，依次介绍	一轮优惠结束后，接下来看本次直播间推出的第三个产品——封开油栗……（流程同序号 3、4）	介绍产品
10	8	互动促销	抽奖、秒杀、满减等	（流程同序号 5~8）按照互动促销环节的需求来分配流程序号即可	优惠促销
11	2	直播总结	总结整场直播	重点盘点产品及购物链接	强调下单
12	3	次场直播预告	预告下一场直播	时间过得好快，本场直播马上结束了，最后欢迎大家明天晚上 8:00 准时进入直播间观看店庆农产品第二场促销，价格优惠，产品多样……不见不散哦！	直播预告

三、直播产品讲解与互动

（一）直播话术设计

1. 设计产品展示话术

产品展示话术重点在于塑造产品的价值感，同时也是影响转化率的重要因素之一。为了体现产品说服力，商家一般会出示产品可信证明，如销量数据、买家好评、产品检测证明、官方资质等。例如，主播可以通过以下话术进行说明，“我们的产品获得了国家食品行业三证，包括生产许可证、食品合格证、质检证。而且在网店月销量超 20 万件，综合评分在 4.9 分以上……”

主播要在产品展示话术中从产品的功效、成分、材质、价位、包装设计、使用方法、使用效果、使用人群等多维度介绍产品。一般来说，讲解得越专业越有说服力。同时，要特别注意重点讲解产品的核心卖点。此外，直播间的场景感也是影响直播间用户是否愿意为直播买单的重要因素之一。

产品展示话术样例

欢迎各位来到直播间……现在为大家介绍第一款产品——德庆皇帝柑，皇帝柑又名贡柑，属于热带、亚热带水果。皇帝柑栽培始于唐开元年间，距今已有1 300多年的历史了，此后，德庆柑桔被尊为御用贡品。每年12月，是德庆皇帝柑的成熟期，也是最佳品尝期。它富含多种维生素、微量元素、矿物质、有机酸等，具有多种功效。我们来剥开一个看一看，它皮很薄但质感偏硬，不容易扣破果肉，果肉部分晶莹剔透，每一瓣都饱满多汁，尝一口，一股清爽感袭来，肉质细腻脆口，不会齁甜，给喉咙带来非常舒适的体验。我们再用测糖仪看看它的糖度，显示13度，糖分已经很高了。当前是该产品的成熟季节，现在下单是现摘现发，宝宝们可以直接点击屏幕下方的购物袋，查看产品详情并下单哦。

2. 设计产品推销话术

直播间很多用户在购买前处于观望的状态，这时需要主播利用话术来引导消费者完成订单，可以从以下几个方面入手：一是在直播间不断使用话术阐述产品价值，可尝试在现场呈现产品使用场景；二是利用促销话术营造氛围，可以从产品限量的角度使观众产生紧迫感，促使其快速下单，可以重复强调产品效果和价格优势。

产品推销话术样例

来到直播间的家人们，现在下单拍5斤发6斤，数量有限，先付先得，最后2分钟！最后2分钟，活动马上结束了，要下单的朋友们抓紧了！

3. 设计直播间氛围引导话术

直播间的氛围会直接影响用户的停留时间，也是影响直播间人气的重要因素。要想提升直播间人气和权重，打造一个高人气、高转化的直播间，主播的能力和活跃气氛的话术尤为重要。

直播间氛围引导话术可使用一些轻松愉快的词语拉近与用户之间的距离，例如“听说关注我的都发财了，男生越来越帅，女生越来越漂亮了。”

直播间气氛引导话术样例

直播间有没有广东人，有的话在评论区打上“我是”。家乡的味道您知道，德庆皇帝柑在我们当地一直是脱销产品（再次产品介绍）……，现在关注店铺加粉丝团，前50名客户直接获得现金红包，可以在平台使用，获得的红包下单可抵扣现金。除此之外，拍5斤发6斤，同样大小的果子，还有最后3分钟，没有买到的宝宝赶紧下单、赶紧下单，时间到了我们就下架了。

除以上话术外还有开场话术、留存话术、互动话术等。

直播间开场话术样例

欢迎各位来到我的直播间，今天是首次开播，所以给大家准备了很多福利。今天主播手里的这款产品是大家催了好久的抢手款，之前没有抢到福利的宝宝们，这次直接在直播间大放送，想要的宝宝们抓紧时间在公屏上打上“1”。

直播间留存话术样例

感谢各位来观看我的直播间，2 分钟后我将会给大家发放一个福利，千万不要错过哦！现在点赞加关注还可以领取一张优惠券哦。

直播间互动话术样例

接下来是我们的互动环节，宝宝们对产品有什么问题可以将问题打在评论区，已经拍到的宝宝们可以在评论区打上“已拍”，我们会优先发货哦！

（二）直播互动玩法

1. 引导点赞、评论

直播间点赞和评论数的多少代表着主播的人气，体现了直播间的活跃人数，点赞越多，说明主播人气越高，也越能吸引用户来看。在直播前，可以设置点赞数达到多少就给粉丝发福利、发红包等。

2. 派发红包

在直播中，主播要善于使用助力榜和现金红包。现金红包是目前经常运用的方法，派发红包的主要技巧是小而多频，例如半个小时一次。除此之外，还可以根据人气和点赞的多少发红包，从而带动直播节奏。

3. 设置抽奖环节

直播抽奖是最能调动用户积极性的方法。在直播中，主播可以反复强调抽奖环节，并说明规则，吸引用户停留。比如某主播会在开播前说：“本次直播中间会有多个抽奖环节，奖品有 ×× 牌化妆品、×× 牌最新款手机，到时候大家一定要抢哦。”

4. 其他互动玩法——弹幕互动

直播弹幕指的是在网络上观看直播时弹出的评论性字幕。弹幕会实时在直播页面呈现，用户在观看直播时能够看到其他用户和自己发送的弹幕。

直播弹幕不仅提供了即时反馈，实时互动，还让整个直播内容更加生动。主播在直播时要多看弹幕，对于弹幕评论的问题要积极耐心地解答，使用户产生被关注、被重视的感觉，从而提升用户的好感度，使其更加积极地参与到互动中。如果弹幕中出现了负面消息，主播可以进行解释并表达改进的决心，不可争辩甚至谩骂。而一旦发现高质量有代表性的正面消息，可重点关注，并借势引发新的互动。

任务实施

步骤 1：策划直播活动

以小组为单位，根据以上所学知识，尝试为“新岗红茶”撰写一份直播活动策划方案。

步骤 1.1：自由分组，并选出组长，每组人数在 2~3 人，根据提供的信息确定本次直播的主题及目的，最后将结果呈现在下面空白处。

直播主题：

直播目的：

步骤 1.2：请根据直播主题及目的确定直播方式，并进行说明，最后将结果呈现在下面空白处。

直播形式：

步骤 1.3：请根据主题和目的设计直播实施方案。

（1）确定直播预热形式及内容，并完成表 6–20。

表 6–20 直播预热形式及内容

预热形式	□海报 □公众号 □朋友圈文案 □短视频
预热内容	

（2）确定直播的主要内容及顺序，如产品产地介绍、产品特点、产品卖点、产品制作方法等，并将结果呈现在下面空白处。

步骤 1.4：在组内进行人员分工，确定工作内容，并将结果呈现在下面空白处。

步骤 1.5：制作经费预算，具体包括经费类型与经费预算，并将结果呈现在下面空白处。

步骤 2：撰写直播脚本

请根据以上所学知识，尝试为“新岗红茶”撰写一份单品直播脚本，为后期直播做好准备。

步骤 2.1：请根据所学内容，挖掘“新岗红茶”的卖点，并完成表 6–21。

表 6–21　农产品卖点挖掘

产品名称	日常价格	直播间价格	产品卖点	产品利益点	产品适用场景
新岗红茶					

步骤 2.2：搭建农产品直播脚本框架，并补充表 6–22 中的内容，形成完整的直播脚本。

表 6–22　农产品带货直播——整场直播脚本

<table>
<tr><th colspan="3">“新岗红茶”单品直播脚本</th></tr>
<tr><td colspan="2">直播主题</td><td></td></tr>
<tr><td colspan="2">直播目标</td><td>总下单数提升至 500，总下单金额提升至 80 000 元</td></tr>
<tr><td colspan="2">主播介绍</td><td></td></tr>
<tr><td colspan="2">直播环节简介</td><td>1. 主播自我介绍; 2. 产品介绍; 3. 提供购物链接; 4. 直播总结</td></tr>
<tr><th colspan="3">直播流程</th></tr>
<tr><td>序号</td><td>直播时长 / 分钟</td><td>主要内容</td></tr>
<tr><td>1</td><td>3</td><td>主播自我介绍，产品产地介绍</td></tr>
<tr><td>2</td><td rowspan="2">25</td><td>农产品整体状况介绍，主推款产品重点介绍，重点突出农产品原产地、价格与品质等</td></tr>
<tr><td>3</td><td>产品展示与介绍:
基础介绍:
卖点介绍:
重量介绍:
市场售价与直播间售价介绍:
……</td></tr>
<tr><td>4</td><td>15</td><td>针对用户兴趣点介绍产品</td></tr>
<tr><td>5</td><td>15</td><td>介绍产品购物链接，并再次介绍产地；告知下单备注“直播间下单”，享受返券优惠等信息</td></tr>
<tr><td>6</td><td>5</td><td>直播总结与次场直播预告</td></tr>
</table>

步骤 3：设计直播间话术

请根据以上所学知识，尝试为“新岗红茶”设计直播话术。

步骤 3.1：请根据所学知识，设计此次直播产品的展示话术，并将结果呈现在下面空白处。

产品展示话术

步骤 3.2：请根据所学知识，设计此次直播产品的推销话术，将结果呈现在下面空白处。

产品推销话术

步骤 3.3：请根据所学知识，设计直播间气氛引导话术，将结果呈现在下面空白处。

直播间气氛话术

步骤 3.4：请根据所学知识，确定此次“新岗红茶”直播间互动玩法，并设计出相应的互动话术，最后将结果呈现在下面空白处。

直播间互动玩法话术

合作探究

请扫描右方二维码，获取项目六中合作探究的背景资料，根据情境，并参考以下步骤完成直播电商推广。

步骤 1：策划直播活动

请结合所学知识，根据提供的信息确定本次直播的主题、目的、直播方式，设计直播实施方案。

步骤 2：撰写直播脚本

请根据所学内容，对“再生纸制收纳盒”进行卖点挖掘，搭建农产品直播脚本框架，形成完整的直播脚本。

步骤 3：设计直播间话术

请根据所学知识，设计此次直播间的产品展示话术、产品推销话术、气氛引导话术、互动话术。

任务评价

本任务完成后，请从知识目标、技能目标和素养目标等维度进行评价。

<table>
<tr><th>评价项目</th><th colspan="2">具体要求</th><th>分值</th><th>自我评价</th></tr>
<tr><td rowspan="3">知识目标</td><td colspan="2">熟悉直播脚本的类型及作用</td><td>15</td><td></td></tr>
<tr><td colspan="2">了解直播引流的方式</td><td>10</td><td></td></tr>
<tr><td colspan="2">熟悉直播产品话术设计以及直播间互动方法</td><td>15</td><td></td></tr>
<tr><td rowspan="2">技能目标</td><td colspan="2">能够撰写直播间活动策划方案</td><td>20</td><td></td></tr>
<tr><td colspan="2">能够撰写整场及单品直播脚本</td><td>20</td><td></td></tr>
<tr><td rowspan="4">素养目标</td><td>工作态度</td><td>遵守纪律，无无故缺勤、迟到、早退现象</td><td>5</td><td></td></tr>
<tr><td>工作规范</td><td>能正确理解并按项目要求开展任务</td><td>5</td><td></td></tr>
<tr><td>协调能力</td><td>小组成员间合作紧密，能互帮互助</td><td>5</td><td></td></tr>
<tr><td>职业素质</td><td>操作合规，不违背平台规则、要求</td><td>5</td><td></td></tr>
<tr><td colspan="3">综合评价</td><td>100</td><td></td></tr>
</table>

品行合一

吴某与广州某电子商务有限公司网络服务合同纠纷案

被告公司是某网络购物平台的经营者，吴某是其会员，享有“免费退货”等权利。

吴某在被告网站购买产品后，对“拆分订单配送和由其支付快递费”不满，拒收货品，并申请办理退货退款手续。其大量购买、拒收、退货行为，导致被告根据有关服务条款向吴某退回了会员服务费，冻结其账户。吴某起诉，被告平台存在消费欺诈、虚假宣传的行为，且无正当理由限制其使用账户，侵犯了其合法权益，应承担相应的违约责任。

裁判结果：广州互联网法院判决，驳回原告吴某的全部诉讼请求。

案件评析：

1. 消费者滥用退货权的问题

鉴于网络购物具有线上非实物性的特点，《中华人民共和国消费者权益保护法》规定了七天无理由退货制度，旨在保护在交易中处于弱势地位的消费者。该制度使消费者购物安全得到保障的同时，消费者滥用退货规则恶意退货的现象也时有发生，造成销售者、电子商务平台经营者利益受损。

针对上述问题，法院确立了以下裁判规则：“七天无理由退货制度”赋予了消费者退货权，但不代表其可以滥用该权利。消费者违反诚实信用原则的退货行为，构成权利滥用，平台有权利在不违反法律法规的前提下，根据平台规则对滥用权利的用户做出管理性措施。

2. 对滥用权利的消费者采取中止、停止服务措施的平台自治规则的正当性问题

法院就该问题确立了裁判规则，即电子商务平台经营者与用户签订的平台自治规则，虽然是电子商务平台单方提供的格式合同，但并非当然无效。

3. 平台自治规则与国家法律法规之间的关系问题

该案确立了下述裁判规则：平台自治规则是在国家法律法规允许的范围内，以平台作为网络服务的经营者、管理者，自主进行网络空间治理的重要方式。在不违反法律法规的情况下，尊重平台的自治权，平台根据其自治规则对平台内用户做出的管理性措施，依法应予以支持。该裁判规则不仅为网络空间治理提供了新方式，还弥补了现有法律对网络服务（交易）纠纷解决的不足。

（来源：国家知识产权局）

参考文献

［1］张小青．网店运营［M］．北京：中国财富出版社，2022．

［2］禤圆华．网店运营［M］．北京：中国财富出版社，2021．

［3］吴成，王薇．网店运营综合实战［M］．重庆：重庆大学出版社，2021．

［4］商玮，段建．网店数据化运营［M］．北京：人民邮电出版社，2018．

［5］王红蕾，安刚．移动电子商务［M］．3版．北京：机械工业出版社，2023．

［6］吴有权．网上商场运营实务［M］．武汉：武汉理工大学出版社，2017．

［7］王红蕾，刘冬美．直播电商［M］．北京：中国财富出版社，2020．